Werner Leonhard
Eckehard Schnieder

Aufgabensammlung zur Regelungstechnik

Werner Leonhard
Eckehard Schnieder

Aufgabensammlung zur Regelungstechnik

Lineare und nichtlineare Regelvorgänge

Für Elektrotechniker, Physiker
und Maschinenbauer
ab 5. Semester

Mit 57 Aufgaben samt Lösungen und
zahlreichen Bildern

Friedr. Vieweg & Sohn Braunschweig / Wiesbaden

CIP-Kurztitelaufnahme der Deutschen Bibliothek

Leonhard, Werner:
Aufgabensammlung zur Regelungstechnik: lineare u. nichtlineare Regelvorgänge; für Elektrotechniker, Physiker u. Maschinenbauer ab 5. Sem. / Werner Leonhard; Eckehard Schnieder. – Braunschweig; Wiesbaden: Vieweg, 1983.

NE: Schnieder, Eckehard:

1983

Satz: Vieweg, Braunschweig

ISBN-13: 978-3-528-03037-7 e-ISBN-13: 978-3-322-84187-2
DOI: 10.1007/ 978-3-322-84187-2

Vorwort

Die Beherrschung eines Wissensgebietes setzt, neben den grundsätzlichen Einsichten in die theoretischen Zusammenhänge, Übung im Umgang mit den zur Präzisierung und gedanklichen Straffung dienenden Modellvorstellungen voraus. Es handelt sich dabei zu einem guten Teil um Routine, die sich am besten durch Üben unter Anleitung erwerben läßt; die aktive Mitwirkung des Lernenden ist ein wesentlicher Faktor. An den technischen Hochschulen werden Vorlesungen deshalb seit jeher von Rechenübungen begleitet, die der Aufbereitung und Vertiefung des Wissensstoffes dienen und eine Vorstufe zur praktischen Anwendung darstellen. Ein solches zweistufiges Vorgehen hat sich auch in der Regelungstechnik, einem Fach mit praktischem Hintergrund und mathematisch geprägter Darstellungsweise, seit langem bewährt.

Wie ohne weiteres einzusehen, ist der beste Effekt zu erwarten, wenn der Lernende seine Fähigkeiten an Aufgaben zunehmenden Schwierigkeitsgrades zunächst selbst erprobt; eine Aufgabe, die er trotz ernsthafter Bemühung nicht zu lösen vermag und deren Lösung ihm anschließend gezeigt wird, vermittelt einen viel größeren Erfahrungs- und Wissenszuwachs, als wenn ihm der richtige Weg von Anfang an genannt worden wäre. Daß diese einfache Erfahrungstatsache im heutigen Studienbetrieb nur noch abgeschwächt zur Geltung kommt, hat verschiedene Gründe, von denen hier nur die Anhäufung technischen Wissensstoffes und die großen Studentenzahlen in den Hauptvorlesungen, die eine individuelle Betreuung erschweren, zu nennen sind. Hinzu kommen sicher aber auch Auswirkungen der während der letzten Jahre in den Schulen verbreiteten Lehrmethoden, die das didaktische Verfahren des Lehrers stärker betonen als die eigene Anstrengung des Schülers.

Bei Verwendung der nachfolgenden Aufgabensammlung sollte man diesen Hinweis beachten; um deshalb der Versuchung, sogleich nach der Lösung zu schielen, etwas entgegenzuwirken, sind Aufgaben und Lösungen im folgenden getrennt angeordnet. Ein einfaches Nachvollziehen der Lösungen, z.B. zum Zweck der Prüfungsvorbereitung, wäre wenig sinnvoll; vielmehr sollte der lernwillige Leser versuchen, eine eigene Lösung zustande zu bringen; aus den dabei gemachten Fehlern wird er Nutzen ziehen. Entmutigung bei anfänglichen Schwierigkeiten wäre die falsche Reaktion.

Die Aufgaben selbst sind eine Auswahl aus den im Laufe von fast zwei Jahrzehnten durchgeführten Übungen zur Grundlagenvorlesung Regelungstechnik im 5. und 6. Semester des Elektrotechnikstudiums an der Technischen Universität Braunschweig. Sie decken, wenn auch nicht vollständig, den in dem Lehrbuch „Einführung in die Regelungstechnik" enthaltenen Stoff ab. Alle Hinweise beziehen sich auf dieses Buch in der Ausgabe von 1981, in der die 4. bzw. 3. Auflage der bisher getrennt erschienenen Teile zusammengefaßt sind. Die einzelnen Kapitel sind bei den Aufgaben unterschiedlich betont, was mit den erfahrungsgemäß auftretenden Schwierigkeiten zusammenhängt. Viele der Aufgaben wurden aus früherem Prüfungsstoff abgeleitet, sie sind alle für den neuen Zweck überarbeitet.

An den Lösungen haben im Laufe der Jahre verschiedene „Generationen“ von wissenschaftlichen Assistenten und Mitarbeitern des Instituts für Regelungstechnik mitgewirkt, von denen hier nur die Herren Dr. F. Maurer und Dr. H. Theuerkauf erwähnt seien; ihnen und allen anderen gilt unser verbindlicher Dank.

Die Verfasser danken außerdem Frau M. Niedner und Frau E. Busch für die Reinschrift des Manuskriptes, Frl. I. Palm für die Anfertigung der Zeichnungen und dem Vieweg-Verlag für sein Entgegenkommen und das freundliche Eingehen auf alle Vorstellungen und Wünsche.

Werner Leonhard *Eckehard Schnieder*

Braunschweig, März 1982

Inhaltsverzeichnis

Aufgaben

I Lineare Regelvorgänge

1 Aufgabenstellung der Regelungstechnik*

2 Analytische Beschreibung des dynamischen Verhaltens einer Regelstrecke

Voraussetzung für den Entwurf eines Regelsystems ist ein mathematisches Modell der Regelstrecke, das deren dynamische Eigenschaften ausreichend genau beschreibt. Für die Ableitung der mathematischen Modelle werden die physikalischen Grundzusammenhänge herangezogen.

Aufgabe 2-1: Fliehkraftpendel

Bild 2-1a zeigt das Schema eines Fliehkraftpendels, wie es im Prinzip von J. Watt für die Drehzahlregelung von Dampfmaschinen verwendet wurde. ω ist die zu messende Drehgeschwindigkeit der Antriebswelle, der Winkel α die Ausgangsgröße des Meßsystems.

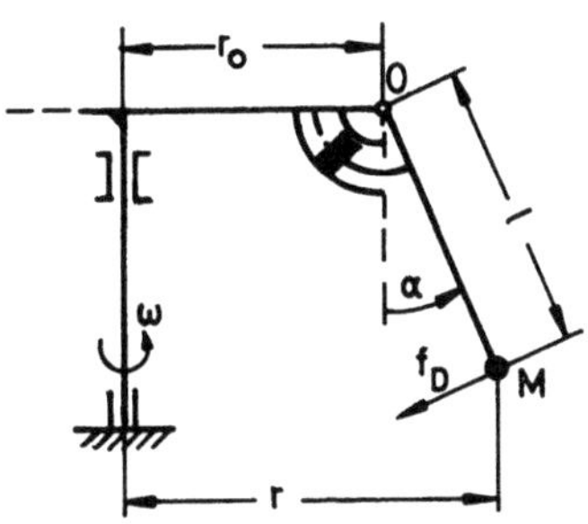

Bild 2-1a

Für das Fliehkraftpendel soll die nichtlineare Differentialgleichung $F(\omega, \alpha, \alpha', \alpha'') = 0$ aufgestellt werden. Dabei ist anzunehmen, daß ein Gewicht der Masse M am Ende der masselos zu denkenden Stange mit der Länge l angebracht ist; das Gelenk O sei in Umfangsrichtung starr, dagegen bezüglich der Auslenkung α richtkraft- und reibungsfrei. Die infolge des Dämpfungskolbens an der Masse M angreifende Bremskraft f_D sei der Winkelgeschwindigkeit α' proportional, $f_D = k\alpha'$. Die Rückwirkungen der Pendelbewegung auf die Antriebswelle sollen vernachlässigt, d. h. $\omega(t)$ soll als eingeprägte Größe betrachtet werden.

* Da die Kapitelgliederung der Aufgabensammlung der des Lehrbuches „Leonhard, Einführung in die Regelungstechnik" entspricht, entfällt in diesem Buch das erste Kapitel.

a) Wie lautet die Differentialgleichung für die Radialbewegung $\alpha(t)$ des Pendels?

b) Welcher stationäre Winkel α_0 stellt sich für $\omega = \omega_0 = \text{const.}$ ein? Der entstehende nichtlineare Zusammenhang $\alpha_0(\omega_0)$ ist für $r_0/l = 0{,}5$ numerisch zu lösen und graphisch aufzutragen.

c) Die Differentialgleichung ist für kleine Auslenkungen $\Delta\omega$, $\Delta\alpha$ von einem stationären Zustand ω_0, α_0 zu linearisieren und zu normieren.

d) Der Einschwingvorgang $\Delta\alpha(t)$ bei Annahme einer kleinen sprungförmigen Änderung $\Delta\omega$ der Winkelgeschwindigkeit ω ist für $D = 1/\sqrt{2}$ zu berechnen und zu skizzieren.
Warum ist die angenommene sprungförmige Änderung der Winkelgeschwindigkeit ω praktisch nicht ausführbar?

Aufgabe 2-2: Schrägaufzug

Bild 2-2a beschreibt einen Schrägaufzug, wie man ihn im Gebirge für Materialtransporte benutzt. Dabei wird ein auf Schienen rollender Wagen mit einem Zugseil angetrieben. Die Masse des Wagens sei M, der Neigungswinkel der ebenen Fahrbahn α. Am Wagen greife eine geschwindigkeitsproportionale Reibungskraft f_R mit dem Reibungskoeffizienten k_1 an. Zunächst bewege sich der Wagen infolge der Seilkraft f_Z mit einer konstanten Geschwindigkeit $v(0) = -v_0$ bergauf. Es wird angenommen, daß zur Zeit $t = 0$, wenn der Wagen sich an der Stelle $x = 0$ befindet, der Zughaken sich löst, so daß der Wagen unter dem Einfluß der verbleibenden Kräfte zunächst zum Stillstand kommt und anschließend mit zunehmender Geschwindigkeit bergab rollt, bis die Notbremsen eingreifen.

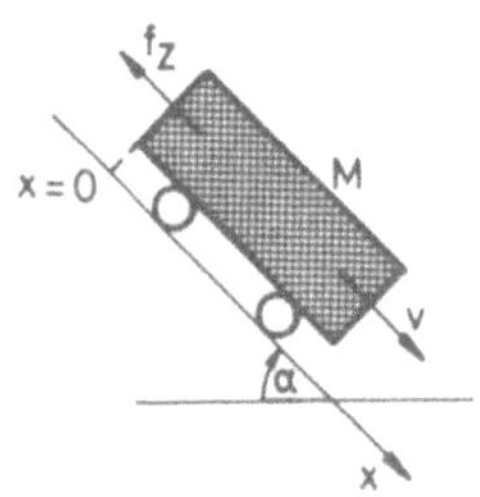

Bild 2-2a

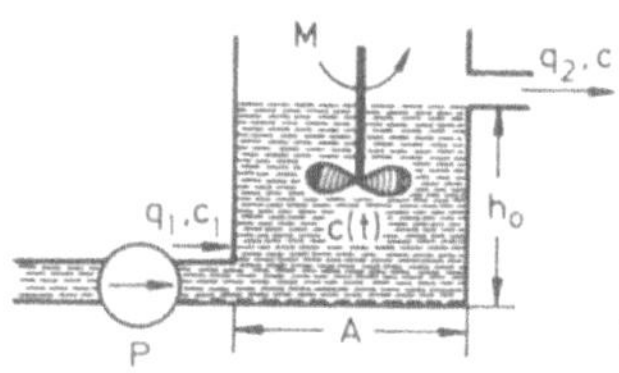

Bild 2-3a

a) Wie lautet die Differentialgleichung für die Geschwindigkeit $v(t)$ des Wagens für $t \geqslant 0$, d. h. nach Wegfall der Zugkraft.

b) Wie groß ist die stationäre Endgeschwindigkeit v_{s_1} des Wagens bevor die Notbremsen wirken?

c) $v(t)$ und $x(t)$ sind zu berechnen und zu skizzieren.

d) Man berechne die Zeit t_1 und den Ort $x(t_1)$ der Geschwindigkeitsumkehr, $v(t_1) = 0$.

e) Nachdem der Wagen die Endgeschwindigkeit v_{s_1} nahezu erreicht hat, kommen zur Zeit t_2 die Notbremsen zur Wirkung, mit denen sich der Reibungskoeffizient auf den Wert $k_2 = 10\, k_1$ erhöht. Man berechne und skizziere den Verlauf der Geschwindigkeit für $t \geqslant t_2$.

Aufgabe 2-3: Mischvorgang

In einen zylindrischen Ausgleichsbehälter (Bild 2-3a) mit dem Querschnitt A mündet in Bodennähe eine Leitung, durch die mit einer Pumpe P ein Zufluß $q_1(t)$ (z. B. in m^3/min) mit einer Volumen-Konzentration $c_1(t)$ eines bestimmten Wirkstoffes gefördert wird. Mit einer rotierenden Mischeinrichtung M wird dafür gesorgt, daß in jedem Augenblick die Konzentration $c(t)$ im ganzen Behälter als räumlich konstant angesehen werden kann. In der Höhe h_0 hat der Behälter eine Ausflußöffnung, durch die, nachdem der Behälter gefüllt ist, eine dem Zufluß entsprechende Flüssigkeitsmenge austritt, $q_2(t) = q_1(t)$.

a) Wie lautet bei gefülltem Behälter die Differentialgleichung für die Konzentration $c(t)$?
b) Eine von der Zuflußmenge und den Behälterabmessungen abhängige „Behälterzeitkonstante" T ist zu definieren. Wie läßt sich diese physikalisch deuten?
c) Man berechne und skizziere $c(t)$ bei Annahme einer Anfangskonzentration $c(0) = c_0$ für $q_1 = \text{const.}$ und $c_1 = \text{const.} > c_0$.

Aufgabe 2-4: Füllvorgang

In einen zylindrischen Behälter mit kreisförmigem Querschnitt (Durchmesser d_1) wird eine reibungsfreie Flüssigkeit eingeleitet (Bild 2-4a). Die Füllhöhe x_1 stellt sich als Ergebnis des steuerbaren Zuflusses q_1 (z. B. in Liter/s) und des Abflusses q_2 ein. Für den von der Füllhöhe abhängigen Abfluß wird der in Bild 2-4b skizzierte parabolische Zusammenhang

$$\frac{q_2}{q_0} = \sqrt{\frac{x_1}{x_{10}}} \tag{1}$$

angenommen, der sich aus der Bernoullischen Gleichung ergibt.

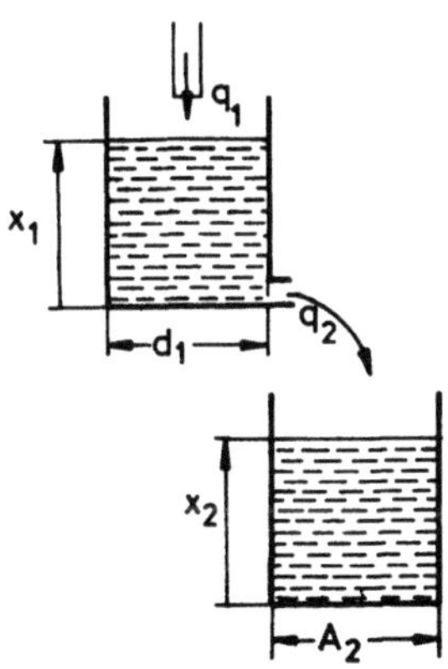

Bild 2-4a

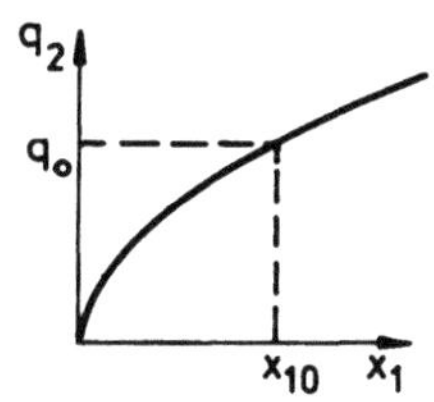

Bild 2-4b

a) Wie lautet die Differentialgleichung für die Füllhöhe $x_1(t)$ bei veränderlichem Zufluß $q_1(t)$?
b) Die Differentialgleichung soll in der Nähe des Arbeitspunktes x_{10}, d. h. für $q_1 = q_0 + \Delta q_1$, $q_2 = q_0 + \Delta q_2$, $x_1 = x_{10} + \Delta x_1$, linearisiert werden. Welcher Typ von Differentialgleichung ergibt sich?
c) Man skizziere die Sprungantworten $\Delta x_1(t)$ und $\Delta q_2(t)$ für eine kleine Änderung des Zuflusses Δq_1. Wie groß ist $\Delta q_2(\infty)$?
d) Es sei angenommen, daß der aus dem Behälter abfließende Flüssigkeitsstrom $q_2(t)$ in einen unten geschlossenen zweiten Behälter mit dem konstanten Querschnitt A_2 geleitet wird. Welche Differentialgleichung gilt für die Flüssigkeitshöhe $x_2(t)$ in diesem Behälter?

Aufgabe 2-5: Hitzdrahtelement

In Bild 2-5a ist ein Hitzdrahtelement dargestellt, das von einer eingeprägten variablen Spannung u(t) gespeist wird; der Strom i(t) und die Temperaturerhöhung des Drahtes gegenüber der Umgebung, $\vartheta(t)$, sind somit veränderlich.

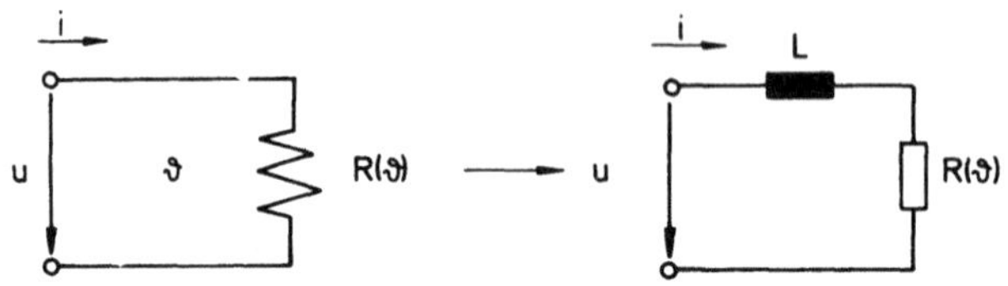

Bild 2-5a

Das elektrische Ersatzschaltbild enthält eine konstante Induktivität L in Reihe mit einem temperaturabhängigen Widerstand $R(\vartheta)$. Üblicherweise ist die thermische Trägheit eines Stromkreises erheblich größer als die magnetische Verzögerung, so daß man den Widerstand als bereichsweise konstant annehmen kann; jedoch hängt dies von den geometrischen Verhältnissen, insbesondere von der Masse und der Kühlung der Leiter, ab.

Für den Widerstand gelte als Temperaturabhängigkeit $R(\vartheta) = R_1(1 + \alpha\vartheta)$; außerdem sei angenommen, daß der Hitzdraht mit der Masse M und der spezifischen Wärme c an die Umgebung eine Heizleistung abgibt, die sich gemäß $p_{ab} = k\vartheta + \sigma\vartheta^4$ aus einem Konvektions- und einem Strahlungsanteil zusammensetzt. α ist der Temperaturkoeffizient des Leitermaterials.

a) Wie lauten die beiden nichtlinearen Differentialgleichungen für den Strom i(t) und die Temperatur $\vartheta(t)$ des Hitzdrahtes?

   Die Gleichungen sollen mit dem Ansatz

   $$u = u_0 + \Delta u(t), \qquad R = R_0 + \Delta R(t),$$
   $$i = i_0 + \Delta i(t), \qquad \vartheta = \vartheta_0 + \Delta\vartheta(t)$$

   in der Nähe eines mit dem Index 0 bezeichneten Arbeitspunktes linearisiert werden.

b) Welche Zusammenhänge gelten für die Arbeitspunkt-Koordinaten?

c) Man berechne die linearisierten Differentialgleichungen für die normierten Auslenkungen vom Arbeitspunkt. Als Normierungsgrößen sind die Arbeitspunktkoordinaten u_0, i_0, usw. brauchbar.

d) Durch Elimination von Δi ist eine Differentialgleichung 2. Ordnung in $\Delta\vartheta$ zu gewinnen.

e) Man skizziere (ohne Rechnung) den Verlauf von $\Delta\vartheta$ bei einer sprungförmigen Änderung der Spannung.

3 Dynamisches Verhalten einfacher Übertragungselemente

Das dynamische Verhalten von Übertragungsstrecken kann in vielen Fällen durch die Kombination einfacher Übertragungselemente mit einem oder zwei Energiespeichern beschrieben werden. Als mathematische Hilfsmittel dienen dabei lineare Differentialgleichungen bzw. die Laplace-Transformation.

Aufgabe 3-1: RC-Vierpole

In den Bildern 3-1a–c sind Beispiele für elektrische Vierpole mit einem Energiespeicher gezeigt. Das dynamische Verhalten der Schaltungen wird durch Differentialgleichungen 1. Ordnung beschrieben.

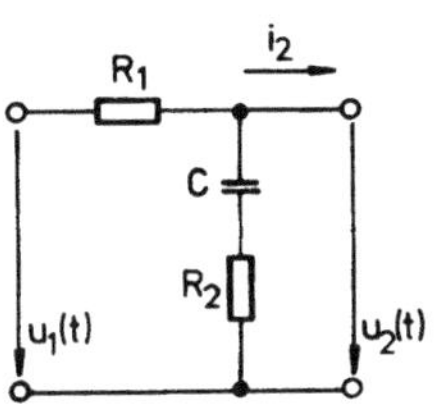

Bild 3-1a

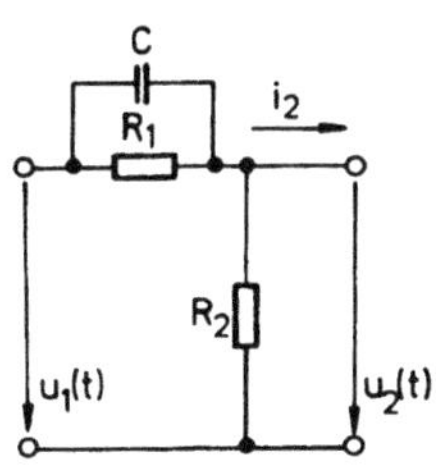

Bild 3-1b

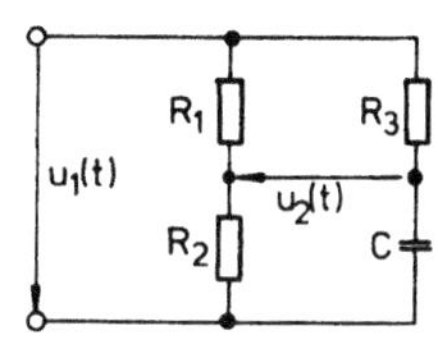

Bild 3-1c

a) Die Übertragungsfunktionen $F(p) = U_2(p)/U_1(p)$ sind aufzustellen und auf die Form

$$F(p) = V \frac{kTp + 1}{Tp + 1}$$

zu bringen. $u_2(t)$ ist dabei die Ausgangsspannung der Vierpole im Leerlauf, d. h. für $i_2 = 0$. Der mögliche Wertebereich für k in jeder der Schaltungen ist anzugeben.

b) Die Sprungantworten der Schaltungen sind zu berechnen und für charakteristische Werte von k zu skizzieren.

Aufgabe 3-2: Rohrleitung

Ein Rohr mit kreisförmigem Querschnitt (Radius R) und der Länge L wird von einer inkompressiblen Flüssigkeit durchströmt; der Durchfluß q ist somit in jeder Schnittfläche senkrecht zur Rohrachse der gleiche. Die Konzentration y(t) eines Wirkstoffes an der Einspeisestelle des Rohres sei zeitlich veränderlich.

Wegen der Reibung der Flüssigkeit ergibt sich im Inneren des Rohres das in Bild 3-2a skizzierte rotationssymmetrische Strömungsprofil v(r), bei dem die Strömungsgeschwindigkeit in der Mitte des Rohres einen Maximalwert v(0) aufweist und nach außen auf einen Randwert v(R) zurückgeht.

Obwohl die Volumenelemente der Flüssigkeit sich nur in Richtung der Rohrachse bewegen, d. h. keine örtliche Vermischung angenommen ist, ergibt sich bei zeitlich veränderlicher Konzentration y(t) am Einlauf eine begrenzte Gemischbildung am Rohrende (Dispersion). Der Grund ist die vom Radius abhängige Strömungsgeschwindigkeit v(r), die in den verschiedenen radialen Bereichen zu einer unterschiedlichen Laufzeit der Flüssigkeit zwischen Anfang und Ende des Rohres führt.

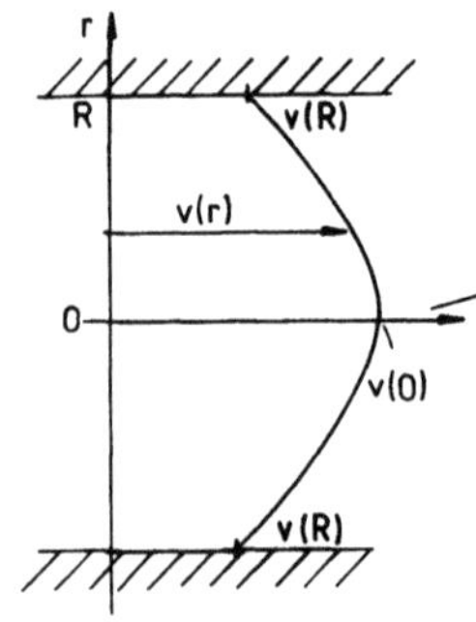

Bild 3-2a

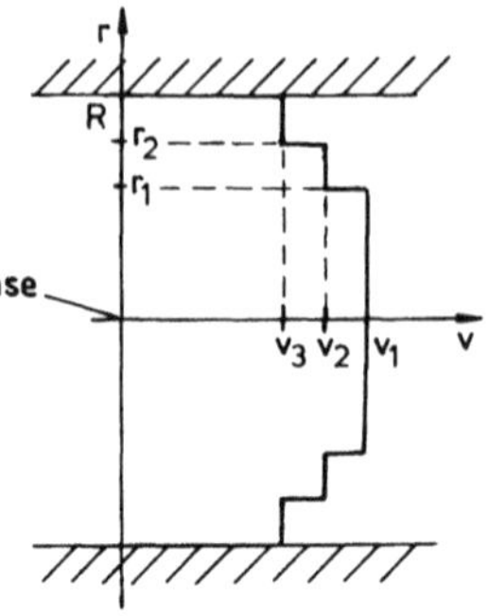

Bild 3-2b

Es soll ein dynamisches Modell entworfen werden, um die mittlere Konzentration $x(t)$ der am Rohrende ausströmenden Flüssigkeit berechnen zu können.

a) Man bestimme den in jeder Schnittfläche senkrecht zur Rohrachse gültigen Zusammenhang zwischen Geschwindigkeitsprofil $v(r)$ und Durchfluß, gemessen z. B. in Liter/s. Wie lautet dieser Zusammenhang bei Annahme eines parabolischen Profils

$$v(r) = v(R) + (v(0) - v(R)) \left[1 - \left(\frac{r}{R}\right)^2\right] ? \qquad (1)$$

b) Um eine vereinfachte Beschreibung des zwischen $y(t)$ und $x(t)$ bestehenden Übertragungsverhaltens zu gewinnen, werden mehrere, z. B. drei, konzentrische Strömungsbereiche mit konstanten Geschwindigkeiten v_i angenommen, so daß sich das in Bild 3-2b gezeichnete stufenförmige Strömungsprofil ergibt. Welche Bedingung muß erfüllt sein, damit der vorgegebene Durchfluß q unverändert bleibt?

c) Bei Zugrundelegung des in Bild 3-2b gezeichneten Strömungsprofils soll ein dynamisches Modell für die mittlere Konzentration $x(t)$ der am Rohrende L ausströmenden Flüssigkeit abgeleitet werden.

d) Der Verlauf der Konzentration $x(t)$ am Ende der Rohrleitung nach einer sprungförmigen Änderung $y(t)$ am Anfang der Leitung ist zu berechnen und zu skizzieren. Wie lautet die zugehörige Übertragungsfunktion $F(p) = X(p)/Y(p)$?

Aufgabe 3-3: Laufzeitglied mit Verzögerung

Bei dem in Bild 3-3a gezeichneten Laufzeitglied mit nachgeschaltetem Verzögerungsglied kann es sich um eine Näherung für das in Aufgabe 3-2 berechnete Übertragungsverhalten einer Rohrleitung mit Dispersion handeln. Ausgehend vom Ruhezustand wird das System mit der in Bild 3-3b dargestellten Steuergröße angeregt.

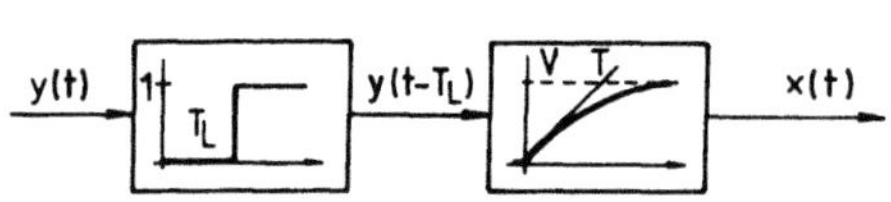

Bild 3-3a

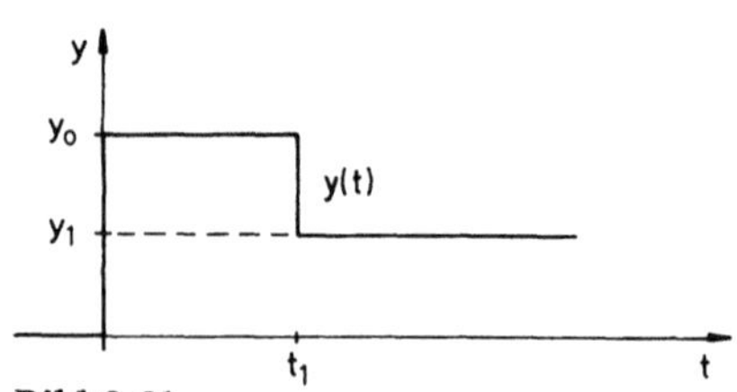

Bild 3-3b

a) Wie lautet die Übertragungsfunktion $F(p) = X(p)/Y(p)$?
b) Man zeichne die Ortskurve $F(j\omega)$.
c) Welchen Verlauf hat die Ausgangsgröße $x(t)$ für $t \geqslant 0$?
Diese Frage ist durch Lösung der Differentialgleichung im Zeitbereich zu beantworten.
d) Wie ist der Zeitpunkt t_1 zu wählen, damit $x(t)$ in endlicher Zeit den stationären Zustand erreicht?

Aufgabe 3-4: Beschleunigungsmessung

Bild 3-4a zeigt das Schema eines Meßgebers für translatorische Beschleunigung. Dabei ist ein Körper mit der Masse M in einem Hüllrohr R beweglich gelagert. Die Kopplung der Masse an das Rohr erfolgt durch eine massefrei anzunehmende Feder mit der Federkonstanten k_F; die Feder hat im entspannten Zustand die Länge l.

Bei konstanter Längsgeschwindigkeit v des Rohres befindet sich die Masse in ihrer Ruhelage, $s = l$; bei einer Geschwindigkeitsänderung wird sie in der einen oder anderen Richtung ausgelenkt. Die bei einer Bewegung der Masse im Rohr auftretende Reibungskraft sei der Relativgeschwindigkeit proportional angenommen, $f_R = k_R\, ds/dt$.

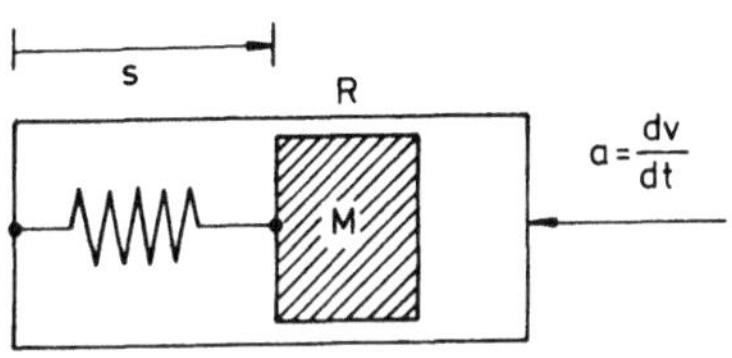

Bild 3-4a

a) Wie lautet die Differentialgleichung für den Ort $s(t)$ der Masse bei gegebener Längsbeschleunigung a des Rohres? Die Gleichung ist in geeigneter Weise zu normieren ($a \sim y$, $s \sim x$).
b) Der über die Differentialgleichung bestehende Zusammenhang zwischen $y(t)$ und $x(t)$ soll durch ein dynamisches Blockschaltbild beschrieben werden, das nur Integratoren und dimensionslose Konstanten enthält.
c) Anhand der Übertragungsfunktion $F(p) = X(p)/Y(p)$ ist zu zeigen, daß die Anordnung zur angenäherten Messung der Längsbeschleunigung verwendet werden kann.
d) Wie hängen die charakteristischen Größen
   - Empfindlichkeit $\epsilon = \frac{ds}{da}$
   - Eigenfrequenz ω_0
   - Dämpfungsfaktor D

   von den mechanischen Parametern ab?

4 Berechnung der Systemantwort bei verschiedenen Anregungsfunktionen

Die Ausgangsgröße eines linearen Übertragungsgliedes läßt sich bei beliebiger Anregung durch Lösung der Differentialgleichung, d. h. im Zeitbereich, oder mit Hilfe der Laplace-Transformation, also über den Frequenzbereich, berechnen.

Aufgabe 4-1: Verzögerungsglied 1. Ordnung

Das in Bild 4-1a gezeichnete Proportionalglied mit Verzögerung 1. Ordnung wird durch die Differentialgleichung

$$T_1 \frac{dx}{dt} + x = V\,y(t) \tag{1}$$

beschrieben. Als Anregung der bei $t = 0$ in Ruhe befindlichen Übertragungs-Strecke wirke die in Bild 4-1b angegebene Steuergröße

$$y(t) = y_0\left(1 - e^{-\frac{t}{T_2}}\right), \quad t \geqslant 0. \tag{2}$$

a) Welche Möglichkeiten bestehen für eine Berechnung der Ausgangsgröße $x(t)$ im Zeitbereich,
b) im Frequenzbereich? Wie läßt sich das Ergebnis kennzeichnen?
c) Man berechne $x(t)$ unter Anwendung des Faltungsintegrals.

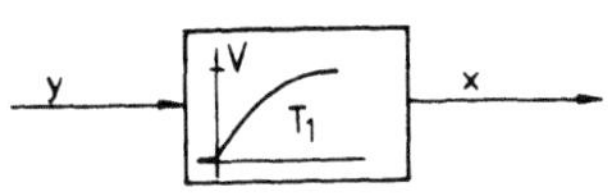

Bild 4-1a

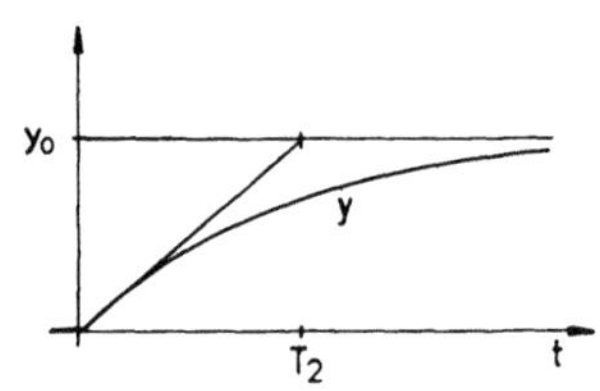

Bild 4-1b

Aufgabe 4-2: Berechnung des Übertragungsverhaltens aus den Ein-, Ausgangssignalen

Eine lineare Übertragungsstrecke (Bild 4-2a), die sich bei $t = 0$ im Ruhezustand befindet, reagiert auf die Anregungsfunktion

$$y(t) = 1 - e^{-\frac{t}{T_1}}, \quad t \geqslant 0, \tag{1}$$

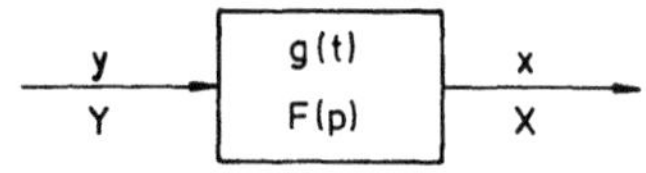

Bild 4-2a

mit der Antwort

$$x(t) = \left(\frac{T_1}{T_2}\right)^2 \left[1 - e^{-\frac{t}{T_1}} - \frac{t}{T_1} + \frac{1}{2}\left(\frac{t}{T_1}\right)^2\right] \tag{2}$$

a) Aus diesen Angaben soll die Übertragungsfunktion $F(p)$ berechnet werden.
b) Wie lautet die Impulsantwort $g(t)$?
c) Das Ergebnis ist anhand des Faltungsintegrals zu überprüfen.

Aufgabe 4-3: Laufzeitkette

Eine lineare Übertragungsstrecke habe die in Bild 4-3a gezeichnete Sprungantwort w(t).

a) Unter Verwendung von Integratoren und Laufzeitgliedern soll ein dynamisches Blockschaltbild dieser Übertragungsstrecke entworfen werden.
b) Wie lautet die zugehörige Übertragungsfunktion F(p)?
c) Man berechne und skizziere anhand des bekannten Zusammenhanges zwischen den verschiedenen Prüffunktionen die Impulsantwort g(t) und
d) die Anstiegsantwort v(t).

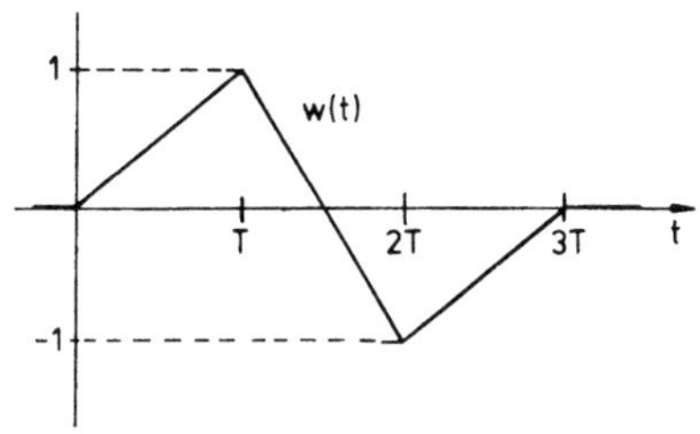

Bild 4-3a

Aufgabe 4-4: Mittelwertbildner

Gegeben ist ein Übertragungselement mit der Übertragungsfunktion

$$F(p) = \frac{X(p)}{Y(p)} = \frac{1 - e^{-Tp}}{Tp} . \qquad (1)$$

a) Welchen Verlauf hat die Ortskurve $F(j\omega)$? Dabei interessiert insbesondere auch der Grenzwert F(0).
b) Für die Übertragungsfunktion F(p) ist ein Blockschaltbild unter Verwendung elementarer Übertragungselemente anzugeben. Wie läßt sich die Ausgangsgröße x(t) bei beliebigem Verlauf des Eingangssignals y(t) deuten?
c) Man berechne und zeichne die Impulsantwort, die Sprungantwort und die Anstiegsantwort.
d) Die Übertragungsstrecke werde durch die Sprungantwort eines Verzögerungsgliedes 1. Ordnung (V, T_1) angeregt. Man berechne unter Berücksichtigung des Ergebnisses zu b) den Verlauf der Ausgangsgröße x(t).

Aufgabe 4-5: Verzögerungsglied 2. Ordnung

Die in Bild 4-5a dargestellte Übertragungsstrecke kann näherungsweise durch den in Bild 4-5b gezeigten passiven elektrischen Vierpol verwirklicht werden.

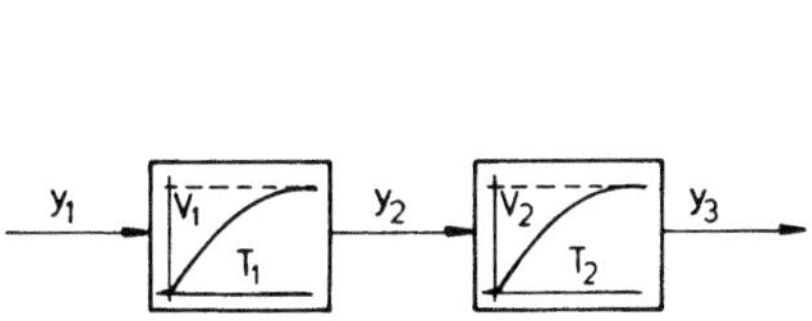

Bild 4-5a

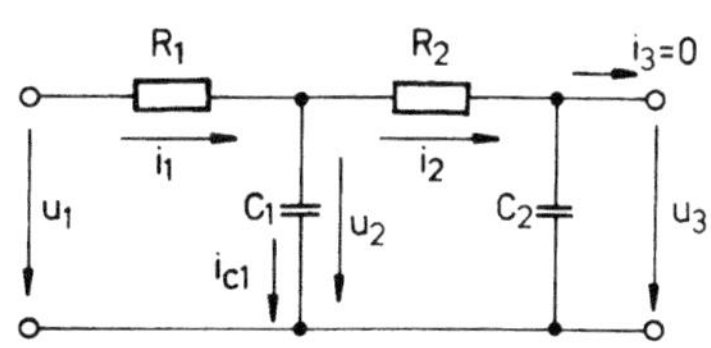

Bild 4-5b

a) Wie lauten für die in Bild 4-5a gezeichnete rückwirkungsfreie Kettenschaltung zweier Verzögerungsglieder die Differentialgleichung und die Übertragungsfunktion $F(p) = Y_3(p)/Y_1(p)$?
b) Der Dämpfungsfaktor D ist als Funktion von T_1/T_2 aufzutragen; der Verlauf der Kurve ist zu diskutieren.
c) Wie lauten die Differentialgleichung und die Übertragungsfunktion der in Bild 4-5b gezeichneten Schaltung bei ausgangsseitigem Leerlauf, $i_3 = 0$?
d) Wie sind die Schaltelemente zu wählen, damit die beiden RC-Glieder näherungsweise als entkoppelt betrachtet werden können?
e) Man berechne für diesen Fall die Sprungantwort, die Impulsantwort sowie die Anstiegsantwort und skizziere die zugehörigen Verläufe.

Aufgabe 4-6: Verzögerungsglied mit Vorhalt

Gegeben sei ein Proportionalglied 2. Ordnung mit Vorhalt, das durch die Schwingungsgleichung

$$\frac{1}{\omega_0^2} x'' + \frac{2D}{\omega_0} x' + x = k(T_1 y' + y)$$

beschrieben wird $(0 < D \leqslant 1)$.

a) Man berechne im Bildbereich die Anstiegsantwort und skizziere ihren Verlauf für $D = 1$. Der Einfluß von T_1 ist zu diskutieren.
b) Der Anstiegsfehler $u(t)$ ist zu berechnen. Wie groß ist der zugehörige stationäre Wert $u(\infty)$? Das Ergebnis ist anhand der Koeffizienten der Übertragungsfunktion zu bestätigen.

5 Übertragungsfunktion

Die Übertragungsfunktion $F(p)$ ist das Verhältnis der Laplace-transformierten Ausgangsgröße zur transformierten Eingangsgröße einer linearen Übertragungsstrecke; sie beschreibt das dynamische Verhalten der Strecke und stellt ein Gegenstück zur Differentialgleichung im Bildbereich dar. Der Sonderfall $F(j\omega)$ entspricht dem Frequenzgang bei stationärer Übertragung von sinusförmigen Signalen.

Aufgabe 5-1: Stabilitätsprüfung anhand des Nennerpolynoms

Eine lineare Übertragungsstrecke mit konzentrierten (Energie)-Speichern wird im Frequenzbereich durch eine gebrochene rationale Übertragungsfunktion

$$\frac{X(p)}{Y(p)} = F(p) = \frac{Z(p)}{N(p)}$$

beschrieben. Das Nennerpolynom, z. B.

$$N(p) = a_5 p^5 + a_4 p^4 + a_3 p^3 + a_2 p^2 + a_1 p + a_0 = |N(p)| e^{j\psi}$$

entspricht dem aus der homogenen Differentialgleichung gewonnenen charakteristischen Polynom; die Koeffizienten a_ν entscheiden somit über die Stabilität der Übertragungsstrecke.

Gegeben seien zwei Fälle

	a_5	a_4	a_3	a_2	a_1	a_0
1)	$1\,s^5$	$9\,s^4$	$36\,s^3$	$84\,s^2$	115 s	75
2)	$1\,s^5$	$3\,s^4$	$8\,s^3$	$40\,s^2$	68 s	60

Da die Variable p die Dimension Frequenz hat und N(p) dimensionslos ist, hat a_ν die Dimension $(\text{Zeit})^\nu$.

a) Der Verlauf der Ortskurve $N(j\omega) = u(\omega) + jv(\omega)$ ist für beide Fälle zu skizzieren. Man bestimme die Schnittpunkte der Ortskurve mit den Achsen der N-Ebene.
b) Aus der Gestalt der Ortskurve ist das Phasenintegral $\Delta\psi$ für $0 < \omega < \infty$ und daraus die Zahl i der Nullstellen von $N(j\omega)$ in der rechten p-Halbebene zu ermitteln.
c) Es soll gezeigt werden, daß die Zahl der Nullstellen in der rechten Halbebene auch ohne Kenntnis des Verlaufs der Ortskurve gewonnen werden kann.

Aufgabe 5-2: Ortskurven und Bode-Diagramm

Ein System mit der Übertragungsfunktion $F(p) = |F|e^{j\varphi}$ bestehe aus der rückwirkungsfreien Kettenschaltung der in Bild 5-2a gezeigten Teilglieder

$$F_1(p) = \frac{1}{T_1 p}\,; \quad F_2(p) = V_2(T_2 p + 1); \quad F_3(p) = \frac{V_3}{T_3 p + 1}\,.$$

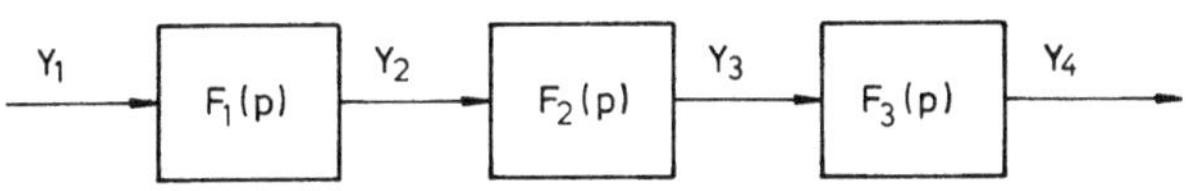

Bild 5-2a

a) Man skizziere die Ortskurven $F_\nu(j\omega)$ der einzelnen Teil-Übertragungsfunktionen.
b) Das Bodediagramm des Gesamtfrequenzganges $F(j\omega)$ ist durch Überlagerung der Teilfrequenzgänge für folgende Werte der Parameter zu ermitteln:

$T_1 = 1\,\text{s}$ $\quad T_2 = 100\,\text{ms}$ $\quad T_3 = 10\,\text{ms}$

$V_2 = 2{,}5$ $\quad V_3 = 2$

Dabei genügt es, die geradlinigen Betrags-Asymptoten zu zeichnen.
c) Man berechne die Frequenz ω_m, bei der die Phase $\varphi(\omega)$ maximal wird. Wie groß ist der zugehörige Winkel φ_{max}?
d) Wie muß die Integrierzeit $T_1 = T_{10}$ gewählt werden, damit $|F(j\omega_m)| = 1$ ist, d. h. die Ortskurve $F(j\omega)$ bei $\omega = \omega_m$ den Einheitskreis schneidet?
e) Anhand der Asymptoten von $F(j\omega)$ und der Kenntnis des Bodediagramms ist die Ortskurve $F(j\omega)$ für $T_1 = T_{10}$ in der F-Ebene zu skizzieren.

Aufgabe 5-3: Differenzierglied mit Verzögerung

In Bild 5-3a ist die Parallelschaltung zweier Verzögerungsglieder mit gleicher Verstärkung und unterschiedlichen Zeitkonstanten gezeichnet.

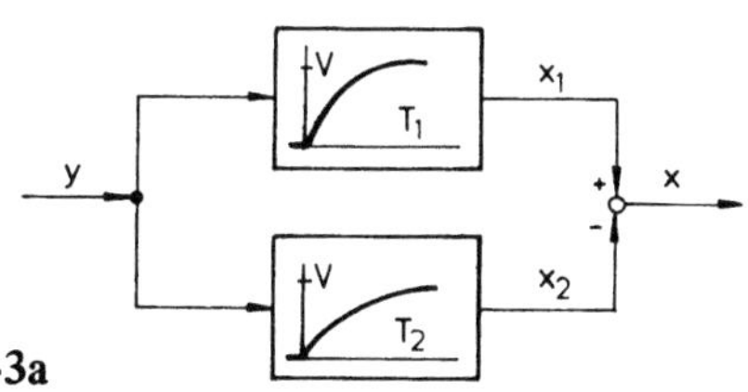

Bild 5-3a

a) Welchen grundsätzlichen Verlauf hat die aus den Sprungantworten x_1, x_2 zu gewinnende Ausgangsgröße x(t)?
b) Wie lautet die Übertragungsfunktion $F(p) = X/Y(p)$? Wo liegen die Pole und Nullstellen von F(p)? Welcher Typ von Übertragungsverhalten liegt vor?
c) Man skizziere die Ortskurve $F(j\omega)$ und
d) das Bode-Diagramm $|F(j\omega)|$, $\varphi(j\omega)$.

6 Gegenkopplung und Regelung

Elektronische Rechenverstärker, vor allem in integrierter Form zeichnen sich durch hohe Verstärkung in einem weiten Frequenzbereich aus. Eingangsstrom und Eingangsspannung können in den meisten Fällen vernächlässigt werden; die Ausgangsspannung ist als steuerbare eingeprägte Spannung zu betrachten. Mit frequenzabhängiger Eingangsbeschaltung und Gegenkopplung werden Rechenverstärker als elektronische Regler in Analogrechnern verwendet. Die Verstärker sind meistens invertierend ausgeführt; die Gegenkopplung erfolgt dabei durch Stromvergleich am Verstärkereingang.

Aufgabe 6-1: Elektronischer Rechenverstärker mit frequenzabhängiger Strom-Gegenkopplung

Die Bilder 6-1a, b zeigen Rechenverstärker mit frequenzabhängigen Beschaltungen. Die Verstärker selbst sind als ideal anzunehmen ($U_0 \approx 0$, $I_0 \approx 0$, $V_0 \to \infty$, große Bandbreite).

Die folgenden Fragen sind für beide Schaltungen zu beantworten.

a) Wie lauten die Übertragungsfunktionen $F(p) = U_2(p)/U_1(p)$?
b) Man skizziere die Ortskurven $F(j\omega)$.
c) Man berechne und skizziere die Sprungantworten w(t).

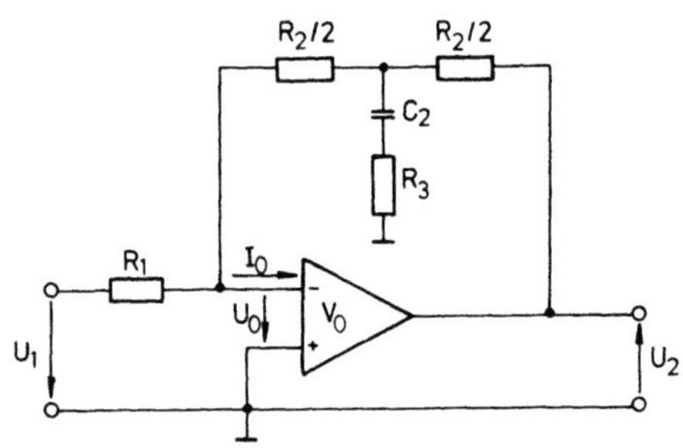

Bild 6-1a

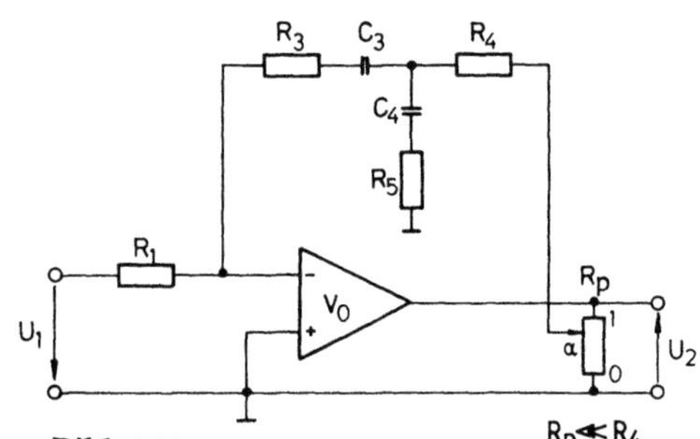

Bild 6-1b

Aufgabe 6-2: Analogrechner-Schaltung

Bild 6-2a zeigt eine Analogrechnerschaltung mit drei als ideal anzunehmenden Rechenverstärkern.

a) Wie lauten die Übertragungsfunktionen

$$F_1(p) = \frac{U_2}{U_1}, \quad F_2(p) = \frac{U_3}{U_2}, \quad F_3(p) = \frac{U_4}{U_3}$$

bei geöffnetem Schalter S? Die gezeichnete Anordnung ist als Blockschaltbild darzustellen.

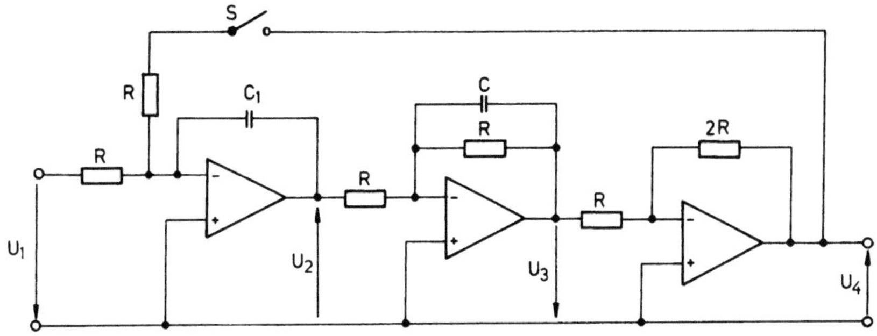

Bild 6-2a

b) Aufgrund dieses Ergebnisses ist die Übertragungsfunktion

$$F_g(p) = \frac{U_4}{U_1}(p)$$

bei geschlossenem Schalter zu berechnen.

c) Wie ist der Kondensator C_1 zu wählen, damit die Schaltung nach einer vorübergehenden Anregung eine gedämpfte Schwingung mit der Dämpfung $D = 1/\sqrt{2}$ ausführt?

d) Man zeichne in der komplexen Ebene den geometrischen Ort der Pole von $F_g(p)$ für veränderliches C_1 (Wurzelortskurve).

Aufgabe 6-3: RC-Generator

Bild 6-3a zeigt eine Oszillatorschaltung, bestehend aus zwei als ideal anzunehmenden Rechenverstärkern und passiven Schaltelementen.

a) Bei geöffnetem Schalter S soll die Übertragungsfunktion $F(p) = U_4/U_1$ berechnet werden; die Ortskurve $F(j\omega)$ ist zu skizzieren.

b) Die Sprungantwort der Schaltung für $u_1 = U_0 s(t)$ ist zu berechnen.

c) Durch Schließen des Schalters S wird die Ausgangsspannung U_4 auf den Eingangsverstärker rückgekoppelt. Man beschreibe die entstehende Anordnung durch ein Blockschaltbild. Um welche Art von Rückkopplung handelt es sich? Wie lautet die Übertragungsfunktion $F_g(p) = U_4/U_1$ bei geschlossenem Schalter?

d) Wie sind die Widerstände für den Stabilitätsgrenzfall zu wählen, damit eine ungedämpfte Schwingung entsteht? Welche Frequenz f_0 stellt sich in diesem Fall ein?

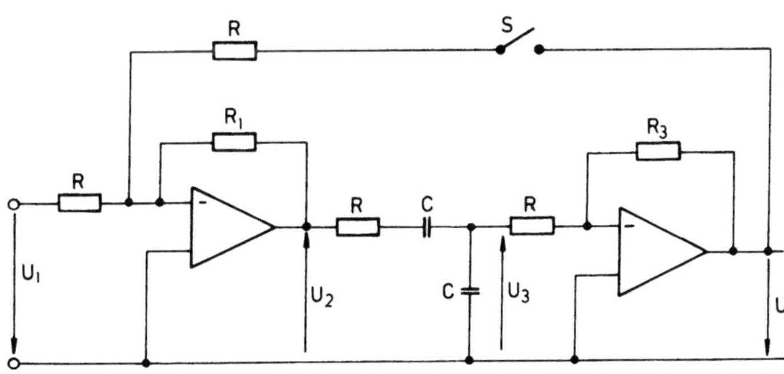

Bild 6-3a

Aufgabe 6-4: Elektronischer Rechenverstärker mit frequenzabhängiger Spannungsgegenkopplung

In Bild 6-4a ist ein nicht-invertierender Rechenverstärker mit Spannungsgegenkopplung gezeigt. Eingangsstrom (I_0) und Eingangsspannung (U_0) sollen vernachlässigt werden. Das Arbeitspunktpotential der Eingangsklemmen kann wegen der Gleichtaktunterdrückung der Eingangsstufe unberücksichtigt bleiben. Die Bandbreite des Verstärkers sei groß gegenüber der Nutzfrequenz.

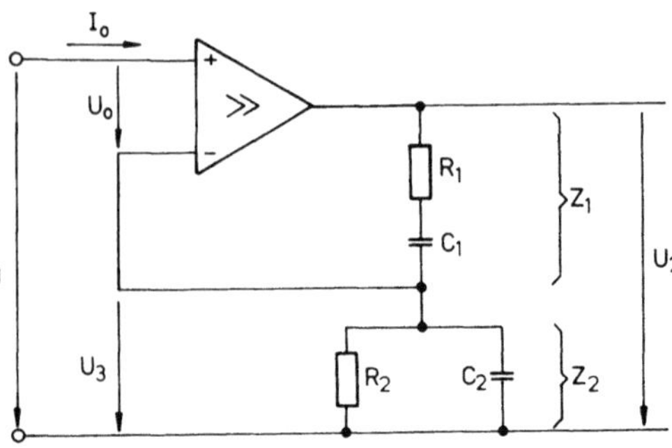

Bild 6-4a

a) Wie lautet die Übertragungsfunktion $F(p) = U_2/U_1$ des Rechenverstärkers in der gezeichneten Schaltung?
b) Welchen Verlauf hat die Ortskurve $F(j\omega)$?
c) Man skizziere die Sprungantwort $u_2(t) = U w(t)$ für $u_1(t) = U s(t)$.

7 Stabilität eines Regelkreises

Wegen des geschlossenen Wirkungskreises besteht bei unzweckmäßig ausgelegten Regelsystemen die Möglichkeit von Instabilität. Stabilitäts-Untersuchungen stellen deshalb einen wichtigen Aspekt beim Entwurf von Regelungen dar.

Aufgabe 7-1: Laufzeitglieder mit Rückkopplung

Zwei rückwirkungsfrei hintereinander geschaltete Laufzeitglieder sind gemäß Bild 7-1a mit der Verstärkung V gegengekoppelt.

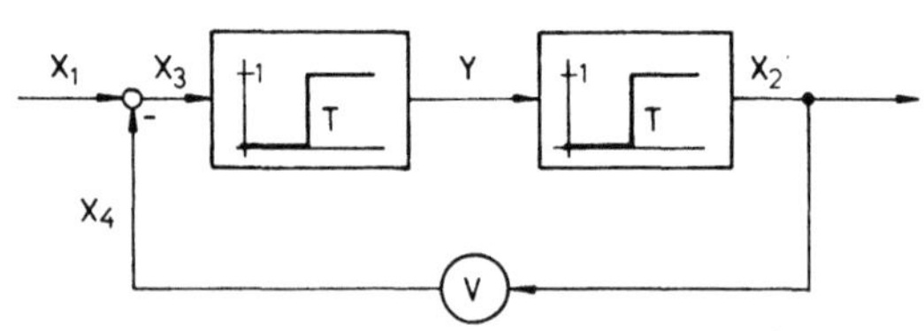

Bild 7-1a

a) Anhand der Übertragungsfunktionen

$$F_{g1}(p) = X_2/X_1 \quad \text{und} \quad F_{g2}(p) = Y/X_1$$

ist der Einfluß des Verstärkungsfaktors V auf Stabilität und Dämpfung des rückgekoppelten Systems zu bestimmen und zu diskutieren.
b) Welche Schwingungsanteile sind für den Stabilitätsgrenzfall und bei $x_1 = 0$ in $x_2(t)$ enthalten?
c) Die Sprungantworten $x_2(t)$ und $y(t)$ sind durch absatzweise Berechnung im Zeitbereich für die Fälle $V_1 = 0.5$, $V_2 = 1$, $V_3 = 1.5$ zu bestimmen und zu skizzieren.

Aufgabe 7-2: Stabilisierung eines Lichtbogens durch Regelung

Bei einem mit Gleichstrom betriebenen Lichtbogen-Schweißgerät wird der Lichtbogen über eine Vorschaltimpedanz (R, L) aus einer Spannungsquelle mit der steuerbaren eingeprägten Spannung u_0 gespeist (Bild 7-2a). Der Lichtbogen werde vereinfacht durch eine nichtlineare Kennlinie

$$\frac{u}{U_B} = \frac{1}{\frac{i}{I_B}} \qquad (1)$$

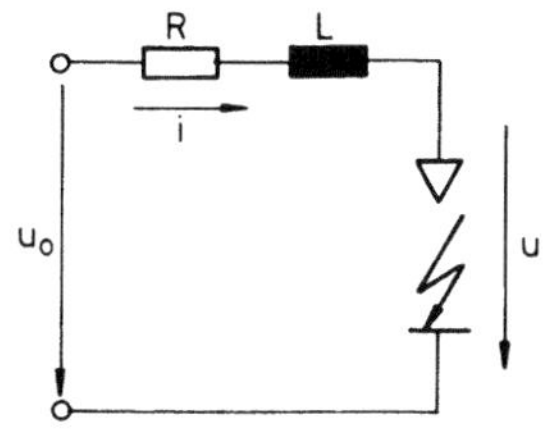

Bild 7-2a

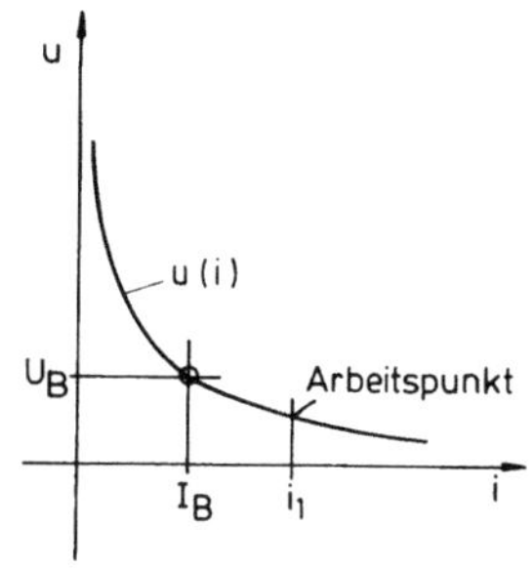

Bild 7-2b

beschrieben (Bild 7-2b). U_B, I_B sind feste Bezugsgrößen.

a) Wie lautet die Differentialgleichung für $i(t)$ bei veränderlicher Speisespannung $u_0(t)$? Die Gleichung ist geeignet zu normieren.

b) Die gefundene nichtlineare Differentialgleichung soll nun für kleine Abweichungen Δi von einem angenommenen Arbeitspunkt i_1 linearisiert werden. Wie lautet die zugehörige normierte Übertragungsfunktion

$$F(p) = L\left(\frac{\Delta i}{I_B}\right) \Big/ L\left(\frac{\Delta u}{U_B}\right)?$$

c) Welche Bedingung muß erfüllt sein, damit das Schweißgerät mit einer konstanten Speisespannung $u = u_{01}$ am gewünschten Arbeitspunkt stabil arbeitet? Welche Konsequenz hat diese Bedingung für den Wirkungsgrad, d. h. das Verhältnis der im Lichtbogen umgesetzten zur gesamten zugeführten Leistung?

d) Die Ortskurve $F(j\omega)$ ist für drei Werte des Vorwiderstandes R zu zeichnen, entsprechend dem Stabilitätsgrenzfall $R = R_s$, sowie einem stabilen $(R > R_s)$ und einem instabilen Zustand $(R < R_s)$. Die entsprechenden Widerstandskennlinien $u_0 - Ri$ sind in ein Schaubild gemäß 7-2b einzutragen.

e) Um die Leistungsverluste im Vorwiderstand zu vermeiden, soll das Schweißgerät eine Stromregelung erhalten. Zu diesem Zweck wird die Speisespannung u_0 einem verzögerungsfrei steuerbaren Leistungsverstärker entnommen, der Vorwiderstand wird entfernt, d. h. $R = R_{min} < R_s$. Man zeichne ein Blockschaltbild des entstehenden Regelkreises und zeige anhand der Ortskurve $F_K(j\omega)$, daß bei Verwendung eines Proportionalreglers geeigneter Verstärkung Stabilität prinzipiell erreichbar ist.

8 Anwendung des Nyquistkriteriums zur Festlegung freier Reglerparameter

Das Nyquistkriterium liefert Bedingungen für den Verlauf der Ortskurve des aufgeschnittenen Kreises, bei deren Erfüllung der geschlossene Regelkreis stabil ist. Das Bode-Diagramm ermöglicht eine einfache Anwendung bei Übertragungsfunktionen in Produktform.

Aufgabe 8-1: Nyquistkriterium und Phasenabstand

Ein Regelkreis wird durch die Kreis-Übertragungsfunktion

$$F_K(p) = \frac{V}{T_1 p (T_2 p + 1)(T_3 p + 1)}$$

beschrieben. Die Streckenparameter seien aus Messungen bekannt: $V = 1$, $T_2 = 0{,}5\,s$, $T_3 = 0{,}1\,s$. Damit der geschlossene Kreis ausreichend gedämpft ist, darf die noch wählbare Integrierzeit T_1 einen bestimmten Wert nicht unterschreiten.

a) Für einen Phasenabstand $\psi_d = 45°$ soll die zugehörige Integrierzeit $T_1 = T_{11}$ bestimmt werden. Das Bodediagramm und die Ortskurve der Kreisübertragungsfunktion sind für diesen Fall zu zeichnen. Wie wirkt sich eine Veränderung von T_1 auf die Ortskurve aus?

b) Man berechne die Übertragungsfunktion des geschlossenen Regelkreises $F_g(p)$, außerdem für den Wert $T_1 = T_{11}$ die Pole von $F_g(p)$ und den Dämpfungsfaktor des schwingungsfähigen Anteils.

c) Bei welcher Integrierzeit $T_1 = T_{10}$ wird der Regelkreis instabil? Das Ergebnis ist anhand einer Ortskurvenbetrachtung zu bestätigen.

Aufgabe 8-2: Mitkopplung

Die Übertragungseigenschaften des in Bild 8-2a gezeigten Mitkopplungssystems sollen untersucht werden.

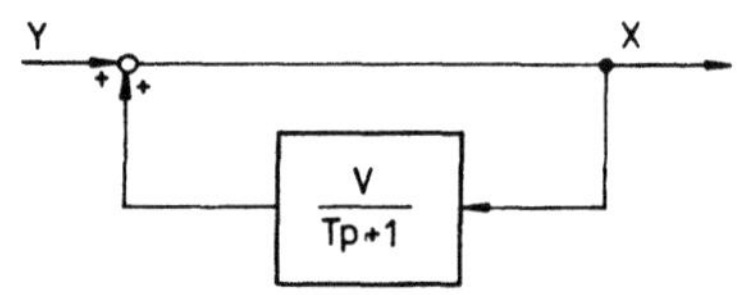

Bild 8-2a

a) Wie lautet die Übertragungsfunktion $F(p) = X(p)/Y(p)$?

b) Man diskutiere das Übertragungsverhalten des Systems für veränderliche Verstärkung $0 \leqslant V < \infty$ anhand der Lage der Polstellen in der komplexen Ebene. Welches Übertragungsverhalten ergibt sich für $V = 1$?

c) Man berechne und skizziere die Sprungantworten für die Werte $V = -1; 0; 0{,}5; 1; 2$.

9 Funktionsbausteine für Regler und Regelstrecken

Allpaßfunktionen haben symmetrisch zur imaginären Achse liegende Pole und Nullstellen, so daß eine frequenzunabhängige Verstärkung resultiert. Bei Regelungen sind Allpaßanteile wegen der zusätzlichen Phasennacheilung i. a. unerwünscht, doch sind sie für manche Zwecke der Signalverarbeitung von Nutzen.

Aufgabe 9-1: Allpaß und Phasenabstand

Gegeben ist der in Bild 9-1a gezeichnete stabile Regelkreis mit der Kreis-Übertragungsfunktion $F_k(p)$. Durch versuchsweises Einfügen eines rückwirkungsfreien Übertragungsgliedes ($F_0(p)$) wird der Regelkreis so verändert, daß selbsterregte Schwingungen einsetzen (Bild 9-1b). Aus der Schwingungsfrequenz ω_0 und den Parametern von F_0 soll der Phasenabstand ψ_d des ursprünglichen Regelkreises bestimmt werden. Bild 9-1c zeigt eine elektrische Ausführung des zusätzlich eingefügten Übertragungsgliedes.

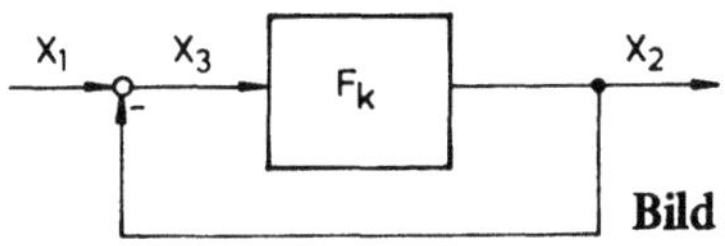

Bild 9-1a

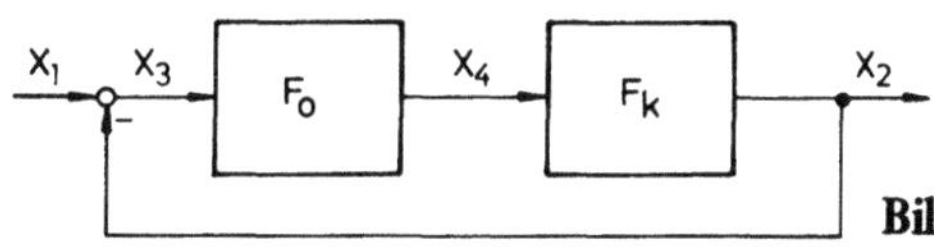

Bild 9-1b

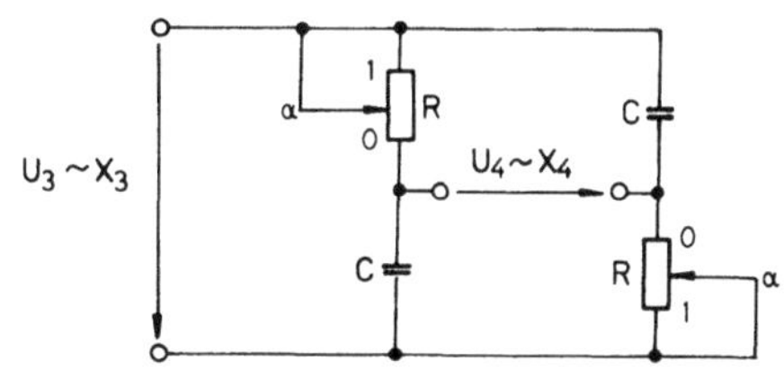

Bild 9-1c

a) Wie lautet die Übertragungsfunktion

$$F_0(p) = \frac{U_4}{U_3} = \frac{X_4}{X_3}(p)$$

der in Bild 9-1c gezeichneten Schaltung? Dabei kann angenommen werden, daß der Vierpol im Leerlauf betrieben wird. Um welchen Schaltungstyp handelt es sich?

b) Man zeichne die Ortskurve $F_0(j\omega)$; welchen Einfluß hat die Stellung α des Doppelpotentiometers ($0 < \alpha \leqslant 1$)?

c) Als Beispiel ist eine charakteristische Ortskurve $F_k(j\omega)$ des ursprünglich stabilen Systems zu skizzieren. Anhand einer einfachen graphischen Konstruktion soll gezeigt werden, wie die Kreisübertragungsfunktion durch Hinzufügung des Anteils $F_0(j\omega)$ verändert wird.

d) Welche Bedingung muß erfüllt sein, damit das ergänzte System sich bei einer bestimmten Schleiferstellung α_0 an der Stabilitätsgrenze befindet? Man skizziere die Ortskurve $F_0 F_k(j\omega)$ für diesen Fall. Welche Bedeutung hat die auftretende Schwingungsfrequenz ω_0 im ursprünglichen System (Bild 9-1a)?

e) Man berechne den Phasenabstand ψ_d des ursprünglichen Systems aus den Größen ω_0, α_0, R, C.

10 Regelung mit proportional wirkendem Regler

Ein Proportional(P)-Regler ist der einfachste Reglertyp, bei dem die Stellgröße durch proportionale Verstärkung aus der Regelabweichung gewonnen wird. Wegen der Forderung nach Stabilität kann allerdings die Reglerverstärkung meistens nicht so weit erhöht werden, wie dies aus Gründen der Regelgenauigkeit erwünscht wäre.

Aufgabe 10-1: Proportionalregler mit Verzögerung

Bild 10-1a zeigt einen Regelkreis, bestehend aus einer Regelstrecke mit Verzögerungsverhalten und einem proportional wirkenden Regler, dessen Verstärkung V_R und Verzögerungszeitkonstante T_R festgelegt werden sollen.

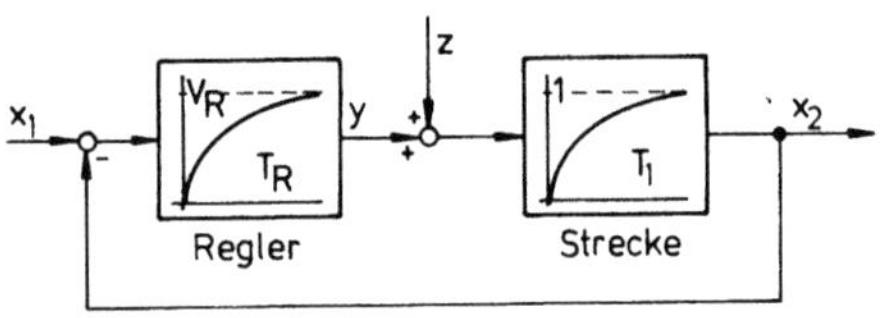

Bild 10-1a

a) Die Ausgangsgröße $X_2(p)$ ist als Funktion der Führungsgröße $X_1(p)$ und der Störgröße $Z(p)$ anzugeben.

b) Man bestimme die Eigenfrequenz ω_0 und den Dämpfungsfaktor D des geschlossenen Regelkreises.

c) Die Reglerparameter V_R, T_R sollen mit der Nebenbedingung $D = 1/\sqrt{2}$ festgelegt werden. Man berechne und skizziere für diesen Fall

$$V_R = f_1(T_1/T_R) \quad \text{und} \quad \omega_0 = f_2(T_1/T_R).$$

Welche der beiden Möglichkeiten ist im Hinblick auf möglichst gute Genauigkeit und schnelles Einschwingen vorzuziehen? Dabei ist zu berücksichtigen, daß aus praktischen Gründen T_R einen Minimalwert $T_{Rmin} \ll T_1$ nicht unterschreiten kann.

d) Man skizziere für den so bestimmten Regler das Bode-Diagramm der Kreisübertragungsfunktion $F_k(j\omega)$.

e) Man skizziere den Verlauf der Systemantwort bei sprungförmiger Änderung der Führungsgröße und der Störgröße.

Aufgabe 10-2: Regelung einer Verzögerungskette mit P-Regler

Ein Regelkreis besteht gemäß Bild 10-2a aus der Kettenschaltung von drei gleichen Proportionalgliedern mit der Verstärkung V und der Zeitkonstanten T sowie einem proportional wirkenden Regler ohne Verzögerung mit der Verstärkung V_R.

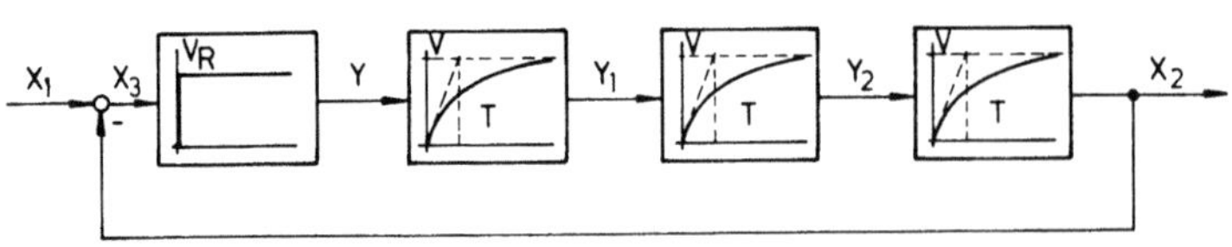

Bild 10-2a

a) Die Kreisübertragungsfunktion $F_k(p)$ soll in einem Bode-Diagramm nach Betrag und Phase sowie als Ortskurve $F_k(j\omega)$ dargestellt werden.

b) Man berechne den Wert V_{R0} der Reglerverstärkung, für den der Regelkreis sich an der Stabilitätsgrenze befindet. Welche Schwingungsfrequenz ω_0 stellt sich ein?
c) Die für $V_R = V_{R0}$ und $x_1 = 0$ auftretende stationäre Dauerschwingung ist durch ein Zeigerdiagramm mit den komplexen Zeigern $\tilde{Y}, \tilde{Y}_1, \tilde{Y}_2$ und $\tilde{X}_2$ zu beschreiben.

Aufgabe 10-3: Regelung einer instabilen Strecke

Eine instabile Regelstrecke zweiter Ordnung soll in einem proportional wirkenden Regelkreis stabilisiert werden (Bild 10-3a).

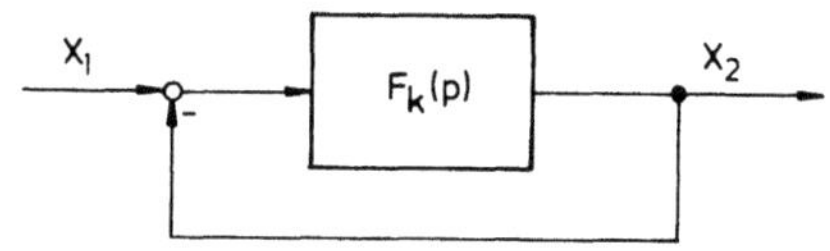

Bild 10-3a

Die Kreisübertragungsfunktion lautet

$$F_k(p) = \frac{V_k}{(T_1 p - 1)(T_2 p + 1)}; \quad T_{1,2} > 0, \text{ reell.}$$

Darin ist V_k die noch zu bestimmende Kreisverstärkung. Die Zeitkonstanten $T_{1,2}$ sind gegeben.

a) Man skizziere die Ortskurve des Kreisfrequenzganges $F_k(j\omega)$ und diskutiere die Stabilität des Regelkreises anhand des Nyquist-Kriteriums für veränderliche Parameter V_k, T_1, T_2.
b) Wo liegen die Pole der Kreisübertragungsfunktion $F_k(p)$ und der Übertragungsfunktion des geschlossenen Regelkreises $F_g(p)$? Welche Bedingungen müssen erfüllt sein, damit der Regelkreis mit einem Proportionalregler stabil arbeitet?
c) Für welche Werte von V_k sind im Regelkreis gedämpfte Schwingungen zu erwarten? Man berechne den Wert der Kreisverstärkung, der auf einen Dämpfungsfaktor $D = 1/\sqrt{2}$ führt. Man skizziere die Lage der Pole von $F_g(p)$ für $0 < V_k < \infty$ (Wurzelortskurve).
d) Anhand der Normalform von $F_g(p)$ ist die Sprungantwort des geschlossenen Kreises zu berechnen und zu skizzieren.

11 Regelung durch einen Proportionalregler mit Vorhalt

Die mit einem Proportionalregler auftretenden Stabilitätsprobleme lassen sich manchmal durch Verwendung eines Reglers mit Vorhalt lösen, bei dem auch die Änderungsgeschwindigkeit der Regelabweichung bewertet wird.

Aufgabe 11-1: Regelung der Rollbewegung eines Flugzeuges

Die Lageregelung eines Flugzeugs für Drehbewegungen um seine Längsachse läßt sich bei kleinen Auslenkungen stark vereinfacht durch das Blockschaltbild 11-1a beschreiben. Das Flugzeug ist dabei als massebehafteter starrer Körper angenommen; $\alpha(t)$ ist der Rollwinkel um die Längsachse. Das von der Drehgeschwindigkeit α' abhängige, die Bewegung dämpfende, aerodynamische Drehmoment ist vernachlässigt.

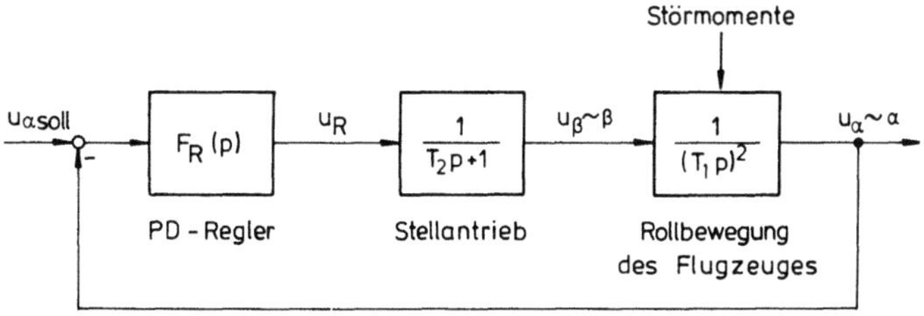

Bild 11-1a

Die Steuerung des Rollwinkels erfolgt durch den Ausschlag $\beta(t)$ des Querruders, das vom Rollwinkelregler über einen proportional wirkenden elektrohydraulischen Stellantrieb betätigt wird. Außerdem sind Stördrehmomente, z. B. infolge von Böen oder wegen mangelhaften Gewichtsausgleichs, wirksam. Als elektrische Meßgrößen sind verfügbar:

- die Ausgangsspannung u_R des Reglers,
- eine der Auslenkung β des Querruders proportionale Spannung u_β,
- die Ausgangsspannung u_α eines Kreiselgerätes als Maß für den Rollwinkel α; dabei gilt der Zusammenhang

$$u_\alpha = 10\,\mathrm{V}\,\frac{\alpha}{180^\circ}. \qquad (1)$$

Die Regelstrecke wird durch folgende Angaben beschrieben:

- Der elektrohydraulische Stellantrieb hat eine über den Aussteuerbereich des Reglers lineare Kennlinie $\beta(u_R)$; seine Verzögerung ist $T_2 = 0{,}2\,\mathrm{s}$. Mit passend gewählten Maßstabsfaktoren gilt die Differentialgleichung

$$T_2\,\frac{du_\beta}{dt} + u_\beta = u_R. \qquad (2)$$

- Ausgehend vom stationären ebenen Flug wurde bei einem Versuch das Querruder um $u_\beta = 1\,\mathrm{V} = \mathrm{const.}$ verstellt; dies führte zu einer konstanten Winkelbeschleunigung gemäß

$$\frac{d^2u_\alpha}{dt^2} = 0{,}2\,\frac{\mathrm{V}}{\mathrm{s}^2}\,; \qquad (3)$$

  hieraus läßt sich die mechanische Integrierzeit T_1 bestimmen.

Der Lage-Regelkreis soll unter Verwendung eines idealen PD-Reglers geschlossen werden; die Reglerparameter sind zu bestimmen.

a) Wie lautet die Übertragungsfunktion des PD-Reglers? Warum ist ein I- oder PI-Regler im vorliegenden Fall ungeeignet?
b) Welche Form hat die Kreis-Übertragungsfunktion $F_K(p)$? In welchem Wertebereich der Vorhalt-Zeitkonstante ergibt sich eine stabile Regelung?
c) Man skizziere das Bode-Diagramm für $F_K(j\omega)$ und die zugehörige Ortskurve.
d) Wie sind die Parameter des PD-Reglers zu wählen, um im geschlossenen Regelkreis einen Dämpfungsfaktor $D = 1/\sqrt{2}$ zu erreichen?
e) Wie groß ist die bleibende Regelabweichung des Rollwinkels bei einem konstanten Störmoment, das ohne Regelung eine Winkelbeschleunigung von $1^\circ/\mathrm{s}^2$ zur Folge hätte?
f) Man zeichne die Schaltung eines aktiven elektronischen PD-Reglers und berechne die das Übertragungsverhalten bestimmenden Schaltelemente. Die gleichen Eingangswiderstände des Reglers sollen so gewählt werden, daß ein angenommener Driftstrom des Regelverstärkers von $10^{-7}\,\mathrm{A}$ auf einen Winkelfehler $\Delta\alpha < 0{,}1^\circ$ führt.

Aufgabe 11-2: Regelung eines rotierenden Feder-Masse-Systems

Bild 11-2a zeigt ein vereinfachtes mechanisches Modell, bei dem ein Motor über eine elastische Welle eine Last mit dem Trägheitsmoment θ_2 antreibt. Die Trägheitsmomente der Welle und des Motors seien gegenüber dem der Last vernachlässigbar. ω_1 und ϵ_1 sind die Winkelgeschwindigkeit und der Drehwinkel auf der Antriebsseite, ω_2 und ϵ_2 die entsprechenden

Größen auf der Lastseite der Welle; $\epsilon_1 - \epsilon_2$ ist somit der Torsionswinkel. Die Steifigkeit der Welle sei $S = m/(\epsilon_1 - \epsilon_2)$, wobei m das übertragene Drehmoment darstellt. An der Last wirke ein drehzahlproportionales Reibungsmoment $m_R = k_R \omega_2$.

a) Welche Differentialgleichung gilt für die Bewegung der Last, wenn man die Winkelgeschwindigkeit des Motors ω_1 als eine eingeprägte Größe betrachtet? Die Gleichung ist in zweckmäßiger Weise zu normieren.

b) Es soll ein Blockschaltbild für die dynamischen Vorgänge entworfen werden, dem die Größen $\omega_1, \omega_2, \epsilon_1 - \epsilon_2$, m zu entnehmen sind. Unter Verwendung dieses Blockschaltbildes ist die Übertragungsfunktion

$$F_S(p) = \frac{L(\omega_2(t))}{L(\omega_1(t))}$$

zu berechnen.

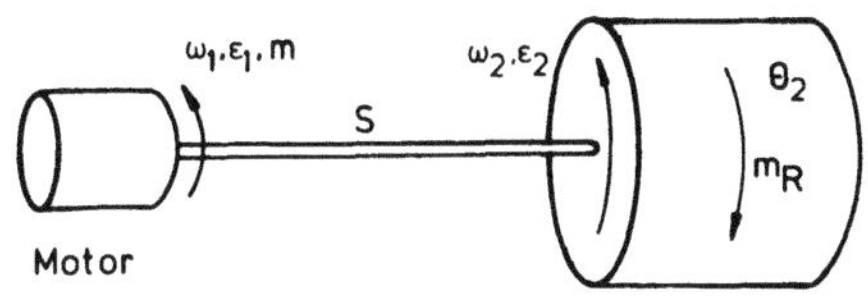

Bild 11-2a

c) Wie lautet die Bedingung für aperiodische Dämpfung der Bewegung? Man berechne und skizziere für $D > 1$ die Sprungantwort, d. h.

$$\omega_2(t) \text{ für } \omega_1(t) = \omega_{10} s(t);$$

dabei ist anzunehmen, daß die Last anfangs in Ruhe und die Welle nicht verdreht ist.

d) Die Drehzahl ω_2 der Last soll mit ω_1 als Stellgröße geregelt werden. Man zeige, daß ein $PD_1(T_1)$-Regler hierfür geeignet ist. Anschließend ist eine zweckmäßige Wahl der Reglerparameter anzugeben und zu begründen. Der Leistungsverstärker kann als unverzögertes Proportionalglied angenommen und somit bei der Auslegung des Reglers vernachlässigt werden.

12 Regelung mit einem Integralregler

Bei Verwendung eines integrierenden Reglers verschwindet der Endwert der Regelabweichung für konstante Führungs- und Störgrößen. Damit läßt sich die Forderung nach stationärer Genauigkeit der Regelung erfüllen; nachteilig ist jedoch die geringe Regelgeschwindigkeit.

Aufgabe 12-1: Regelung einer Verzögerungsstrecke mit Vorhalt

Das Ausgangssignal x_2 einer Regelstrecke erster Ordnung mit der Übertragungsfunktion

$$F_S(p) = \frac{X_2(p)}{Y_1(p)} = \frac{T_2 p + 1}{T_1 p + 1}; \quad T_1 > T_2 \tag{1}$$

soll durch einen Integralregler mit der Integrierzeitkonstanten T_i auf einem vorgegebenen Wert gehalten werden (Bild 12-1a).

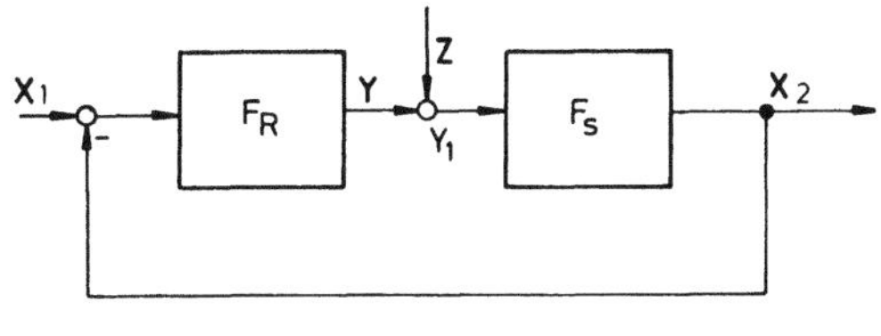

Bild 12-1a

a) Man skizziere die Sprungantwort der Regelstrecke.
b) Wie muß die Integrierzeit T_i gewählt werden, damit der geschlossene Regelkreis eine Dämpfung $D = 1/\sqrt{2}$ aufweist?
c) Der Regelkreis werde durch einen Führungsgrößensprung $x_1(t) = s(t)$ angeregt; die Störgröße $z(t)$ sei Null. Man berechne die Sprungantwort $X_2(p)$ im Bildbereich und skizziere nach Rücktransformation die zeitlichen Verläufe $x_2(t)$ und $y(t)$.
d) Der Regelkreis wird nun durch einen Störgrößensprung $z(t) = s(t)$ angeregt; die Führungsgröße $x_1(t)$ sei Null. Die Größen $x_2(t)$ und $y(t)$ sind auch für diesen Fall zu berechnen und aufzutragen.

Aufgabe 12-2: Regelung einer Verzögerungskette mit I-Regler

Der in Bild 12-2a gezeichnete Regelkreis besteht aus einer Regelstrecke mit drei gleichen Verzögerungsgliedern,

$$F_S(p) = \frac{1}{(T\,p + 1)^3},$$

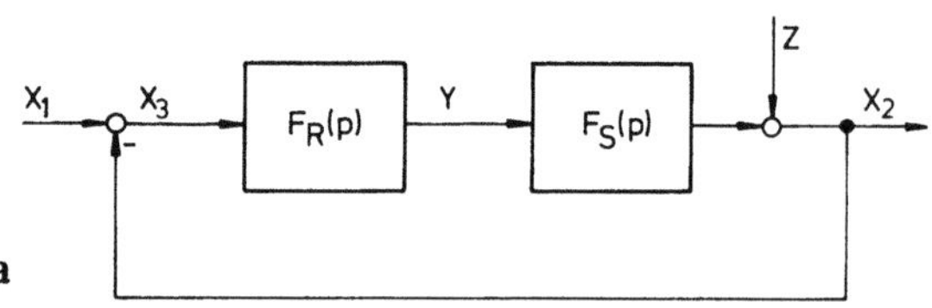

Bild 12-2a

und einem Integralregler. Obwohl das System damit insgesamt von vierter Ordnung ist, läßt sich in diesem Fall die Integrierzeit rechnerisch bestimmen.

a) Man berechne $T_i = T_{i1}$ so, daß der Phasenabstand $\psi_d = 45°$ wird. Wie groß ist die zugehörige Durchtritts-Kreisfrequenz ω_d?
b) Der qualitative Verlauf der Ortskurven

$$F_k = \frac{X_2}{X_3}(j\omega) \quad \text{und} \quad F_g = \frac{X_2}{X_1}(j\omega)$$

ist für $0 < \omega < \infty$ anzugeben.
c) Man berechne die Störübertragungsfunktion

$$F_{gz} = \frac{X_2}{Z}(p)$$

und zeichne die zugehörige Ortskurve. Welche Schlußfolgerungen lassen sich aus dem Anfangs- und Endwert ($\omega \to 0$, $\omega \to \infty$) der Ortskurve ziehen?
d) Der ungefähre Verlauf der Sprungantworten bei Änderung der Führungsgröße und der Störgröße ist zu skizzieren.

Aufgabe 12-3: Regelung einer Laufzeitstrecke

Bild 12-3a zeigt einen elementaren Regelkreis, bestehend aus einer proportional wirkenden Strecke mit der Laufzeit T_L und einem Integralregler mit der Integrierzeitkonstanten T_i.

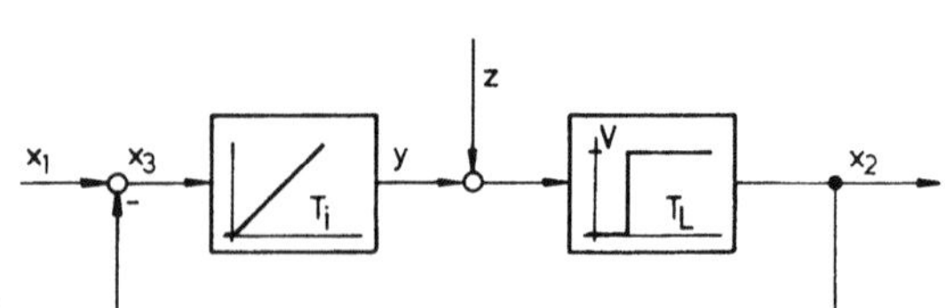

Bild 12-3a

a) Wie lautet die Übertragungsfunktion $F_k(p) = X_2(p)/X_3(p)$ für den offenen Kreis und welche Gestalt hat die zugehörige Ortskurve $F_k(j\omega)$?
b) Man berechne die Durchtrittsfrequenz ω_d und die 180°-Frequenz ω_π. Welche Bedingung gilt für den Stabilitätsgrenzfall?
c) Wie hängt die Ausgangsgröße $X_2(p)$ von den Anregungsgrößen $X_1(p)$ und $Z(p)$ ab? Welchen Wert hat die Regelabweichung x_3 im stationären Zustand für x_1 = const. und z = const.?
d) Der grundsätzliche Verlauf von $x_2(t)$ und $y(t)$ ist für sprungförmige Änderung der Störgröße $z(t)$ zu skizzieren; dabei ist anzunehmen, daß der Regelkreis aperiodisch gedämpft ist ($D > 1$).

Aufgabe 12-4: Regelung mit vorübergehender Unterbrechung des Istwertsignals

Das Verhalten des in Bild 12-4a gezeichneten einfachen Regelkreises bei Wegfall des Istwertes soll untersucht werden.

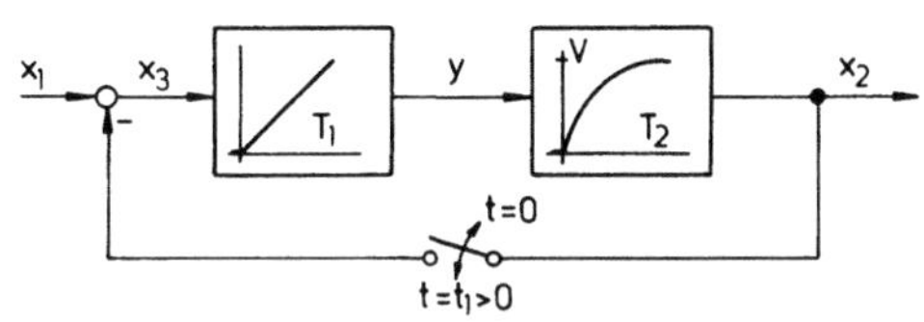

Bild 12-4a

a) Welchen Wert muß die Integrierzeitkonstante T_1 haben, damit der geschlossene Kreis die Dämpfung $D = 1/\sqrt{2}$ aufweist? Wo liegen die Pole der Übertragungsfunktion $F_g(p) = X_2/X_1(p)$?
b) Nach Eintreten des zu $x_1 = x_{10}$ gehörigen stationären Zustandes wird im Zeitintervall $0 \leq t \leq t_1$ infolge einer vorübergehenden Störung die Rückführung des Istwertsignals unterbrochen, wie in Bild 12-4a durch den Schalter angedeutet ist. Man berechne und skizziere den Verlauf von $y(t)$ und $x_2(t)$ während dieses Störintervalles.
c) Welche Auslenkungen $y(t_1)$ und $x_2(t_1)$ sind am Ende der Störung zu beobachten? Ausgehend von diesen Werten sind die Ausgleichsvorgänge $x_2(t \geq t_1)$ und $y(t \geq t_1)$ nach Wiederherstellen der Istwertverbindung zu berechnen und zu skizzieren. Dabei ist für den Verlauf der Ausgangsgröße mit $t - t_1 = \tau$ der Ansatz

$$x_2(\tau) = A_1 + A_2 e^{-D\omega_0\tau} \cos(\sqrt{1-D^2}\,\omega_0\,\tau + \varphi) \qquad (1)$$

zweckmäßig. Dieser Ausdruck muß an die gültigen Randbedingungen angepaßt werden, um die Konstanten A_1, A_2, φ zu bestimmen. Welcher Schluß ist aus dem Störungsablauf zu ziehen?

13 Regelkreis mit Proportional-Integral-Regler

Der PI-Regler vereinigt die Vorzüge des Proportionalreglers (Regelgeschwindigkeit) und des Integralreglers (statische Genauigkeit). Er ist der in der Praxis am meisten verwendete Reglertyp.

Aufgabe 13-1: Regelung einer verzögerten Strecke mit PI-Regler

Eine Regelstrecke mit zwei Verzögerungen ($T_1 > T_2$) soll gemäß Bild 13-1a durch einen PI-Regler geregelt werden.

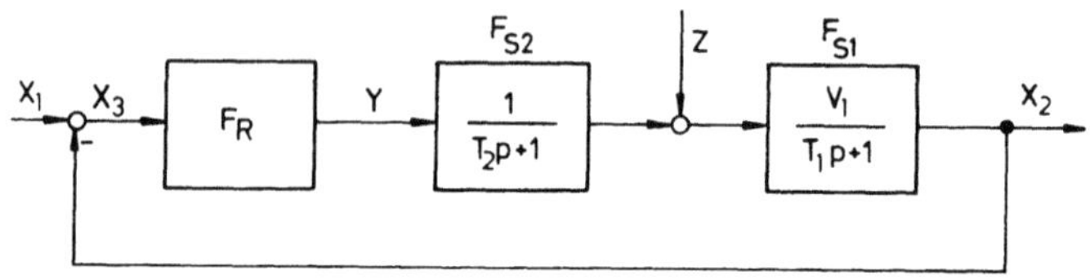

Bild 13-1a

a) Anhand von Übertragungsfunktion und Sprungantwort ist das Verhalten des PI-Reglers zu diskutieren.

b) Wie ist die Vorhalt-Zeitkonstante T_i des Reglers zweckmäßig zu wählen? Diese Frage läßt sich anhand der Pol-Nullstellen-Verteilung von Regler und Strecke und mit einer Skizze des Bode-Diagramms beantworten.

c) Nach der Festlegung von T_i soll die Reglerverstärkung V_R so bestimmt werden, daß sich für den geschlossenen Kreis ein gut gedämpftes Einschwingverhalten mit dem Dämpfungsfaktor $D = 1/\sqrt{2}$ ergibt. Man skizziere (ohne Rechnung) die Sprungantwort $w_g(t)$ des geschlossenen Kreises bei einer sprungförmigen Änderung der Führungsgröße.

d) Wie lautet die Stör-Übertragungsfunktion $F_{gz}(p) = X_2/Z$ des geschlossenen Kreises, allgemein und bei einer Wahl der Reglerparameter nach b) und c)? Woran ist erkennbar, daß der Einfluß einer konstanten Störgröße z auf die Regelgröße im stationären Zustand verschwindet?

Man skizziere (ohne Rechnung) die Antwort $w_{gz}(t)$ des geschlossenen Kreises auf eine sprungförmige Änderung der Störgröße; die Führungsgröße x_1 ist dabei zu Null anzunehmen.

Aufgabe 13-2: Spannungsregelung eines Gleichspannungs-Netzgerätes

Bild 13-2a zeigt die Prinzipschaltung eines geregelten Gleichspannungs-Netzgerätes. Der darin enthaltene Leistungsverstärker arbeitet im Schaltbetrieb mit Pulsbreitenmodulation, so

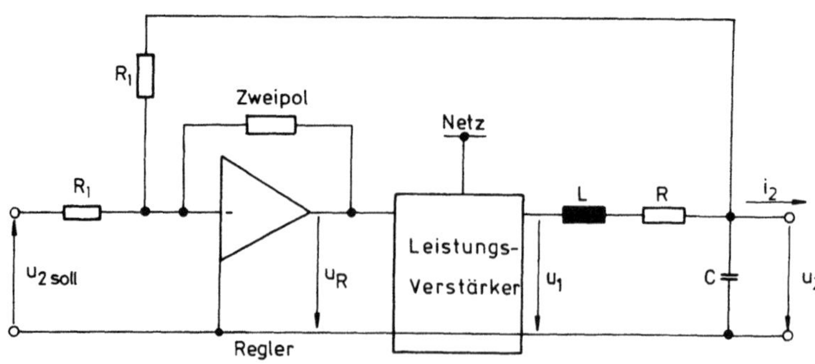

Bild 13-2a

daß der Ausgangsspannung u_1 Oberschwingungen überlagert sind, die durch ein Tiefpaßfilter am Ausgang entfernt werden müssen. Bei hoher Schaltfrequenz kann der Leistungsverstärker als verzögerungsfrei steuerbare Spannungsquelle betrachtet werden,

$$\frac{U_1}{U_R}(p) \approx V_S. \quad (1)$$

Der Istwert der zu regelnden Gleichspannung wird am Kondensator C abgegriffen; als Sollwert dient eine Bezugsspannung $u_{2\,soll}$. Der Spannungsregler wird durch einen gegengekoppelten Rechenverstärker mit der Übertragungsfunktion (für $U_2 = 0$)

$$F_R(p) = \frac{U_R}{U_{2\,soll}}(p)$$

gebildet; der Gegenkopplungszweipol ist noch zu bestimmen.

a) Die Regelstrecke ist in Form eines Blockschaltbildes mit den zugehörigen Übertragungsfunktionen darzustellen. Der Laststrom hat dabei die Bedeutung einer Störgröße.
b) Der Regler soll PI-Verhalten aufweisen; welche Form hat der Gegenkopplungszweipol und wie hängen die Reglerparameter mit den Schaltelementen zusammen?
c) Der Einfachheit halber sei angenommen, daß der Glättungsvierpol aperiodisch gedämpft ist, so daß in der Übertragungsfunktion zwei reelle Pole entstehen. Anhand der Kreis-Übertragungsfunktion $F_K(p)$ sind die Parameter des Reglers so zu bestimmen, daß der geschlossene Regelkreis die Dämpfung $D = 1/\sqrt{2}$ aufweist.
d) Man berechne die Stör-Übertragungsfunktion F_{gz}, d. h. den Einfluß des Belastungsstromes i_2 auf die geregelte Spannung u_2 des Netzgerätes.

Aufgabe 13-3: Regelung einer integrierenden Strecke mit Allpaß

Gegeben sei eine Regelstrecke mit der Übertragungsfunktion

$$F_S(p) = \frac{-T_1 p + 1}{T_1 p} .$$

a) Man zeichne ein Blockschaltbild der Strecke unter Verwendung elementarer Übertragungselemente. Sprung- und Impulsantwort des Systems sind zu skizzieren und zu berechnen. Welche Pol-Nullstellenverteilung liegt vor und um welchen Typ eines Übertragungssystems handelt es sich?
b) Die Strecke soll mit einem PI-Regler mit der Übertragungsfunktion

$$F_R(p) = V_R \frac{T_i p + 1}{T_i p}$$

geregelt werden. Anhand des Bode-Diagramms ist zu zeigen, daß Stabilität im Prinzip erreichbar ist. Welche Bedingung muß hierfür erfüllt sein?
c) Bei welcher Kreisfrequenz ω_m wird der Phasenabstand maximal? Wie ist die Reglerverstärkung V_R zu wählen, damit die Durchtrittsfrequenz ω_d an der Stelle des maximalen Phasenabstands liegt?
d) Man berechne die Übertragungsfunktion des geschlossenen Regelkreises bei einer Festlegung nach c). Wie sind die Reglerparameter für vorgegebene Dämpfung oder Eigenfrequenz zu bestimmen?

Aufgabe 13-4: Regelung eines Allpasses mit Verzögerung

Eine Regelstrecke mit der Übertragungsfunktion

$$F_S = F_{S1}F_{S2} = \frac{-T_1p+1}{T_1p+1}\,\frac{1}{T_2p+1}\,, \quad T_2 = 2T_1\,, \tag{1}$$

enthält einen Allpaß (F_{S1}) und ein Verzögerungsglied (F_{S2}). Die Strecke soll durch einen PI-Regler mit der Verstärkung V_R und der Integrierzeitkonstanten T_i geregelt werden.

a) Man skizziere die Ortskurven von F_{S1}, F_{S2} und F_S.

b) Durch zweckmäßige Wahl der Reglerzeitkonstanten soll die Übertragungsfunktion des offenen Kreises F_k so vereinfacht werden, daß ein geschlossen berechenbarer Ausdruck entsteht. Man skizziere die Ortskurve der vereinfachten Übertragungsfunktion F_k'.

c) Der Verstärkungsfaktor V_R ist so zu bestimmen, daß der Betragsabstand

$$r_\pi = 1 - |F_k'(j\omega_\pi)| \tag{2}$$

einen vorgegebenen Wert erreicht.

d) Wie lautet die Übertragungsfunktion des geschlossenen Kreises $F_g(p)$? Welche Werte haben Dämpfung und Eigenfrequenz bei Vorgabe eines Betragsabstandes gemäß c)?

Aufgabe 13-5: Regelung ohne Anstiegsfehler

Eine Regelstrecke mit der Übertragungsfunktion

$$F_S = \frac{V_S}{(T_1p+1)(T_2p+1)}\,, \quad T_1 > T_2$$

soll durch einen möglichst einfachen Regler zu einem stabilen Regelkreis ergänzt werden, wobei die Bedingung gestellt ist, daß der stationäre Anstiegsfehler des geschlossenen Kreises verschwinden soll.

a) Wie groß ist der stationäre Anstiegsfehler $u(\infty)$ der Regelstrecke allein?

b) Welche Bedingungen muß die Übertragungsfunktion F_R des Reglers im einfachsten Fall erfüllen, damit der stationäre Anstiegsfehler des geschlossenen Kreises zu Null wird und der Regelkreis stabil ist?

c) Wie lautet demnach die Übertragungsfunktion F_R eines geeigneten Reglers? Man skizziere das Bode-Diagramm des Kreisfrequenzganges $F_k = F_R F_S$.

d) Wie sind die Regler-Parameter zu wählen, damit der Regelkreis genügend gedämpft ist?

e) Berechne die Regelfläche des geschlossenen Kreises und skizziere die Sprungantwort sowie die Anstiegsantwort.

14 Regelung mit Proportional-Integral-Differentialregler

Bei Regelung mit mehreren Verzögerungen kann zur Stabilisierung ein Regler erforderlich sein, der in der Nähe der Durchtrittsfrequenz eine stärkere Phasenvoreilung erzeugt. Hierzu eignet sich der PID-Regler, dessen Übertragungsfunktion zwei (meist reelle) Nullstellen aufweist.

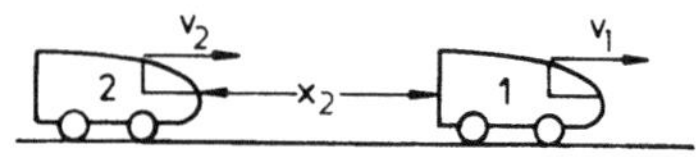

Bild 14-1a

Aufgabe 14-1: Abstandsregelung

In Bild 14-1a ist eine mögliche zukünftige Verkehrssituation skizziert, bei der zwei spurgeführte und selbsttätig geregelte Fahrzeuge mit den Geschwindigkeiten v_1, v_2 einander folgen. Der Antrieb des zweiten Fahrzeugs wird durch einen Fahrtregler so gesteuert, daß der Abstand x_2 zum Vorderfahrzeug einen vorgegebenen Wert x_1 annimmt. Die zugehörige Differentialgleichung lautet

$$\frac{dx_2}{dt} = v_1 - v_2 ; \qquad (1)$$

v_1 ist als unabhängige Störgröße anzusehen. Der Vortriebsregler des Folgefahrzeugs wirkt über die Antriebskraft $f_a \gtrless 0$ (Motor oder Bremse); der Antrieb reagiert gemäß der Modellgleichung

$$T_2 \frac{df_a}{dt} + f_a = f_0 y \qquad (2)$$

verzögert; dabei ist f_0 die bei $y = 1$, d. h. voller Stellgröße, sich einstellende Nenn-Antriebskraft.

Die Bewegung des Folgefahrzeugs mit der Masse M_2 ist, abgesehen von der Vortriebskraft f_a, von einer linear mit der Geschwindigkeit zunehmenden Reibungskraft $f_R = k_R v_2$ abhängig,

$$M_2 \frac{dv_2}{dt} = f_a - k_R v_2 ; \qquad (3)$$

die quadratische Abhängigkeit des Luftwiderstandes von der Geschwindigkeit bleibt unberücksichtigt, die Fahrbahn wird als eben angenommen.

Die Stellgröße y entsteht im Fahrtregler als Ergebnis der Abweichung x_3 des gemessenen Abstandes x_2 vom Sollwert x_1; die Entfernungsmessung erfolge verzögerungsfrei. Bild 14-1b zeigt das zugehörige Blockschaltbild; es läßt erkennen, daß auch hier im geschlossenen Kreis eine Vorzeichenumkehr vorliegt.

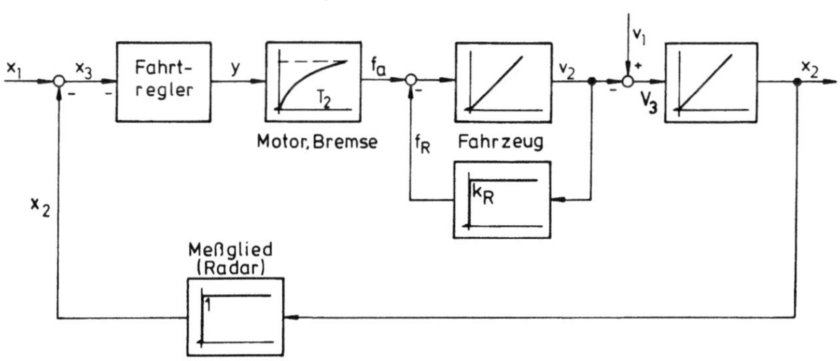

Bild 14-1b

a) Die Gleichungen (1–3) sollen zunächst durch Normierung dimensionslos gemacht werden. Für die anschließende zahlenmäßige Auswertung sind folgende Parameter anzunehmen

$v_0 = 120\ \text{km/h} = 33{,}3\ \text{m/s}$,

$x_0 = 100\ \text{m},\ x_1 = 50\ \text{m}$,

$f_0 = 1800\ \text{N}$,

$M_2 = 1500\ \text{kg}$,

$k_R = f_0/v_0 \approx 54\ \dfrac{\text{N}}{\text{m/s}}$,

$T_2 = 0{,}5\ \text{s}$.

Man zeichne ein Blockschaltbild des Regelsystems.

b) Welcher Reglertyp ist geeignet, um eine schnelle und gut gedämpfte Regelung zu erhalten, die bei konstanter Geschwindigkeit den vorgegebenen Abstand genau einhält?

c) Die Reglerparameter sind für einen Phasenabstand $\psi_d = 45^\circ$ auszulegen.

d) Es sei angenommen, daß, ausgehend vom stationären Zustand mit $v_{10} = 120$ km/h das Vorderfahrzeug in der Zeit t_1 auf $v_{10}/2 = 60$ km/h zeitlinear verzögert, um anschließend mit konstanter Geschwindigkeit weiterzufahren. Welche grundsätzlichen Verläufe haben die Größen $v_2(t)$, $x_2(t)$?

e) Wie müßte das in Bild 14-1b gezeichnete Modell des Regelkreises qualitativ verändert werden, um einen Fahrer als „Regler“ nachzubilden?

15 Wahl des Reglers für eine Tiefpaß-Regelstrecke höherer Ordnung

Bei vielen praktischen Regelstrecken sind die Parameter des mathematischen Modells nur näherungsweise bekannt, so daß bei der Auslegung der Regler starke Vereinfachungen notwendig sind. Ein Beispiel hierfür ist die Verwendung einer Ersatzzeitkonstanten.

Aufgabe 15-1: Temperaturregelung

Die Temperatur eines gasbeheizten Glühofens soll durch einen elektrischen Regler auf einem vorgegebenen Sollwert gehalten werden. Die Steuerung des Gasstroms q erfolgt durch ein elektrisch betätigtes Stellventil, die Messung der Temperatur ϑ durch einen geeichten Meßwertumformer mit der Ausgangsgröße x_2; Bild 15-1a zeigt das Schema der Regelung.

Die einzelnen Teile der Regelstrecke werden nach Linearisierung angenähert durch folgende Übertragungsfunktionen beschrieben:

Stellventil: $\dfrac{Q}{U_R}(p) = \dfrac{V_1}{T_1 p + 1}$; $V_1 = 0{,}1\ \dfrac{\text{m}^3/\text{min}}{\text{V}}$, $T_1 = 0{,}2$ s,

Glühofen: $\dfrac{\Theta}{Q}(p) = \dfrac{V_2 e^{-T_L p}}{T_2 p + 1}$, $V_2 = \dfrac{600\ \text{K}}{\text{m}^3/\text{min}}$, $T_2 = 3$ min, $T_L = 30$ s,

Meßwertumformer: $\dfrac{X_2}{\Theta}(p) = \dfrac{V_3}{T_3 p + 1}$, $V_3 = \dfrac{10\ \text{V}}{600\ \text{K}}$, $T_3 = 3$ s.

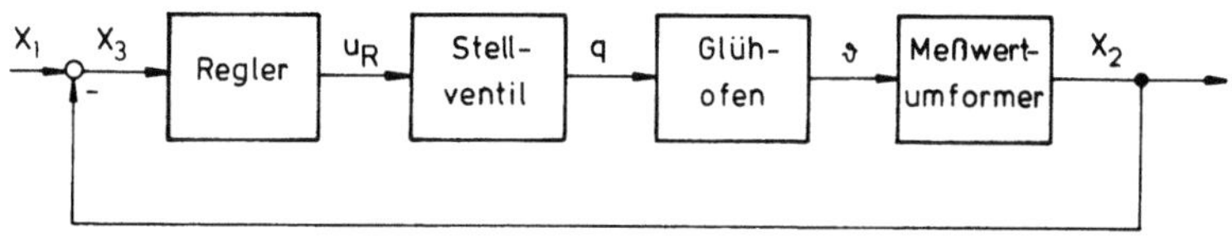

Bild 15-1a

a) Das Verhalten der Regelstrecke soll, mit Ausnahme der größten Streckenverzögerung, durch ein Verzögerungsglied erster Ordnung angenähert werden. Wie groß ist die zugehörige Ersatzzeitkonstante T_e?

b) Mit der Vereinfachung gemäß a) sind die Parameter eines PI-Reglers so zu bestimmen, daß sich ein Phasenabstand $\psi_d = 60°$ ergibt. Wie groß werden damit Eigenfrequenz und Ersatzdämpfung des geschlossenen Kreises?

Bild 16-1a

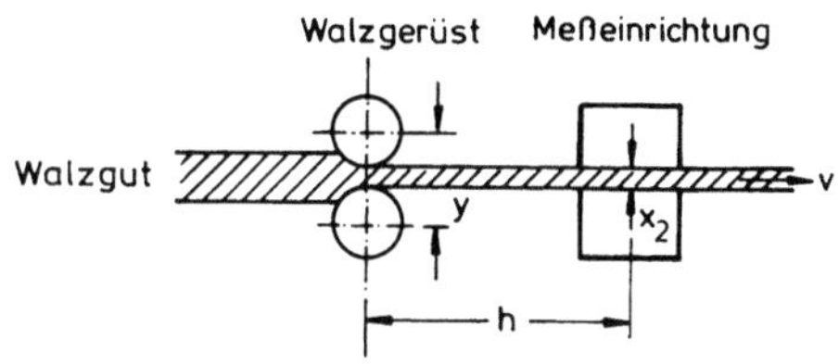

16 Regelkreis mit Rückführung

Die Stabilität eines Regelkreises läßt sich manchmal durch Rückführung zusätzlicher Signale aus der Regelstrecke verbessern. Da die meisten Regelstrecken verzögernd wirken, entspricht dies der Einführung eines Vorhaltes, ohne daß hierzu eine Differentiation erforderlich ist.

Aufgabe 16-1: Dickenregelung bei einem Walzwerk

In Bild 16-1a ist die grundsätzliche Anordnung der Dickenregelung eines Bandwalzwerkes gezeigt; die Steuergrößen sind der Walzspalt, gemessen als Drehwinkel der Anstellantriebe, sowie – bei Kaltwalzwerken – der durch das folgende Walzgerüst oder den Haspel ausgeübte Bandzug.

Die Dickenmessung erfolgt durch radioaktive Strahlung; das zugehörige Meßgerät kann jedoch aus konstruktiven Gründen erst im Abstand h angebracht werden, so daß bei der Messung eine geschwindigkeitsabhängige Laufzeit entsteht.

Um die Nachteile dieser Laufzeit für die Dickenregelung auszugleichen, soll gemäß dem vereinfachten Blockschaltbild 16-1b eine unverzögerte Hilfsgröße x_5 zur Extrapolation der Meßgröße x_2 aufgeschaltet werden. Hierfür steht ein aus dem Drehwinkel y der Anstellantriebe abgeleitetes Signal zur Verfügung.

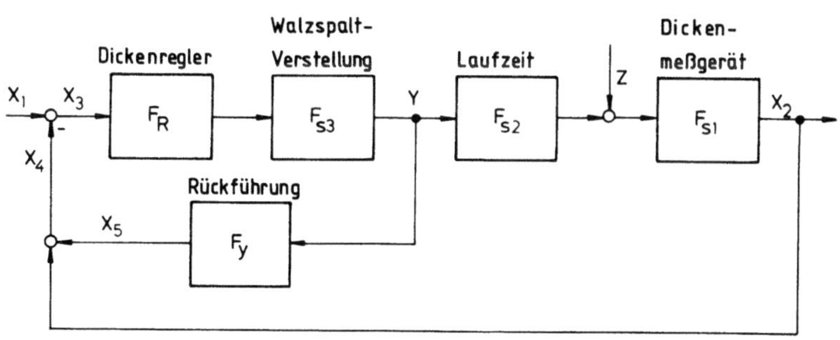

Bild 16-1b

Für das Übertragungsverhalten werden folgende vereinfachenden Annahmen getroffen

$F_{S1} = \frac{1}{T_1 p + 1}$ Verzögerung des Dickenmeßgerätes,

$F_{S2} = e^{-T_L p}$, $T_L = \frac{h}{v}$, Laufzeit des Materials vom Walzspalt bis zum Dickenmeßgerät,

$F_{S3} = \frac{1}{T_3 p + 1}$, angenähertes Übertragungsverhalten der Lageregelung zur Walzspaltverstellung. T_3 ist eine Ersatzzeitkonstante.

a) Wie lautet die Führungs-Übertragungsfunktion $F_g = X_2/X_1$ des Dickenregelkreises gemäß Bild 16-1b?

b) Wie ist die Übertragungsfunktion F_y zweckmäßig zu wählen, damit die in F_{S2} enthaltene geschwindigkeitsabhängige Laufzeit die Stabilitäts- und Dämpfungsbedingungen des Dicken-Regelkreises nicht mehr beeinflußt?

c) Zur Erläuterung der getroffenen Wahl von F_y gemäß b) ist der Verlauf des synthetischen Istwertes x_4 bei sprungförmiger Änderung von y zu skizzieren. Wie wirkt sich die Walzgeschwindigkeit v auf den Verlauf von x_4 aus und wie könnte dieser unerwünschte Einfluß vermieden werden?

d) Die Regelung der Banddicke soll mit einem PI-Regler erfolgen; die Wahl dieses Reglertyps ist vor allem im Hinblick auf c) zu begründen. Wie sind die Reglerparameter zu wählen, um im geschlossenen Kreis eine Dämpfung $D = 1/\sqrt{2}$ zu erreichen? Wie wirkt sich die Störgröße z auf die Banddicke aus?

17 Kaskadenregelung

Bei komplizierten Regelstrecken kann es vorteilhaft sein, anstelle eines einzigen Regelkreises mehrere einfachere Regelschleifen zu verwenden. Eine besonders übersichtliche Anordnung stellt die Kaskadenregelung dar, bei der die einzelnen Regelkreise einander überlagert werden.

Aufgabe 17-1: Stabilität einer homogenen Kaskadenregelung

Eine Regelstrecke mit kettenförmiger Struktur bestehe aus n Teil-Übertragungsgliedern mit Verzögerung und einem Stellglied, das durch eine Ersatzzeitkonstante $T_e = T_{n+1}$ beschrieben werden kann. Die Strecke wird gemäß Bild 17-1a zu einer Kaskadenregelung ergänzt, wobei für jede Regelschleife ein Regler mit der Übertragungsfunktion $F_{R\nu}$ vorgesehen ist. Bei Verwendung von PI- und PID-Reglern (je nach Art der zugehörigen Strecke, PT_1 oder PT_2) soll gelten

$$F_{R\nu} F_{S\nu} = \frac{1}{T_\nu p}. \tag{1}$$

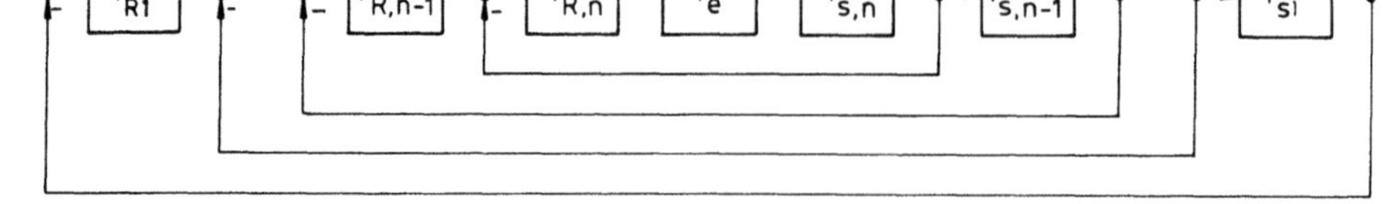

Bild 17-1a

a) Das Blockschaltbild 17-1a ist schrittweise so umzuformen, daß sich ein übersichtlicher Ausdruck für die Führungs-Übertragungsfunktion $F_{g1} = X_{21}/X_{11}$ ergibt.
b) Man berechne für vorgegebenen Dämpfungsfaktor D_ν die Kreis-Integrierzeit T_ν gemäß (1) in jeder Schleife, indem die jeweils nächst-innere Schleife durch ein Verzögerungsglied mit der Ersatzzeitkonstanten $T_{e,\nu+1}$ approximiert wird. Wie lautet das Bildungsgesetz für die Ersatzzeitkonstanten und die Kreis-Integrierzeiten T_ν?
c) Mit (1) und bei Vorgabe gleicher Ersatzdämpfung, $D_\nu = D$, soll das in Abs. 17.5.2 angegebene Nennerpolynom der Übertragungsfunktion F_{g1},

$$N_1(p) = \sum_{\nu=0}^{n+1} \alpha^{-\frac{\nu(\nu-1)}{2}} (T_1 p)^\nu, \qquad (2)$$

abgeleitet werden. Dabei ist

$$\alpha = T_\nu / T_{\nu+1} \qquad (3)$$

das Verhältnis der Kreis-Integrierzeiten aufeinanderfolgender Regelschleifen.
d) Anhand der Ortskurven $N_1(j\omega)$ soll der Stabilitätsgrenzwert für α bei mehreren Regelschleifen ermittelt werden.

Aufgabe 17-2: Gleichspannungs-Netzgerät mit Strombegrenzung

Ein steuerbares Gleichspannungs-Netzgerät enthält einen mit Pulsbreitenmodulation betriebenen Ausgangs-Schalttransistor. Um die durch den Schaltbetrieb verursachten Oberschwingungen in u_1 zu reduzieren, ist ein Tiefpaßfilter (L, R, C) eingefügt. Die geglättete Ausgangsgleichspannung u_2 soll über die Steuerspannung u_R des Pulsbreitenmodulators auf einen vorgegebenen Sollwert geregelt werden. Der Laststrom i_2 ist als eingeprägte Störgröße zu betrachten. Ergänzend zu Aufgabe 13-2 soll nun der Strom i_1 durch einen inneren Stromregelkreis begrenzbar sein, um den Schalttransistor gegen Überlastung zu schützen.

a) Ausgehend von den Differentialgleichungen des Glättungsvierpols ist ein Blockschaltbild der Regelstrecke zu zeichnen, das u. a. die Größen i_1, i_2 enthält. Der Pulsbreiten-Modulator kann dabei angenähert durch ein Verzögerungsglied (PT_1) beschrieben werden. Aus Dimensionsgründen ist es zweckmäßig, auch die Ströme als proportionale Spannungen auszudrücken.
b) Das Blockschaltbild ist so umzuformen, daß die für eine Kaskadenregelung geeignete kettenförmige Struktur entsteht. Wie lautet die Teil-Übertragungsfunktion ($i_2 = 0$)

$$F_{S2} = \frac{RI_1}{U_1}(p)?$$

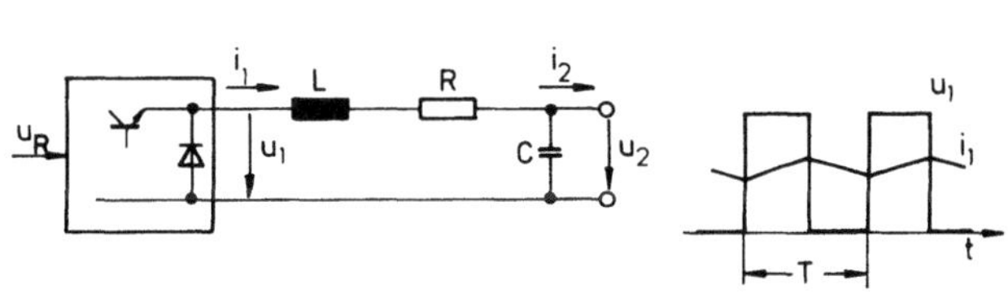

Bild 17-2a

Die Verzögerung bei der Strommessung kann vernachlässigt werden.
c) Der Stromregelkreis soll mit PI-Regler ausgeführt werden, um die Strombegrenzung genau einhalten zu können. Die Parameter des Stromreglers sind so zu bestimmen, daß sich gut gedämpfte Einschwingvorgänge ($D = 1/\sqrt{2}$) ergeben.
d) Unter Anwendung einer Näherung für den geschlossenen Stromregelkreis ist anschließend ein PI-Spannungsregler anzugeben, der gute Dämpfung sicherstellt.

18 Störgrößenaufschaltung

Wenn an bestimmten Stellen der Regelstrecke definierte Störgrößen meßbar sind, kann es vorteilhaft sein, mit einer daraus abgeleiteten Vorsteuerung den Störeinfluß zu kompensieren, da nicht erst die Regelabweichung am Ausgang der Regelstrecke abgewartet werden muß. Auf eine Regelung kann jedoch wegen weiterer nicht erfaßbarer Störungen meistens nicht verzichtet werden.

Aufgabe 18-1: Wasserstandsregelung bei einem Trommelkessel

Für die Speisewasserregelung eines Dampferzeugers ist eine Kaskadenregelung mit innerer Durchfluß- und äußerer Wasserstands-Regelschleife zu entwerfen. Die dynamischen Eigenschaften der Regelung lassen sich gemäß Bild 18-1a durch Aufschaltung des als Störgröße wirkenden Dampfstromes auf den Speisewasser-Durchflußregler verbessern.

Das dynamische Verhalten der Meßwandler und des Speisepumpenantriebs soll durch Verzögerungsglieder 1. Ordnung beschrieben werden; für den vereinfacht als zylindrischer Behälter mit dem Querschnitt A beschreibbaren Dampferzeuger gelte die Differentialgleichung

$$A\frac{dh}{dt} = q_W - q_D.$$

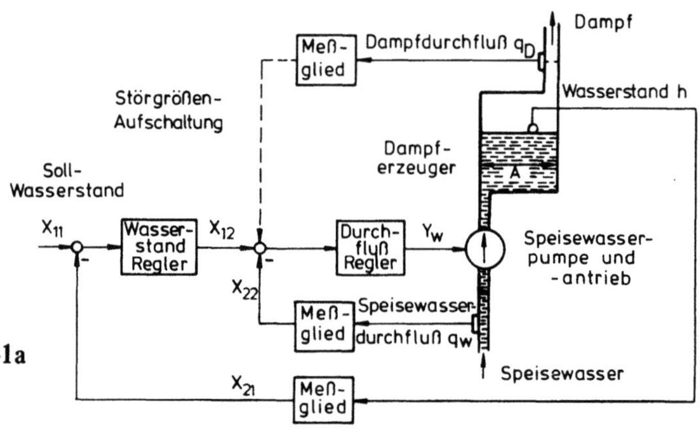

Bild 18-1a

Der Durchflußregler soll als I-, der Wasserstandsregler als PI-Regler ausgeführt werden.

a) Das Blockschaltbild der Kaskadenregelung mit Störgrößenaufschaltung ist zu zeichnen; dabei sind die normierten Sprungantworten einzutragen.

b) Wie ist die Integrierzeit T_{R2} des Durchflußreglers zu wählen, um im inneren Kreis eine Dämpfung $D = 1/\sqrt{2}$ zu erhalten?

c) Die Parameter des Wasserstandsreglers sollen so bestimmt werden, daß im äußeren Kreis aperiodisches Verhalten vorliegt; der Durchflußregelkreis läßt sich zu diesem Zweck durch eine Ersatzzeitkonstante vereinfacht beschreiben.

d) Wie wirkt sich die in Bild 18-1a gezeichnete Störgrößenaufschaltung des Dampfstromes auf die Stör-Übertragungsfunktion X_{21}/Z des geschlossenen Regelkreises aus? Woran ist erkennbar, daß Stabilität und Dämpfung durch die Störgrößenaufschaltung nicht beeinflußt werden?

19 Mehrgrößen-Regelung

Bei den bisher behandelten Beispielen kam jeweils nur eine Regelgröße vor, die über eine Stellgröße dem vorgegebenen Sollwert nachzuführen war. Bei manchen Anwendungen müssen mehrere Ausgangsgrößen der Regelstrecke über eine entsprechende Zahl von Stellgrößen gleichzeitig auf unabhängig vorgegebene Führungsgrößen geregelt werden. Der Entwurf einer solchen Mehrgrößen-Regelung wird durch die Kopplungen in der Regelstrecke erschwert, da jede Stellgröße im Prinzip jede Regelgröße beeinflußt.

Aufgabe 19-1: Hochspannungs-Gleichstrom-Übertragung (HGÜ)

Hochspannungs-Gleichstrom-Verbindungen kommen anstelle von Drehstromleitungen bei der Übertragung großer elektrischer Leistungen über weite Entfernungen oder mit Kabeln zum Einsatz. Bild 19-1a zeigt das stark vereinfachte Schema einer solchen Energieübertragung. Der Leistungsaustausch erfolgt dabei zwischen den steuerbaren eingeprägten Spannungsquellen e_1 und e_2 mit den Innenwiderständen R_0. Sie dienen gleichzeitig als Stellglieder, um Spannung und Strom auf der Leitung auf vorgegebenen Werten zu halten. Die Spannungsquellen werden durch elektronisch steuerbare Thyristor-Stromrichter verwirklicht, die an das jeweilige Drehstromnetz angeschlossen sind.

a) Wie lauten die gekoppelten Differentialgleichungen für die Regelgrößen u_2 und i in Abhängigkeit von den Stellgrößen e_1, e_2?

b) Das mathematische Modell der Zweigrößen-Regelstrecke soll in der Form

$$RI(p) = S_{11}(p)E_1(p) + S_{12}(p)E_2(p), \quad (1)$$

$$U_2(p) = S_{21}(p)E_1(p) + S_{22}(p)E_2(p) \quad (2)$$

geschrieben werden. Wie lauten die Ausdrücke für die Teil-Übertragungsfunktionen S_{ik}?

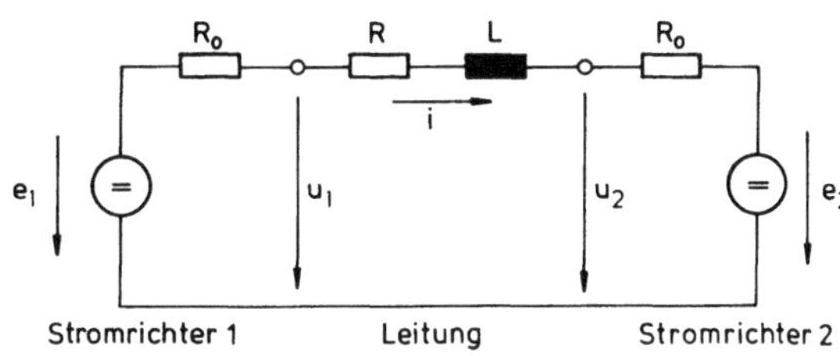

Bild 19-1a

c) Das Übertragungsverhalten der Strecke ist in einem Blockschaltbild darzustellen.

d) Die Regelstrecke soll durch Verwendung zusätzlicher Kopplungsterme so erweitert werden, daß eine entkoppelte Regelung möglich ist. Man skizziere die entstehende Anordnung und berechne das Übertragungsverhalten der Koppelglieder. Welche Nachteile hat dieses Entkopplungsverfahren im vorliegenden Anwendungsbeispiel?

Aufgabe 19-2: Kursregelung

Die Bewegung eines Schubschiffes soll hinsichtlich Fahrtgeschwindigkeit v und Kurslage α geregelt werden (Bild 19-2a). Das Schiff mit der Masse M und dem Trägheitsmoment θ um die vertikale Schwerpunktsachse S wird durch einen um den Winkel β gegen die Längsachse schwenkbaren Propeller mit der Vortriebskraft f angetrieben. Die hydrodynamischen Reibungskräfte werden vereinfacht der Fahrtgeschwindigkeit v bzw. der Drehgeschwindigkeit ω proportional angenommen. l sei der Abstand des Propellers vom Schwerpunkt des Schiffes.

a) Die nichtlinearen Differentialgleichungen für die zwei Komponenten des Geschwindigkeitsvektors $\underline{v} = ve^{j\alpha}$ sind anzugeben, um daraus ein normiertes Blockschaltbild für die Bewegung des Schiffes abzuleiten. Dabei ist zu berücksichtigen, daß die Komponenten des auf die Längsachse des Schiffes bezogenen Vortriebsvektors $\underline{f} = fe^{-j\beta}$ selbst Ausgangsgrößen von Regelkreisen sind und nur verzögert verstellt werden können.

b) Durch geeignete Signalverarbeitung auf der Sollwertseite der inneren Regelkreise für Vortriebskraft f und Vortriebswinkel β soll erreicht werden, daß eine entkoppelte Regelung für v und α möglich wird. Das Blockschaltbild des entstehenden Zweigrößen-Regelsystems ist zu zeichnen.

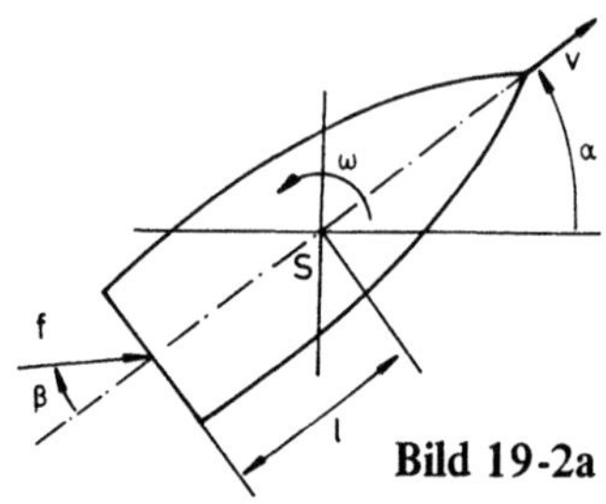

Bild 19-2a

II Nichtlineare Regelvorgänge

20 Stellglied mit zweiwertiger unstetiger Kennlinie

Regler mit schaltendem Stellglied führen auf besonders einfache technische Lösungen. Durch pulsbreitenmoduliertes Schalten mit genügend hoher Frequenz ist auch hier eine angenähert lineare Betriebsweise möglich.

Aufgabe 20-1: Stellglied mit zweiwertiger Kennlinie

Das in Bild 20-1a gezeichnete Zweipunkt-Schaltglied mit Hysterese ist mit einer verzögerten Rückführung versehen und erhält dadurch die Eigenschaften eines Pulsbreitenmodulators. Solche Anordnungen werden (in elektronischer oder elektro-mechanischer Ausführung, d. h. mit Relais) als Regler bei verzögernden Regelstrecken, z. B. bei Temperaturregelungen, eingesetzt.

a) Man berechne und skizziere den zeitlichen Verlauf der Stellgröße $y(t)$ bei sprungförmiger Änderung der Eingangsgröße $x_3 = x_{30}s(t)$, $x_{30} > \epsilon$; dabei ist anzunehmen, daß anfangs Ruhezustand vorliegt,

$$x_3(t<0) = y(t<0) \equiv 0.$$

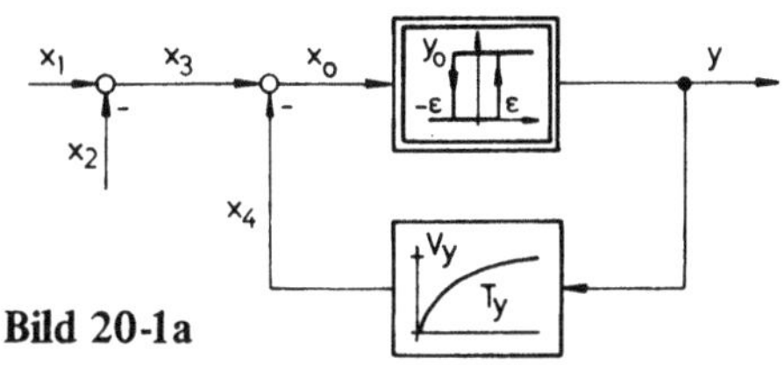

Bild 20-1a

b) Wie groß sind das Tastverhältnis t_{ein}/T und die Schaltfrequenz $f = 1/T$ im stationären Zustand, d. h. für $x_3 = x_{30}$?

c) Das stationäre Tastverhältnis und die Schaltfrequenz sind mit der normierten Rückführverstärkung als Parameter über x_{30} aufzutragen.

d) Das dynamische Verhalten des Zweipunktgliedes mit proportionaler Rückführung soll durch ein für $\epsilon \ll y_0$ gültiges lineares Ersatzmodell erklärt werden.

Aufgabe 20-2: Zweipunktregler

Bild 20-2a zeigt einen Regelkreis, der eine Tiefpaß-Regelstrecke und einen hysteresebehafteten Zweipunktregler mit linearer Gegenkopplung (Rückführung) enthält. Der Einfluß der Rückführung auf das Verhalten der Regelung soll untersucht werden.

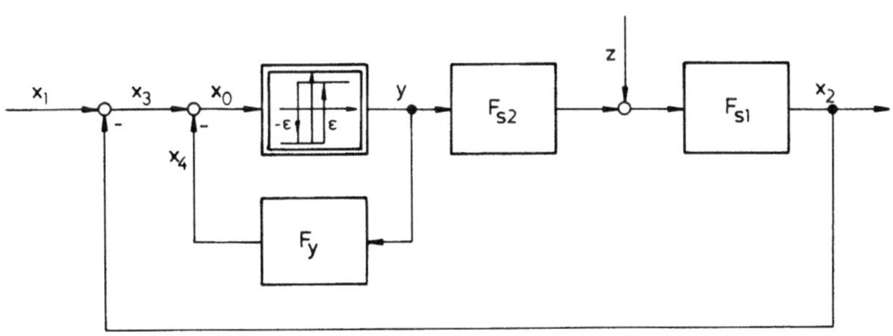

Bild 20-2a

Als Teil-Übertragungsfunktionen der Regelstrecke sind gegeben

$$F_{s1}(p) = \frac{1}{T_1 p + 1}, \quad F_{s2}(p) = \frac{V_2}{(T_2 p + 1)(T_3 p + 1)}, \quad T_1 > T_2 > T_3. \tag{1}$$

Das Zweipunktglied habe eine symmetrische Hysterese-Kennlinie mit der normierten Ausgangsgröße $y = \pm y_0$ und den Umschaltwerten $x_0 = \pm \epsilon; \epsilon = 0{,}01$.

a) Zunächst soll das Verhalten des Systems ohne Rückführung untersucht werden, $F_y = 0$. Es ist zu begründen, daß die damit zu erwartenden Ergebnisse für eine Regelung unbrauchbar sind.

b) Entsprechend Aufgabe 20-1 wird als Rückführung ein verzögertes Proportionalglied gewählt,

$$F_y(p) = \frac{V_y}{T_y p + 1}; \tag{2}$$

die Parameter V_y, T_y sind mit vereinfachenden Annahmen zu bestimmen. Welche Eigenschaften hat der Regelkreis mit dieser Rückführung?

c) Als weitere Möglichkeit soll nun eine differenzierende Rückführung versucht werden,

$$F_y(p) = \frac{V_y}{T_y p + 1} \frac{T_i p}{T_i p + 1}. \tag{3}$$

Auch hier sind die freien Parameter mit einer Näherungsrechnung zu ermitteln. Das Ergebnis ist mit dem einer entsprechenden linearen Regelung zu vergleichen.

21 Stellglied mit dreiwertiger unstetiger Kennlinie

Durch Verwendung eines Dreipunkt-Schaltgliedes mit nachfolgendem Integrator lassen sich die Vorteile des Schaltbetriebes mit denen einer stetigen Steuerung der Stellgröße verbinden; im stationären Zustand entfällt das bei einem Zweipunktregler unvermeidliche periodische Schalten.

Aufgabe 21-1: Dreipunktschalter mit Rückführung und Integrator

Bild 21-1a zeigt ein Dreipunkt-Schaltglied mit Unempfindlichkeitsbereich und Hysterese, das durch eine proportional wirkende Rückführung (V_y, T_y) und ein nachfolgendes integrierendes Stellglied zu einem Dreipunkt-Regler ergänzt ist.

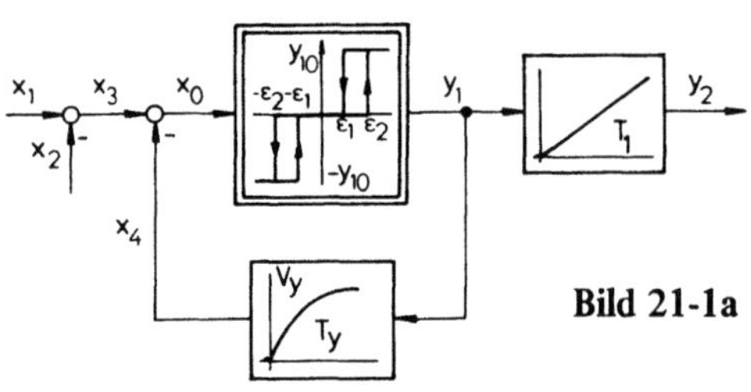

Bild 21-1a

a) Ausgehend vom Ruhezustand $x_3 = x_4 = 0$ soll die Eingangsgröße des Reglers sich sprungförmig verändern, $x_3(t) = x_{30}\, s(t)$. Der Verlauf der Größen $x_4(t)$, $x_0(t)$, $y_1(t)$ und $y_2(t)$ ist zu berechnen und bis zum Erreichen eines stationären Zustands zu skizzieren.
b) Welchen Wert haben die stationäre Schaltfrequenz und das zugehörige Tastverhältnis? Hieraus ist eine wirksame mittlere Reglerverstärkung V_m zu berechnen.
c) Die Anordnung kann mit bestimmten Einschränkungen auch als quasistetiger PI-Regler mit der linearisierten Übertragungsfunktion

$$F_R(p) = \frac{Y_2}{X_3} \approx V_R \frac{T_i p + 1}{T_i p} \tag{1}$$

gedeutet werden. Wie sind die Parameter V_R, T_i der linearisierten Übertragungsfunktion zu bestimmen?

Aufgabe 21-2: Dreipunktregler mit Tiefpaßstrecke

Eine Regelstrecke mit Tiefpaßverhalten ist nach Bild 21-2a durch einen hysteresebehafteten Dreipunktregler in Verbindung mit einem integrierenden Stellglied zu regeln.

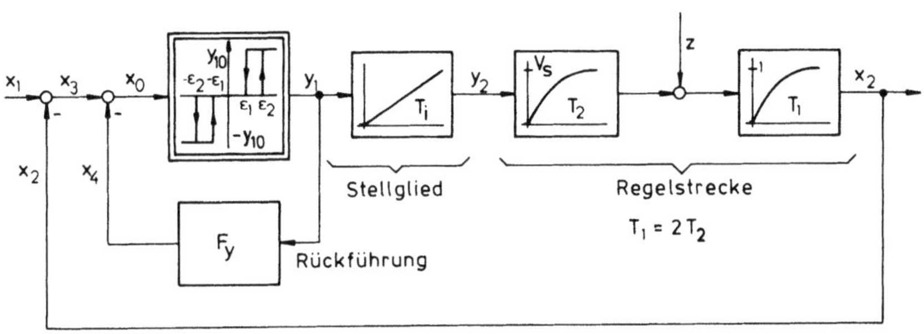

Bild 21-2a

Zunächst soll versucht werden, den Dreipunktregler ohne Rückführung zu betreiben, $F_y = 0$.

a) Wie groß ist der Minimalwert der Integrierzeit T_i, um aperiodisches Einschwingverhalten des Regelkreises zu erreichen? Die Frage läßt sich durch Berechnung des Ausgleichsvorganges bei Annahme einer sprungförmigen Änderung der Führungsgröße x_1 beantworten. Wie ist das Ergebnis zu deuten?

Um zu kleineren Werten der Integrierzeit T_i und damit zu einer schnelleren Regelung zu gelangen, soll nun eine Rückführung mit der Übertragungsfunktion F_y Verwendung finden.

b) Bei Annahme einer PT_1-Rückführung und mit hinreichend hoher Schaltfrequenz läßt sich der Dreipunktregler angenähert als quasistetiger PI-Regler behandeln. Die Parameter der Rückführung sind so zu bestimmen, daß die Regelvorgänge eine Dämpfung $D = 1/\sqrt{2}$ aufweisen.

Bei mechanischen Stellgliedern, z. B. motorisch gesteuerten Ventilen, ist eine hohe Schaltfrequenz unerwünscht, so daß eine andere Auslegung der Rückführung günstiger sein kann.

c) Deshalb soll $F_y(p)$ als ergänzende Rückführung bestimmt werden, wobei der Dreipunktregler auf einen Sollwertsprung aperiodisch, d. h. mit minimaler Schalthäufigkeit, reagiert.
d) Wie macht sich bei einer Wahl der Rückführung gemäß c) eine Änderung der Streckenverstärkung zu kleineren und größeren Werten bemerkbar?

22 Darstellung von Regelvorgängen durch Zustandskurven

Ein dynamisches System mit n Speichergrößen läßt sich durch eine Differentialgleichung n. Ordnung oder einen Satz von n Differentialgleichungen 1. Ordnung beschreiben, deren stetige Lösungsfunktionen als Zustandsgrößen bezeichnet werden. Der „Zustand" des Systems entspricht somit in jedem Augenblick einem Punkt im n-dimensionalen Zustandsraum; die zeitlich bezifferte stetige Bahn dieses Punktes wird Zustandskurve genannt.

Aufgabe 22-1: Zustandsgrößen einer Übertragungsstrecke 3. Ordnung

Das Verhalten einer linearen Übertragungsstrecke mit drei Energiespeichern wird durch die Differentialgleichung

$$a_3 x''' + a_2 x'' + a_1 x' + a_0 x = b_3 y''' + b_2 y'' + b_1 y' + b_0 y \qquad (1)$$

beschrieben. Durch Einführung von Zustandsgrößen $x_1(t)$, $x_2(t)$, $x_3(t)$ läßt sich (1) in einen Satz von Zustandsgleichungen 1. Ordnung umwandeln. Die Ausgangsgröße $x(t)$ wird dann als Linearkombination der Zustandsgrößen und der Anregung $y(t)$ gebildet.

a) Das Übertragungsverhalten gemäß (1) soll durch ein normiertes Blockschaltbild, dem die Zustandsgrößen x_ν zu entnehmen sind, anschaulich gemacht werden. Anhand der Übertragungsfunktion ist zu bestätigen, daß damit das Übertragungsverhalten (1) richtig abgebildet wird. Wie lautet die Stabilitätsbedingung?
b) Anhand des Blockschaltbildes sind die Zustandsgleichungen anzugeben.
c) Es soll gezeigt werden, daß der Sonderfall

$$b_3 = a_3, \quad b_2 = -a_2, \quad b_1 = a_1, \quad b_0 = -a_0, \qquad (2)$$

einen Allpaß kennzeichnet; dabei wird Stabilität vorausgesetzt. Wie sind Pole und Nullstellen in der p-Ebene angeordnet?

23 Beschreibung der Wirkungsweise unstetiger Regler anhand des Zustandsdiagramms

Bei Zwei- und Dreipunktreglern mit absatzweise konstanter Stellgröße führt die Beschreibung dynamischer Systeme im Zustandsraum auf besonders übersichtliche Zusammenhänge, die sich im Fall $n = 2$, d. h. in der Zustandsebene, geometrisch anschaulich deuten lassen.

Aufgabe 23-1: Entwurf einer Zweipunktregelung in der Zustandsebene

Ein verlustfrei anzunehmender Reihenschwingkreis, der als Glättungsvierpol zur Unterdrückung von Schaltoberschwingungen dient, wird nach Bild 23-1a über einen Transistor-Schaltverstärker mit einer eingeprägten Gleichspannung wechselnden Vorzeichens gespeist, $u_1 = \pm U_0$. Die Steuerung des Schaltverstärkers erfolgt durch ein hysteresebehaftetes Zweipunktglied S, das die in der Brückenschaltung diagonal liegenden Transistorpaare steuert, so daß z. B. T_1, T_3 leitend und T_2, T_4 gesperrt sind oder umgekehrt; die Transistoren können als ideal angenommen werden, d. h., Durchlaßwiderstand, Sperrstrom und Schaltzeit sind vernachlässigbar. Durch die parallelgeschalteten Dioden ist sichergestellt, daß jederzeit ein stetiger Verlauf des Laststromes i_1 möglich ist. Man kann sich jeden der vier elektronischen Schalter somit durch einen idealen mechanischen Schalter ersetzt denken.

a) Anhand der Zustandsgleichungen soll ein normiertes Blockschaltbild des Schwingkreises entwickelt werden; u_1 ist dabei als Eingangs-, u_2 als Ausgangsgröße zu wählen. Welche zweckmäßige Form des Zustandsvektors $\underline{x}(t)$ ergibt sich hieraus?

b) Beginnend mit einem beliebigen Anfangszustand ist die Zustandskurve für eine bestimmte Schaltsituation, z. B. T_1, T_3 ein, T_2, T_4 aus, zu berechnen und zu zeichnen.

c) Aufgrund dieser Ergebnisse sollen nun die Eigenschaften der in Bild 23-1a skizzierten Zweipunktregelung untersucht werden. Zu diesem Zweck ist die Zustandskurve nach dem Einschalten der Speisespannung U_0 und eines eingeprägten Last-Gleichstoms I_2 bei anfangs entladenen Energiespeichern graphisch zu konstruieren. Die Steuerung des Schaltverstärkers erfolgt dabei durch das Zweipunktglied mit der Hysteresebreite $2\Delta u$ auf der Basis der Regelabweichung $u_{2\,soll} - u_{ist}$ mit $u_{ist} = u_2$; für die Zeichnung ist $u_{2\,soll} = \frac{1}{2}\, U_0$ zu wählen. Wie lautet der regelungstechnische Befund?

d) Um das Ergebnis zu verbessern, soll nun eine Stromaufschaltung erfolgen, wobei dem Istwert gemäß

$$u_{ist} = u_2 + V_y Z_0 i_1 \qquad (1)$$

eine stromabhängige Komponente hinzugefügt wird. Die Konstruktion der Zustandskurven ist damit zu wiederholen. Welches Ergebnis stellt sich mit dieser Regelschaltung ein?

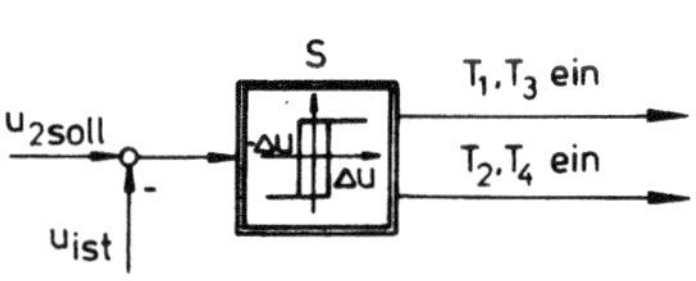

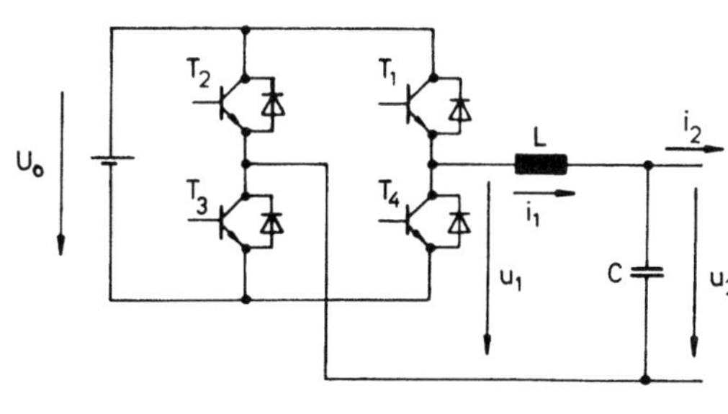

Bild 23-1a

24 Zeitlich optimale Regelung

Bei einer zeitlich optimalen Regelung muß die Stellgröße zwischen dem positiven und negativen Maximalwert umgeschaltet werden. Die Berechnung der Umschaltzeiten kann im Zustandsraum, d. h. bei einer Strecke 2. Ordnung in der Zustandsebene, erfolgen.

Aufgabe 24-1: Zeitoptimale Lageregelung

Bild 24-1a, b zeigt zwei nichtlineare Kaskadenregelungen mit doppelt integrierender Regelstrecke, die als vereinfachte Lageregelungen zu deuten sind. Der innere Kreis enthält einmal ein Zweipunktschaltglied, zum anderen ein Dreipunktglied mit Hysterese. Der nichtlineare Proportionalregler im äußeren Kreis soll so gewählt werden, daß sich bei sprungförmigem Sollwertverlauf zeitoptimale Regelvorgänge ergeben.

Zum Vergleich ist in Bild 24-1c eine entsprechende lineare Anordnung mit zwei Proportionalreglern gezeichnet, wobei die Stellgröße auf den gleichen Bereich wie vorher begrenzt ist, $|y| < y_0$.

Die Auslegung der verschiedenen Regler und das Regelverhalten bei sprungförmigen und rampenförmigen Sollwertverläufen sind zu diskutieren.

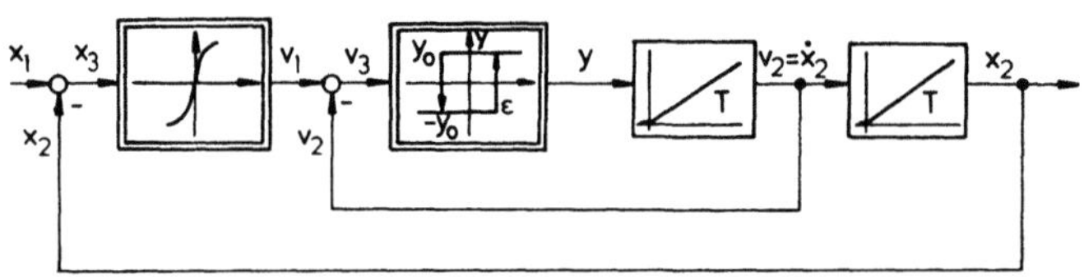

Bild 24-1a

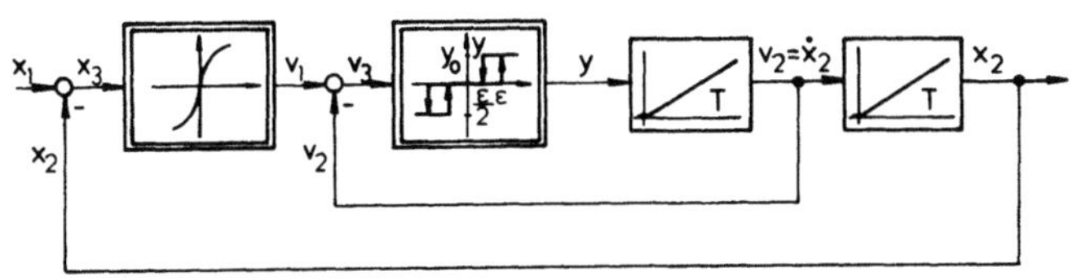

Bild 24-1b

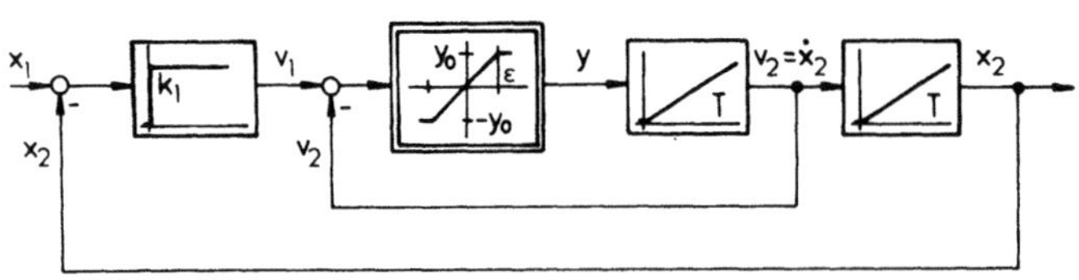

Bild 24-1c

a) Welche Zustandskurven ergeben sich für $y = y_1 = \text{const}$?

b) Wie sind die nichtlinearen Regler zu wählen, um zeitoptimale Einschwingvorgänge bei sprungförmiger Änderung der Führungsgröße zu erzielen?

c) Die Parameter des linearen Reglers mit Stellgrößenbegrenzung sind zu bestimmen, um ähnliche Einschwingvorgänge wie im zeitoptimalen Fall zu erhalten. Welches sind die Vor- und Nachteile der verschiedenen Verfahren?

25 Näherungsweise Stabilitätsprüfung eines nichtlinearen Systems mit Hilfe der Beschreibungsfunktion

Die Stabilität eines rückgekoppelten Systems, das sich in einen unverzögerten nichtlinearen und einen linearen verzögerten Teil aufspalten läßt, kann mit der Beschreibungsfunktion geprüft werden. Voraussetzung für die Anwendbarkeit der Methode ist, daß die bei einer angenommenen Dauerschwingung am Ausgang des nichtlinearen Gliedes entstehenden Oberschwingungen im linearen Systemteil hinreichend gedämpft werden.

Aufgabe 25-1: Antrieb mit elastischer Welle und Kupplungslose

In Bild 25-1a ist eine mechanische Anordnung skizziert, bei der ein Elektromotor mit dem inneren Drehmoment m_1 und dem Trägheitsmoment θ_1 über eine gekuppelte elastische Welle mit der Torsionssteifigkeit S und vernachlässigbarer Eigenmasse eine Last mit dem Trägheitsmoment θ_2 und dem Lastdrehmoment m_2 antreibt.

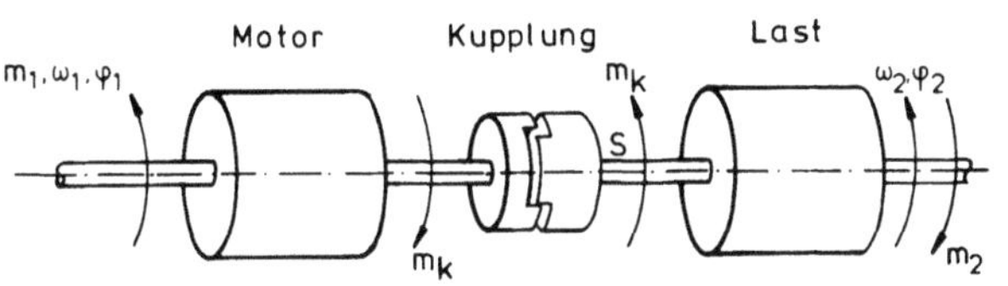

Bild 25-1a

ω_1, φ_1 und ω_2, φ_2 sind die Winkelgeschwindigkeiten und Drehwinkel der beiden rotierenden Massen, an denen außerdem drehzahlproportionale Reibungsmomente angreifen. Die mechanische Kupplung weist eine Lose $\pm \Delta\varphi$ auf, so daß das übertragene Kupplungsdrehmoment m_k nichtlinear vom Differenzwinkel $\varphi_1 - \varphi_2$ abhängt.

a) Man skizziere das übertragene Drehmoment m_k als Funktion des Differenzwinkels $\varphi_1 - \varphi_2$.
b) Die das mechanische System in Bild 25-1a beschreibenden Differentialgleichungen sind aufzustellen. Nach geeigneter Normierung soll ein Blockschaltbild gezeichnet werden, wobei der Einfachheit halber die Reibungskoeffizienten gleich groß angenommen werden können.
c) Der elektrische Antrieb wird nun durch eine Drehzahlregelung ergänzt; dabei ist für die Bildung des elektrischen Drehmoments m_1 eine einfache Verzögerung anzunehmen. Der Drehzahlgeber soll wahlweise auf der Motor- und Lastseite angebaut sein. Das entstehende Blockschaltbild ist zu zeichnen.
d) Die Stabilität der Regelung soll für beide Fälle mit Hilfe der Beschreibungsfunktion geprüft werden; zu diesem Zweck ist das Blockschaltbild in eine geeignete Form zu bringen.
e) Die Beschreibungsfunktion $N(\hat{y}_1)$ des nichtlinearen Gliedes ist zu berechnen und als Kurve aufzutragen.
f) Die Stabilität der Regelung ist in beiden Fällen qualitativ zu prüfen. Dabei können der Einfachheit halber die Trägheitsmomente gleich gesetzt werden; im übrigen sind geeignete Annahmen zugrunde zu legen. Welche Anbauart des Drehzahlgebers bietet die bessere Aussicht, eine stabile Regelung zu erhalten? Welche Art von Instabilität würde sich gegebenenfalls einstellen?

Lösungen

Lösung zu Aufgabe 2-1: Fliehkraftpendel

a) Differentialgleichung

Die Differentialgleichung für die Radialbewegung $\alpha(t)$ folgt aus der Newtonschen Bewegungsgleichung. Wegen der als massefrei anzunehmenden Stange genügt es, die auf die Masse M wirkenden Kräfte zu berücksichtigen. Es sind dies (Bild L 2-1b)

$$\begin{aligned} &\text{Schwerkraft } f_G = Mg \\ &\text{Zentrifugalkraft } f_Z = Mr\omega^2 = M(r_0 + l\sin\alpha)\omega^2 \\ &\text{Dämpfungskraft } f_D = k\alpha' \end{aligned} \tag{1}$$

Dämpfungs- und Reibungskräfte sind immer der Geschwindigkeit entgegen gerichtet. Für die Bewegung des Pendels interessieren nur die Kraftkomponenten in Bewegungsrichtung, d. h. senkrecht zur Stange. Längskräfte werden vom Gelenk aufgenommen. Somit gilt

$$M\frac{d^2}{dt^2}(l\alpha) = -f_G\sin\alpha + f_Z\cos\alpha - f_D = -Mg\sin\alpha + M(r_0 + l\sin\alpha)\omega^2\cos\alpha - k\frac{d\alpha}{dt}$$

oder

$$F = \frac{d^2\alpha}{dt^2} + \frac{k}{Ml}\frac{d\alpha}{dt} + \frac{g}{l}\sin\alpha - \left(\frac{r_0}{l} + \sin\alpha\right)\omega^2\cos\alpha = 0. \tag{2}$$

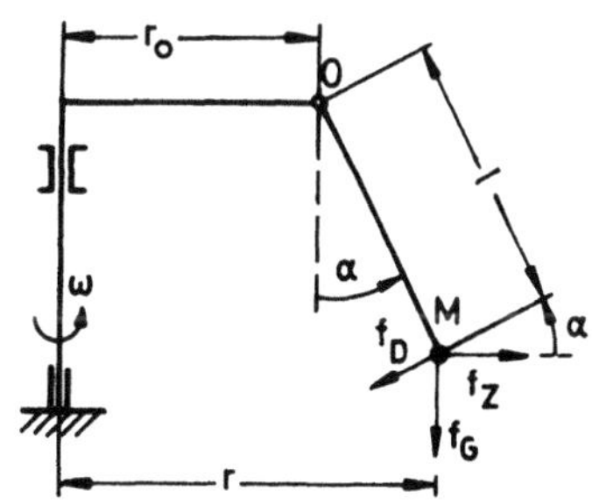

Bild L 2-1b

b) Kennlinie des Pendels

Im stationären Zustand gilt

$$\omega = \omega_0 = \text{const.}, \quad \alpha'' = \alpha' = 0, \quad \alpha = \alpha_0 = \text{const.}$$

Damit folgt aus Gl. (2)

$$\frac{g}{l}\sin\alpha_0 - \left(\frac{r_0}{l} + \sin\alpha_0\right)\omega_0^2\cos\alpha_0 = 0.$$

Diese Gleichung läßt sich nach ω_0 auflösen. Für den Gültigkeitsbereich $0 \leqslant \alpha_0 < \pi/2$, d. h. $\cos\alpha_0 > 0$, erhält man

$$\omega_0 = \sqrt{\frac{g}{l}}\sqrt{\frac{\tan\alpha_0}{\frac{r_0}{l} + \sin\alpha_0}}\,. \tag{3}$$

Die Größe $\sqrt{g/l}$ hat die Dimension einer Winkelgeschwindigkeit; sie entspricht der Eigenfrequenz der Pendelbewegung für $\omega_0 = 0$, $\alpha_0 = 0$, $k = 0$ bei kleiner Schwingungsamplitude. Für $r_0/l = 0{,}5$ erhält man durch Einsetzen verschiedener Werte von α_0 den in Bild L 2-1c gezeichneten Zusammenhang $\alpha_0\,(\omega_0)$.

c) Linearisierung

Die nichtlineare Differentialgleichung (2) kann in der Umgebung eines durch Gl. (3) bestimmten stationären Betriebspunktes

$$\omega = \omega_0, \quad \alpha = \alpha_0, \quad \alpha' = 0, \quad \alpha'' = 0$$

in eine Taylorreihe entwickelt werden. Bei Annahme kleiner Auslenkungen

$$\begin{aligned} \omega &= \omega_0 + \Delta\omega \\ \alpha &= \alpha_0 + \Delta\alpha \\ \alpha' &= \Delta\alpha' \\ \alpha'' &= \Delta\alpha'' \end{aligned}$$

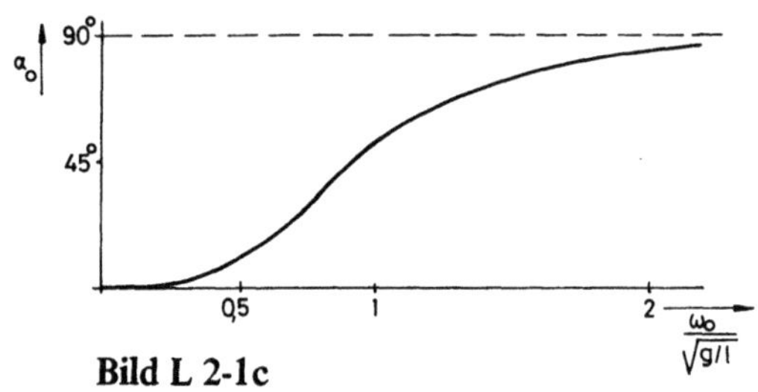

Bild L 2-1c

genügt es, die linearen Glieder der Reihe zu berücksichtigen. Das totale Differential muß somit verschwinden,

$$\Delta F = 0 = \left.\frac{\partial F}{\partial \alpha''}\right|_0 \Delta\alpha'' + \left.\frac{\partial F}{\partial \alpha'}\right|_0 \Delta\alpha' + \left.\frac{\partial F}{\partial \alpha}\right|_0 \Delta\alpha + \left.\frac{\partial F}{\partial \omega}\right|_0 \Delta\omega = 0. \tag{4}$$

Die partiellen Ableitungen sind am angenommenen Betriebspunkt zu berechnen; sie stellen arbeitspunktabhängige Konstante dar.

$$\left.\frac{\partial F}{\partial \alpha''}\right|_0 = 1,$$

$$\left.\frac{\partial F}{\partial \alpha'}\right|_0 = \frac{k}{Ml},$$

$$\left.\frac{\partial F}{\partial \alpha}\right|_0 = \frac{g}{l}\cos\alpha_0 + \frac{r_0}{l}\,\omega_0^2 \sin\alpha_0 - \omega_0^2 \cos 2\alpha_0,$$

$$\left.\frac{\partial F}{\partial \omega}\right|_0 = -2\,\omega_0\left(\frac{r_0}{l} + \sin\alpha_0\right)\cos\alpha_0 .$$

Einsetzen in Gl. (4) führt auf eine lineare Differentialgleichung 2. Ordnung.

$$\Delta\alpha'' + \frac{k}{Ml}\,\Delta\alpha' + \left[\frac{g}{l}\cos\alpha_0 + \left(\frac{r_0}{l}\sin\alpha_0 - \cos 2\alpha_0\right)\omega_0^2\right]\Delta\alpha =$$

$$= 2\omega_0\left(\frac{r_0}{l} + \sin\alpha_0\right)\cos\alpha_0\,\Delta\omega. \tag{5}$$

Diese Gleichung lautet mit $2\,\Delta\alpha/\pi = x$, $\Delta\omega/\sqrt{g/l} = y$ in normierter Form

$$\frac{1}{\Omega_0^2}\frac{d^2x}{dt^2} + \frac{2D}{\Omega_0}\frac{dx}{dt} + x = V\,y(t). \tag{6}$$

Durch Vergleich mit Gl. (5) findet man die normierten Parameter Eigenfrequenz (Ω_0), Dämpfungsfaktor (D) und Verstärkung (V)

$$\Omega_0^2 = \frac{g}{l}\cos\alpha_0 + \left(\frac{r_0}{l}\sin\alpha_0 - \cos 2\alpha_0\right)\omega_0^2,$$

$$D = \frac{1}{2}\frac{k}{Ml\Omega_0}, \tag{7}$$

$$V = \frac{4}{\pi}\sqrt{\frac{g}{l}}\,\frac{\omega_0}{\Omega_0^2}\left(\frac{r_0}{l} + \sin\alpha_0\right)\cos\alpha_0.$$

d) Sprungantwort

Gl. (6) ist für eine sprungförmige Änderung der Eingangsgröße, d. h. $y(t) = a\,s(t)$, zu lösen.

Es wird angenommen, daß das Pendel sich anfangs im stationären Gleichgewicht befindet, $x(0) = x'(0) = 0$.

Der Lösungsansatz für die homogene Differentialgleichung lautet

$$x_h(t) = C\,e^{pt}.$$

Einsetzen führt auf die charakteristische Gleichung

$$\left(\frac{p}{\Omega_0}\right)^2 + 2D\frac{p}{\Omega_0} + 1 = 0$$

mit den beiden Lösungen (für $0 < D < 1$)

$$p_{1,2} = \Omega_0(-D \pm j\sqrt{1-D^2}).$$

Mit dem stationären Lösungsanteil

$$x_i(t) = aV$$

erhält man die allgemeine Lösung der vollständigen Differentialgleichung

$$x(t) = aV + C_1e^{p_1t} + C_2e^{p_2t}.$$

Die komplexen Konstanten $C_{1,2}$ werden aus den Anfangsbedingungen $x(0) = x'(0) = 0$ bestimmt. Damit folgt die Sprungantwort

$$x(t) = aw(t) = aV\left[1 - \frac{e^{-D\Omega_0t}}{\sqrt{1-D^2}}\sin(\sqrt{1-D^2}\,\Omega_0t + \arccos D)\right]. \tag{8}$$

Das Ergebnis ist für $D = 1/\sqrt{2}$ in Bild L 2-1d gezeichnet.

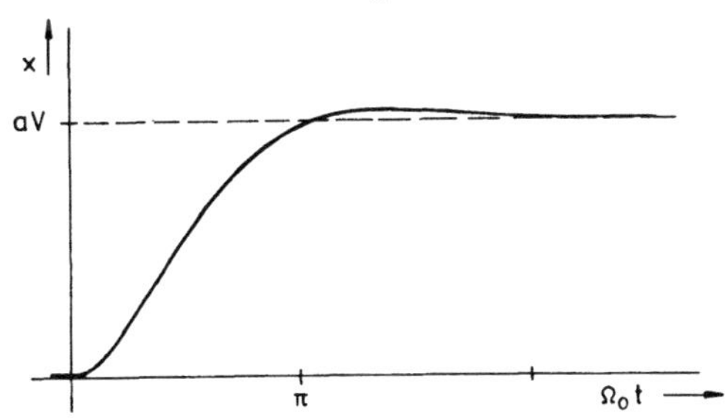

Bild L 2-1d

Wegen der kinetischen Energie der um die Drehachse des Pendels rotierenden Massen kann sich in Wirklichkeit die Drehgeschwindigkeit ω nur stetig ändern. Die durch Gl. (6) beschriebene Übertragungsstrecke des Pendels muß bei einer vollständigen Analyse durch vorgeschaltete Übertragungsstrecken so ergänzt werden, daß keine unstetige Änderung von ω auftreten kann.

Lösung zu Aufgabe 2-2: Schrägaufzug

a) Differentialgleichung

Die Newtonsche Bewegungsgleichung lautet für $t \geqslant 0$, d. h. nach Wegfall der Zugkraft des Seils (Bild L 2-2b),

$$M \frac{dv}{dt} = M g \sin\alpha - k_1 v. \qquad (1)$$

Mit $M/k_1 = T_1$ gilt die Normalform

$$T_1 \frac{dv}{dt} + v = \frac{Mg}{k_1} \sin\alpha. \qquad (2)$$

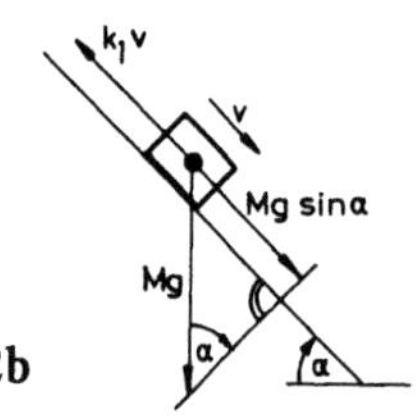

Bild L 2-2b

b) Endgeschwindigkeit

Für $t \to \infty$ nimmt die Geschwindigkeit einen durch die Reibung bestimmten stationären Endwert an, $dv/dt = 0$,

$$v_{s1} = \frac{Mg}{k_1} \sin\alpha; \qquad (3)$$

damit erhält Gl. (2) die Form

$$T_1 \frac{dv}{dt} + v = v_{s1} \qquad (4)$$

c) Lösung der Differentialgleichung

Die allgemeine Lösung der inhomogenen Gleichung lautet

$$v(t) = C\, e^{-\frac{t}{T_1}} + v_{s1}.$$

Daraus findet man mit der Anfangsbedingung

$$v(0) = -v_0$$

die angepaßte Lösung

$$v(t) = -v_0\, e^{-\frac{t}{T_1}} + v_{s1}\left(1 - e^{-\frac{t}{T_1}}\right). \qquad (5)$$

Aus der Beziehung

$$\frac{dx}{dt} = v(t)$$

folgt durch Integration

$$x(t) = x(0) + \int_0^t v(\tau)\, d\tau. \tag{6}$$

Einsetzen von Gl. (5) ergibt mit der Anfangsbedingung $x(0) = 0$

$$x(t) = v_{s1}\, t - (v_{s1} + v_0)\, T_1 \left(1 - e^{-\frac{t}{T_1}}\right) \tag{7}$$

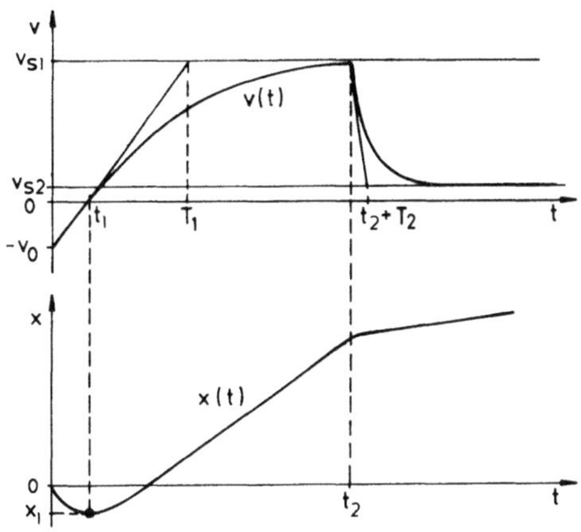

Bild L 2-2c

$v(t)$ und $x(t)$ sind in Bild L 2-2c dargestellt.

d) Umkehrpunkt

Aus Gl. (5) erhält man

$$v(t_1) = 0 = -v_0\, e^{-\frac{t_1}{T_1}} + v_{s1}\left(1 - e^{-\frac{t_1}{T_1}}\right)$$

und daraus durch Auflösung nach t_1

$$t_1 = T_1 \ln\left(1 + \frac{v_0}{v_{s1}}\right). \tag{8}$$

Einsetzen in Gl. (7) ergibt den Umkehrpunkt

$$x(t_1) = v_{s1}\, t_1 - v_0 T_1. \tag{9}$$

e) Notbremsung

Mit $k_2 = 10\, k_1$ stellt sich gemäß Gl. (3) eine neue stationäre Sinkgeschwindigkeit ein,

$$v_{s2} = \frac{Mg}{k_2} \sin\alpha = \frac{v_{s1}}{10}. \tag{10}$$

Der Bremsvorgang erfolgt mit der Zeitkonstante $T_2 = M/k_2 = 0{,}1\ T_1$, so daß für $t \geqslant t_2$ folgende Beziehung gilt

$$v(t) = v_{s1} + (v_{s2} - v_{s1})\left(1 - e^{-\frac{t-t_2}{T_2}}\right) =$$

$$= v_{s1}\, e^{-\frac{t-t_2}{T_2}} + v_{s2}\left(1 - e^{-\frac{t-t_2}{T_2}}\right). \tag{11}$$

Da bei abnehmender Geschwindigkeit die Reibungskraft wegen des Haftreibungsanteils zunimmt, kann der Schrägaufzug mit der Notbremse zum Stillstand gebracht werden.

Lösung zu Aufgabe 2-3: Mischvorgang

a) Differentialgleichung

Der Volumenanteil des Wirkstoffes im gefüllten Behälter ist

$$V_c = c\, A\, h_0, \tag{1}$$

der Wirkstoffzufluß ist

$$q_{c1} = c_1 q_1, \tag{2}$$

der Wirkstoffabfluß

$$q_{c2} = c\, q_2. \tag{3}$$

Die Volumenänderung des Wirkstoffes im Behälter entspricht der Differenz zwischen Zu- und Abfluß des Wirkstoffanteils

$$\frac{dV_c}{dt} = q_{c1} - q_{c2}. \tag{4}$$

Für A, h_0 = const. ergibt sich aus Gl. (4) mit Gln. (1, 2, 3) für $q_1 = q_2$ in normierter Form

$$\frac{A\, h_0}{q_1}\, \frac{dc}{dt} + c = c_1. \tag{5}$$

b) Zeitkonstante

Der Koeffizient $T = A\, h_0/q_1$ wird als „Behälter-Zeitkonstante" definiert. Er entspricht der Zeit, in der mit dem konstanten Zufluß q_1 der Behälter gefüllt wird. Je größer T ist, desto länger dauert ein Konzentrationsaustausch bei veränderter Konzentration des Zuflusses.

c) Einschwingvorgang

Die Lösung der Differentialgleichung (5) setzt sich aus dem homogenen Anteil

$$c_h(t) = K\, e^{-t/T} \tag{6}$$

und dem stationären Lösungsanteil

$$c_i(t) = c(\infty) = c_1 \tag{7}$$

zusammen,

$$c(t) = c_1 + K\,e^{-t/T}. \tag{8}$$

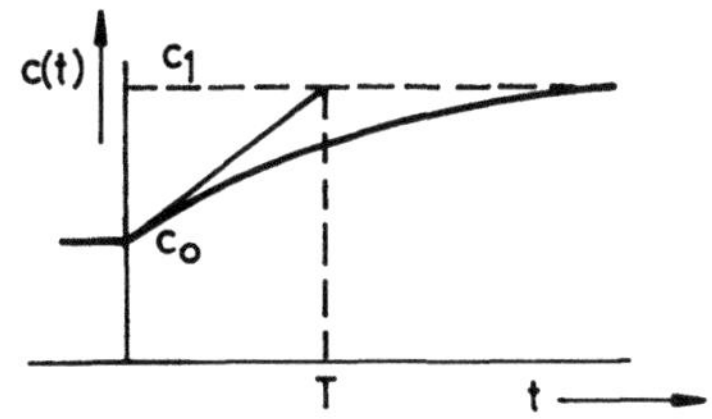

Bild L 2-3b

Die Konstante K wird durch die Anfangsbedingung

$$c(0) = c_0 = c_1 + K \tag{9}$$

festgelegt. Damit lautet die Lösung der Differentialgleichung

$$c(t) = c_1 + (c_0 - c_1)\,e^{-t/T}. \tag{10}$$

Bild L 2-3b zeigt den zugehörigen zeitlichen Verlauf der Konzentration.

Lösung zu Aufgabe 2-4: Füllvorgang

a) Differentialgleichung

Mit dem Querschnitt

$$A_1 = \pi d_1^2/4$$

erhält man für die Änderung des im Behälter befindlichen Flüssigkeitsvolumens

$$A_1 \frac{dx_1}{dt} = q_1 - q_2. \tag{2}$$

Normiert man Gl. (2) mit den Größen x_{10} und q_0 und setzt die in der Aufgabe gegebene Beziehung zwischen Abfluß und Füllhöhe ein, so folgt

$$\frac{A_1 x_{10}}{q_0} \frac{d\frac{x_1}{x_{10}}}{dt} = \frac{q_1}{q_0} - \sqrt{\frac{x_1}{x_{10}}}. \tag{3}$$

Der Koeffizient beim Differentialquotienten entspricht der Zeit, in der sich die Füllhöhe bei einem resultierenden Zufluß q_0 um den Wert x_{10} ändern würde,

$$T_1 = \frac{A_1 x_{10}}{q_0}\quad. \tag{4}$$

b) Linearisierung

Gl. (3) läßt sich auch in folgender Form schreiben:

$$F(x_1', x_1, q_1) = T_1 \frac{d\frac{x_1}{x_{10}}}{dt} + \sqrt{\frac{x_1}{x_{10}}} - \frac{q_1}{q_0} = 0. \tag{5}$$

Eine Reihenentwicklung am Arbeitspunkt (0) führt wieder auf das totale Differential

$$\Delta F = \left.\frac{\partial F}{\partial x_1}\right|_0 \Delta x_1 + \left.\frac{\partial F}{\partial x_1'}\right|_0 \Delta x_1' + \left.\frac{\partial F}{\partial q_1}\right|_0 \Delta q_1 = 0.$$

Wendet man diese Beziehung auf Gl. (5) an, so folgt

$$2T_1 \frac{d\frac{\Delta x_1}{x_{10}}}{dt} + \frac{\Delta x_1}{x_{10}} = 2\frac{\Delta q_1}{q_0}. \quad (6)$$

Gl. (6) stellt eine lineare Differentialgleichung erster Ordnung mit konstanten Koeffizienten dar (PT_1-Glied).

c) Sprungantworten

Die Lösung der Gl. (6) bei einer sprungförmigen Änderung des Zuflusses ist

$$\frac{\Delta x_1}{x_{10}} = 2\frac{\Delta q_1}{q_0}(1 - e^{-t/2T_1}),\ t \geqslant 0. \quad (7)$$

Für den Abfluß q_2 ergibt sich bei kleinen Auslenkungen vom Arbeitspunkt aus (1)

$$\frac{\Delta q_2}{q_0} = \frac{1}{2}\frac{\Delta x_1}{x_{10}}\ . \quad (8)$$

Somit gilt

$$\frac{\Delta q_2}{q_0} = \frac{\Delta q_1}{q_0}(1 - e^{-t/2T_1}),\ t \geqslant 0. \quad (9)$$

Im stationären Zustand ($t \to \infty$), d. h. nach Erreichen einer konstanten neuen Füllhöhe, muß gelten

$$\frac{\Delta q_2}{q_0}(\infty) = \frac{\Delta q_1}{q_0}. \quad (10)$$

Bild L 2-4c zeigt den Verlauf der Sprungantworten.

d) Füllung des zweiten Behälters

Wegen des fehlenden Abflusses aus dem zweiten Behälter lautet die Differentialgleichung hierfür entsprechend Gl. (2)

$$A_2 \frac{dx_2}{dt} = q_2 \quad (11)$$

und in normierter Form

$$T_2 \frac{d\frac{x_2}{x_{20}}}{dt} = \frac{q_2}{q_0} = 1 + \frac{\Delta q_2}{q_0} \quad (12)$$

mit der Zeitkonstanten

$$T_2 = \frac{A_2 x_{20}}{q_0}. \quad (13)$$

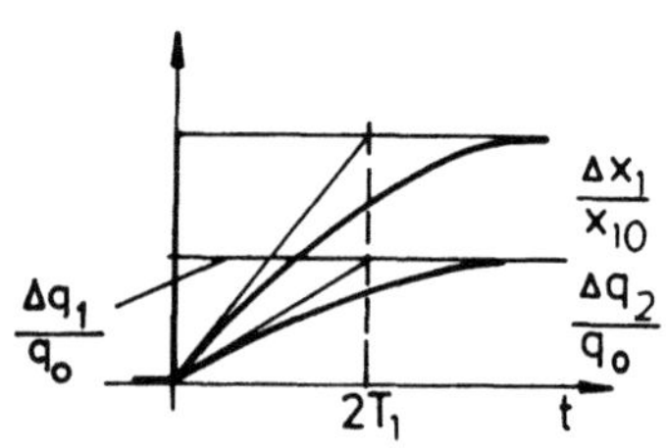

Bild L 2-4c

Der im angenommenen Arbeitspunkt (0) auftretende Durchfluß q_0 muß bei der Füllung des zweiten Behälters berücksichtigt werden.

Mit Gl. (8) wird $\Delta x_1/x_{10}$ aus Gl. (6) eliminiert

$$2\,T_1 T_2 \frac{d^2 \frac{x_2}{x_{20}}}{dt^2} + T_2 \frac{d \frac{x_2}{x_{20}}}{dt} = \frac{\Delta q_1}{q_0} + 1 .$$

Es handelt sich dabei um die Gleichung eines verzögerten Integrators (IT_1).
Bild L 2-4d zeigt das zugehörige Blockschaltbild.

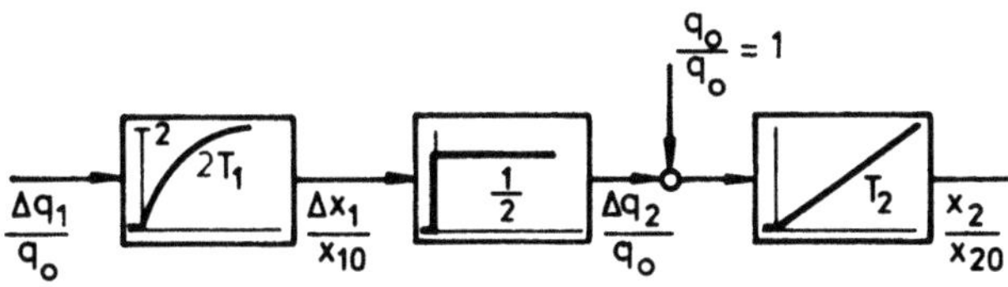

Bild L 2-4d

Lösung zu Aufgabe 2-5: Hitzdrahtelement

a) Differentialgleichung
Die Spannungsgleichung hat die Form

$$L \frac{di}{dt} = u(t) - R(\vartheta)\, i. \tag{1}$$

Die Änderung der im Draht gespeicherten Wärmeenergie ist die Differenz von zugeführter und abgegebener Leistung

$$cM \frac{d\vartheta}{dt} = p_{zu} - p_{ab} = R(\vartheta)\, i^2 - k\vartheta - \sigma\vartheta^4 . \tag{2}$$

b) Stationärer Zustand
Im angenommenen Arbeitspunkt müssen folgende Beziehungen gelten

$$R_0 i_0 = u_0 , \tag{3a}$$

$$R_0 = R_1(1 + \alpha\vartheta_0), \tag{3b}$$

c) Linearisierte Differentialgleichungen
Durch Ableitung im Arbeitspunkt folgt aus Gln. (1, 2)

$$L \frac{d\Delta i}{dt} = \Delta u - \frac{\partial R}{\partial \vartheta} i \Big|_0 \Delta\vartheta - R_0 \Delta i = \Delta u - \alpha R_1 i_0 \Delta\vartheta - R_0 \Delta i, \tag{4a}$$

$$cM \frac{d\Delta\vartheta}{dt} = \frac{\partial (Ri^2)}{\partial i}\Big|_0 \Delta i + \frac{\partial (Ri^2)}{\partial \vartheta}\Big|_0 \Delta\vartheta - \frac{\partial}{\partial \vartheta} (k\vartheta + \sigma\vartheta^4)\Big|_0 \Delta\vartheta =$$

$$= 2R_0 i_0 \Delta i + [\alpha R_1 i_0^2 - k - 4\sigma\vartheta_0^3]\Delta\vartheta. \tag{4b}$$

Normierung der Gleichungen mit u_0, ϑ_0 führt auf

$$\frac{L}{R_0} \frac{d}{dt}\left(\frac{\Delta i}{i_0}\right) + \frac{\Delta i}{i_0} = \frac{\Delta u}{u_0} - \frac{R_0 - R_1}{R_0} \frac{\Delta\vartheta}{\vartheta_0} \tag{5a}$$

und

$$cM\vartheta_0 \frac{d}{dt}\left(\frac{\Delta\vartheta}{\vartheta_0}\right) + [k\vartheta_0 + 4\sigma\vartheta_0^4 - (R_0 - R_1)\, i_0^2]\,\frac{\Delta\vartheta}{\vartheta_0} = 2u_0 i_0 \frac{\Delta i}{i_0}$$

oder

$$\frac{cM\vartheta_0}{2u_0 i_0} \frac{d}{dt}\left(\frac{\Delta\vartheta}{\vartheta_0}\right) + \frac{1}{2}\left[\frac{k\vartheta_0 + 4\sigma\vartheta_0^4}{u_0 i_0} - \frac{R_0 - R_1}{R_0}\right]\frac{\Delta\vartheta}{\vartheta_0} = \frac{\Delta i}{i_0}. \qquad (5b)$$

Die normierte Form der Gleichungen ermöglicht eine besonders einfache Dimensionsprobe.

d) Differentialgleichung 2. Ordnung
Elimination von Δi durch Einsetzen von (5b) in (5a) führt auf

$$\frac{L}{R_0}\frac{cM\vartheta_0}{2u_0 i_0}\frac{d^2}{dt^2}\left(\frac{\Delta\vartheta}{\vartheta_0}\right) + \frac{1}{2}\left[\frac{L}{R_0}\left(\frac{k\vartheta_0 + 4\sigma\vartheta_0^4}{u_0 i_0} - \frac{R_0 - R_1}{R_0}\right) + \frac{cM\vartheta_0}{u_0 i_0}\right]\frac{d}{dt}\left(\frac{\Delta\vartheta}{\vartheta_0}\right) +$$

$$+ \frac{1}{2}\left[\frac{k\vartheta_0 + 4\sigma\vartheta_0^4}{u_0 i_0} + \frac{R_0 - R_1}{R_0}\right]\frac{\Delta\vartheta}{\vartheta} = \frac{\Delta u}{u_0}. \qquad (6)$$

Mit der Abkürzung

$$\frac{\Delta u}{u_0} = y(t), \qquad \frac{\Delta\vartheta}{\vartheta_0} = x(t)$$

erhält man somit eine lineare Differentialgleichung 2. Ordnung in der Form

$$a_2 \frac{dx^2}{dt^2} + a_1 \frac{dx}{dt} + a_0 x = y(t).$$

e) Sprungantwort
Mit der Annahme, daß die zugehörige charakteristische Gleichung

$$a_2 p^2 + a_1 p + a_0 = 0$$

zwei reelle Lösungen p_1, p_2 hat, ergibt sich eine aperiodische Sprungantwort, wie sie in Bild L 2-5b im Prinzip skizziert ist.

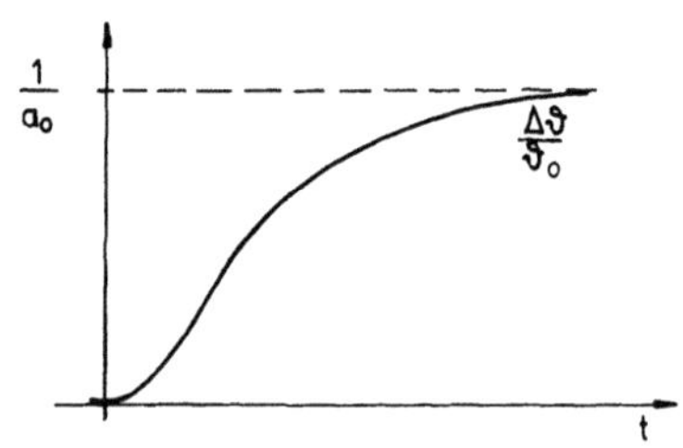

Bild L 2-5b

Lösung zu Aufgabe 3-1: RC-Vierpole

a) Übertragungsfunktion
Man erhält $F(p)$ aus dem komplexen Frequenzgang $F(j\omega)$ mit $j\omega \rightarrow p$. Hierzu wird mit den komplexen Impedanzen das verlangte Spannungsverhältnis berechnet.

Schaltung 1: (Bild 3-1a)

$$\frac{U_2(p)}{U_1(p)} = \frac{R_2 + \frac{1}{pC}}{R_1 + R_2 + \frac{1}{pC}} = \frac{\overbrace{R_2 C}^{kT} p + 1}{\underbrace{(R_1 + R_2) C}_{T} p + 1} = V \frac{kTp + 1}{Tp + 1}. \tag{1}$$

Der Koeffizientenvergleich ergibt:

$$V = 1, \quad 0 \leqslant k = \frac{R_2}{R_1 + R_2} \leqslant 1.$$

Schaltung 2: (Bild 3-1b)

$$\frac{U_2(p)}{U_1(p)} = \frac{R_2}{R_2 + \frac{R_1 \frac{1}{pC}}{R_1 + \frac{1}{pC}}} =$$

$$= \underbrace{\frac{R_2}{R_1 + R_2}}_{V} \; \frac{\overbrace{R_1 C}^{kT} p + 1}{\underbrace{\frac{R_1 R_2}{R_1 + R_2}}_{T} Cp + 1}. \tag{2}$$

Der Koeffizientenvergleich ergibt:

$$V = \frac{R_2}{R_1 + R_2} \leqslant 1, \quad 1 \leqslant k = \frac{R_1 + R_2}{R_2} = \frac{1}{V} < \infty.$$

Schaltung 3: (Bild 3-1c)

$$\frac{U_2(p)}{U_1(p)} = \frac{U_C(p)}{U_1(p)} - \frac{U_{R2}(p)}{U_1(p)} =$$

$$= \frac{\frac{1}{pC}}{R_3 + \frac{1}{pC}} - \frac{R_2}{R_1 + R_2}$$

$$= \frac{R_1}{R_1 + R_2} \; \frac{\overbrace{-\frac{R_2}{R_1} R_3 C}^{kT} p + 1}{\underbrace{R_3 C}_{T} p + 1}. \tag{3}$$

Der Koeffizientenvergleich ergibt:

$$V = \frac{R_1}{R_1 + R_2} \leqslant 1, \quad k = -\frac{R_2}{R_1} \leqslant 0.$$

b) Sprungantwort

Die Übertragungsfunktion ist das Verhältnis der Laplace-transformierten Ausgangsgröße zur Eingangsgröße (Bild L 3-1d),

$$X(p) = F(p)\,Y(p).$$

Bild L 3-1d

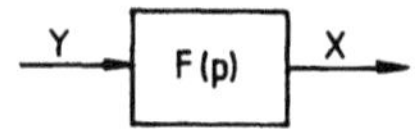

Daraus folgt durch Rücktransformation in den Zeitbereich

$$x(t) = L^{-1}[X(p)] = L^{-1}[F(p)\;Y(p)]. \tag{4}$$

Bei der Berechnung der Sprungantwort gilt mit $y(t) = u_1(t)/U_0 = s(t)$, $Y(p) = 1/p$

$$x(t) = u_2(t)/U_0 = w(t) = L^{-1}\left[F(p)\frac{1}{p}\right]. \tag{5}$$

Für die Rücktransformation wird X(p) in Partialbrüche zerlegt.
Somit gilt

$$w(t) = V\,L^{-1}\left[\frac{kTp+1}{Tp+1}\cdot\frac{1}{p}\right] =$$

$$= V\,L^{-1}\left[\frac{1}{p}+\frac{k-1}{p+\frac{1}{T}}\right] = V\left[1+(k-1)e^{-\frac{t}{T}}\right],\quad t \geqslant 0. \tag{6}$$

$$w(0) = Vk,\quad w(\infty) = V.$$

In Bild L 3-1e sind die Sprungantworten für verschiedene k skizziert.

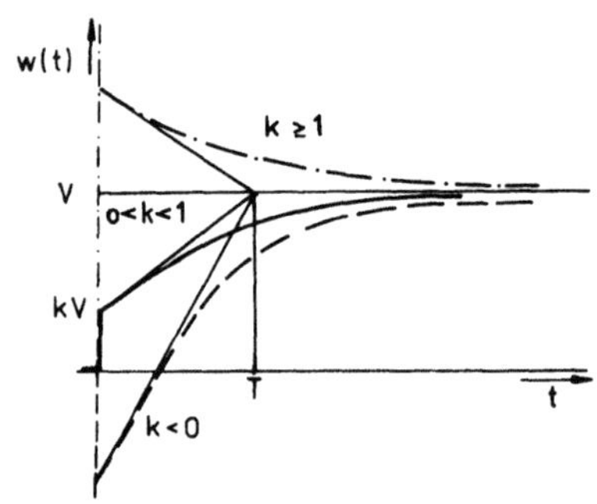

Bild L 3-1e

Lösung zu Aufgabe 3-2: Rohrleitung

a) Durchfluß

Der gesamte Flüssigkeitsstrom durch einen beliebigen Querschnitt der Rohrleitung ergibt sich als Integral über die Strömungsanteile in konzentrischen dünnwandigen Hohlzylindern

$$q = 2\pi\int_0^R v(r)\,r\,dr. \tag{2}$$

Für das angegebene parabolische Profil gilt

$$q = R^2\pi v(R) + 2\pi[v(0)-v(R)]\int_0^R\left(1-\left(\frac{r}{R}\right)^2\right)r\,dr = \pi R^2\,\frac{v(0)+v(R)}{2}. \tag{3}$$

b) Stufenförmiges Geschwindigkeitsprofil
Der Flüssigkeitsstrom setzt sich nun aus mehreren Teilströmen mit verschiedenen Geschwindigkeiten zusammen

$$q = q_1 + q_2 + q_3 = \pi r_1^2 v_1 + \pi(r_2^2 - r_1^2)v_2 + \pi(R^2 - r_2^2)v_3 . \tag{4}$$

Die Teilgeschwindigkeiten v_1, v_2, v_3 sind bei gewählten Werten für r_1, r_2 so zu bestimmen, daß die Durchflußbedingung nach Gl. (3) erfüllt ist.

c) Dynamisches Modell
Für die Konzentrationen der Teilströme am Ende des Rohres gilt

$$\begin{aligned} 0 \leqslant r < r_1 ; \quad & x_1(t) = y\left(t - \frac{L}{v_1}\right), \\ r_1 \leqslant r < r_2 ; \quad & x_2(t) = y\left(t - \frac{L}{v_2}\right), \\ r_2 \leqslant r < R ; \quad & x_3(t) = y\left(t - \frac{L}{v_3}\right). \end{aligned} \tag{5}$$

Die Konzentration $x(t)$ der am Rohrende ausströmenden Flüssigkeit ist der mit den Teilströmen gewichtete Mittelwert der Teilkonzentrationen

$$x(t) = \frac{q_1}{q} x_1(t) + \frac{q_2}{q} x_2(t) + \frac{q_3}{q} x_3(t) . \tag{6}$$

Mit den Laufzeiten

$$T_1 = \frac{L}{v_1}, \quad T_2 = \frac{L}{v_2}, \quad T_3 = \frac{L}{v_3} \tag{7}$$

folgt somit

$$x(t) = \frac{q_1}{q} y(t - T_1) + \frac{q_2}{q} y(t - T_2) + \frac{q_3}{q} y(t - T_3). \tag{8}$$

In Bild L 3-2c, d sind zwei äquivalente Blockschaltbilder mit drei Laufzeitgliedern gezeichnet, die dieses Übertragungsverhalten beschreiben.

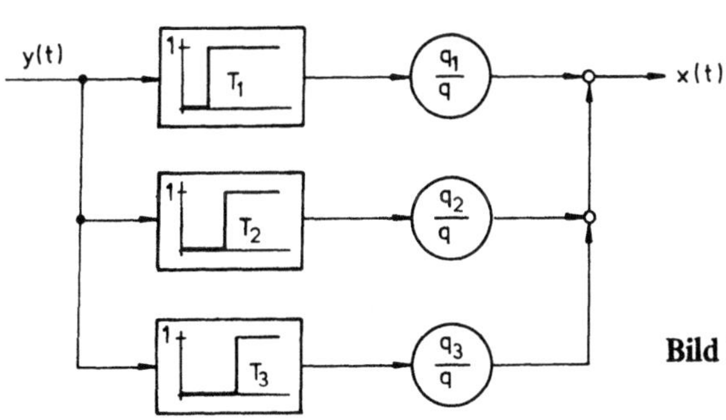

Bild L 3-2c

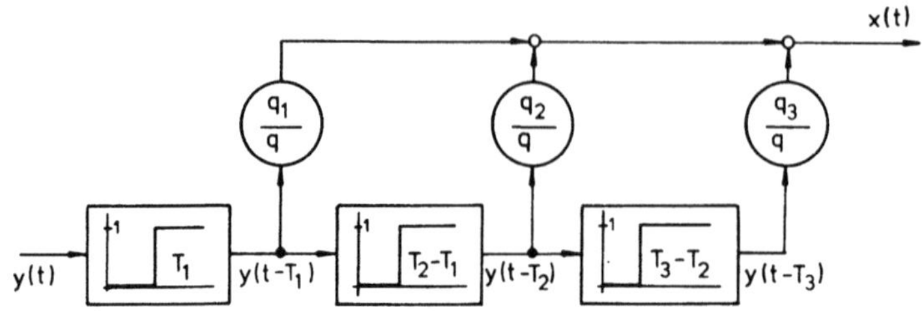

Bild L 3-2d

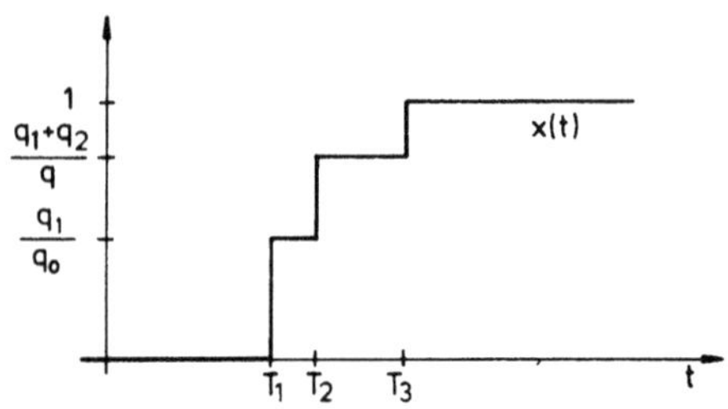

Bild L 3-2e

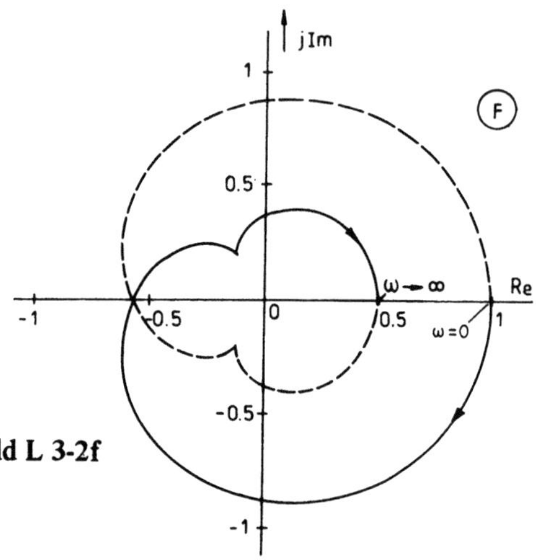

Bild L 3-2f

d) Sprungantwort und Übertragungsfunktion

Das Übertragungsverhalten der Rohrleitung mit Dispersion läßt sich somit durch eine Laufzeitkette mit mehreren Abgriffen deuten. Die zugehörige Sprungantwort ist in Bild L 3-2e gezeichnet. Der Endwert der Sprungantwort hat wegen $q_1 + q_2 + q_3 = q$ den Wert Eins.

Die Übertragungsfunktion ist aus Bild L 3-2c,d abzulesen

$$F(p) = \frac{X}{Y}(p) = \frac{q_1}{q} e^{-T_1 p} + \frac{q_2}{q} e^{-T_2 p} + \frac{q_3}{q} e^{-T_3 p}. \tag{9}$$

Bild L 3-2f zeigt die zugehörige Ortskurve für $q_1/q = 0{,}5$; $q_2/q = q_3/q = 0{,}25$; $T_2/T_1 = 1{,}5$; $T_3/T_1 = 2$. Sie hat die Form einer Zykloide.

Lösung zu Aufgabe 3-3: Laufzeitglied mit Verzögerung

a) Übertragungsfunktion

Die Übertragungsfunktion des aus Laufzeitglied und Verzögerungsglied 1. Ordnung bestehenden Übertragungsgliedes lautet

$$F(p) = V \frac{e^{-T_L p}}{Tp + 1} . \tag{1}$$

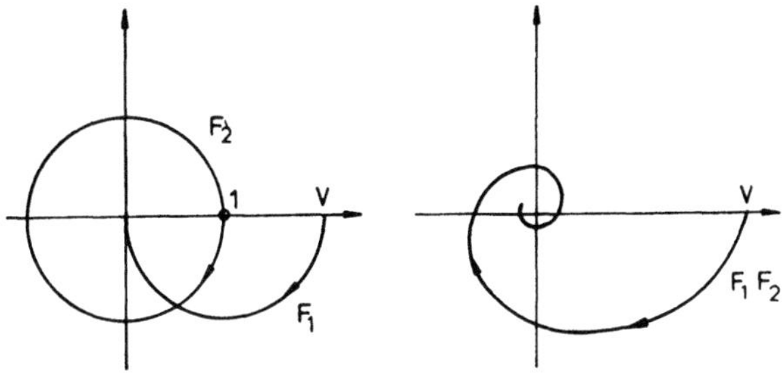

Bild L 3-3c

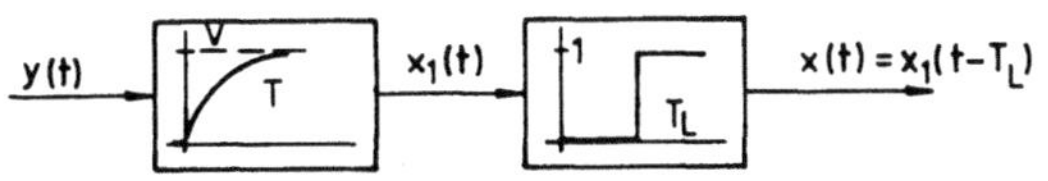

Bild L 3-3d

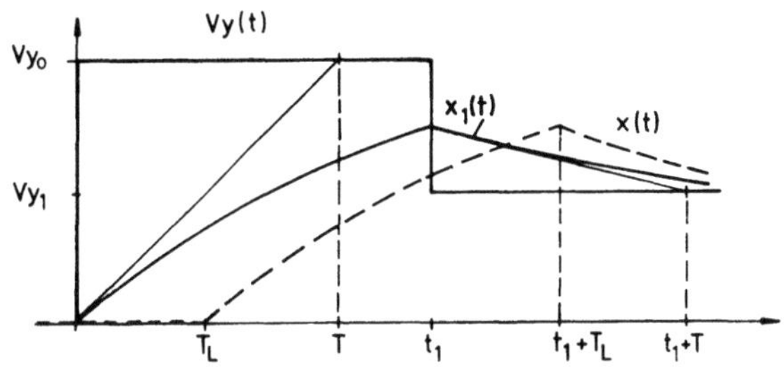

Bild L 3-3e

b) Ortskurve

$$F(j\omega) = \frac{V}{1 + j\omega T}\, e^{-j\omega T_L} = F_1\; F_2 . \tag{2}$$

Die Ortskurve entsteht als Produkt zweier Teilfunktionen, die durch einen Halbkreis und den periodisch durchlaufenen Einheitskreis beschrieben werden. $F(j\omega)$ hat somit die Form einer Spirale (Bild L 3-3c).

c) Berechnung der Ausgangsgröße

Da die Kopplung der beiden Teile der Übertragungsstrecke als rückwirkungsfrei anzunehmen ist, kann man die Reihenfolge vertauschen (Bild L 3-3d).

Aus der Zwischengröße x_1 entsteht $x(t)$ durch zeitliche Verschiebung,

$$x(t) = x_1(t - T_L). \tag{3}$$

Die Steuergröße läßt sich aus zwei verschobenen Sprungantworten zusammensetzen

$$y(t) = y_0\, s(t) - (y_0 - y_1)\, s(t - t_1). \tag{4}$$

Für die Ausgangsgröße des Verzögerungsgliedes gilt im Intervall $0 \leqslant t \leqslant t_1$

$$x_1(t) = V\, y_0 (1 - e^{-t/T}) \tag{5}$$

und im Intervall $t_1 \leqslant t$ (wegen des Überlagerungssatzes)

$$x_1(t) = V\, y_0 (1 - e^{-t/T}) - V(y_0 - y_1)\, [1 - e^{-(t-t_1)/T}] . \tag{6}$$

Dieser Verlauf ist in Bild L 3-3e gezeichnet. $x(t)$ folgt daraus durch zeitliche Verschiebung gemäß (3).

d) Berechnung des Umschaltzeitpunktes t_1

Die Lösungsfunktion im zweiten Intervall wird umgeformt,

$$x_1(t) = V y_1 + V[(y_0 - y_1) e^{t_1/T} - y_0] e^{-t/T}. \tag{6a}$$

Der stationäre Wert $V y_1$ wird nur dann zu einem endlichen Zeitpunkt erreicht, wenn die Exponentialfunktion, d. h. die eckige Klammer in (6a), verschwindet.

$$e^{t_1/T} = \frac{y_0}{y_0 - y_1}$$

oder

$$t_1 = T \ln \frac{y_0}{y_0 - y_1}. \tag{7}$$

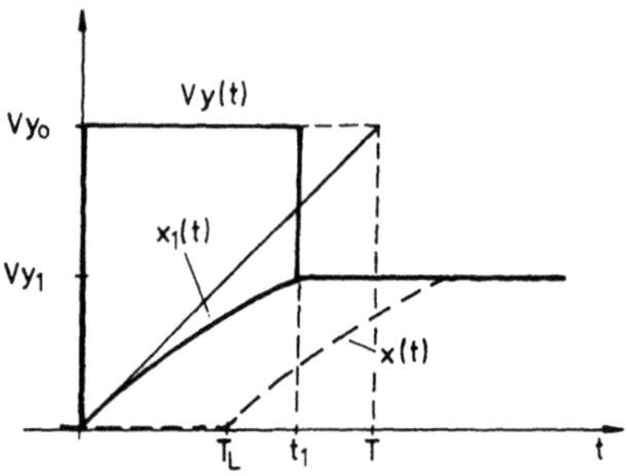

Bild L 3-3f

Bild L 3-3f zeigt den zugehörigen Verlauf von $x_1(t)$ und $x(t)$.

Dieses Ergebnis läßt sich auch so deuten, daß $x_1(t)$ den Endwert $V y_1$ gerade zum Zeitpunkt t_1 erreicht,

$$x_1(t_1) = V y_0(1 - e^{-t_1/T}) \stackrel{!}{=} V y_1.$$

Falls in diesem Augenblick y auf den Wert y_1 springt, liegt für $t \geqslant t_1$ bereits der stationäre Zustand vor.

$x(t)$ folgt wieder durch Verschiebung um T_L.

Lösung zu Aufgabe 3-4: Beschleunigungsmessung

a) Differentialgleichung

Die Beschleunigung der Masse M setzt sich aus der Beschleunigung des Rohres und der Relativbeschleunigung gegenüber dem Rohr zusammen. Als äußere Anregung wirken die Federkraft und die Reibungskraft; für $s > l$ und $ds/dt > 0$ sind beide Kräfte nach links gerichtet.

Somit gilt

$$M\left(a - \frac{d^2s}{dt^2}\right) = k_F (s - l) + k_R \frac{ds}{dt}, \tag{1a}$$

oder

$$\frac{M}{k_F}\frac{d^2s}{dt^2} + \frac{k_R}{k_F}\frac{ds}{dt} + s - l = \frac{M}{k_F} a. \tag{1b}$$

Zur Normierung können z. B. die Erdbeschleunigung und die Länge der Feder dienen

$$\frac{s - l}{l} = x, \quad \frac{a}{g} = y. \tag{2}$$

Damit folgt

$$\frac{M}{k_F}\frac{d^2x}{dt^2}+\frac{k_R}{k_F}\frac{dx}{dt}+x=\frac{Mg}{k_F l}y. \tag{3}$$

Durch Koeffizientenvergleich mit der Normalform der Differentialgleichung 2. Ordnung,

$$\frac{1}{\omega_0^2}\frac{d^2x}{dt^2}+\frac{2D}{\omega_0}\frac{dx}{dt}+x=Vy \tag{4}$$

gewinnt man die Größen

Eigenfrequenz, Dämpfung, Verstärkungsfaktor.

b) Blockschaltbild
Auflösung von Gl. (4) nach d^2x/dt^2 führt auf das in Bild L 3-4b gezeichnete Blockschaltbild.

c) Übertragungsfunktion
Die Übertragungsfunktion findet man durch Ansatz einer Exponentialschwingung

$$y(t)=Ye^{pt}+\overline{Y}\,e^{\overline{p}t} \tag{5a}$$

und Berechnung der stationären Lösung

$$x(t)=X\,e^{pt}+\overline{X}\,e^{\overline{p}t}. \tag{5b}$$

Einsetzen und Koeffizientenvergleich ergibt

$$F(p)=\frac{X}{Y}(p)=\frac{V}{\left(\frac{p}{\omega_0}\right)^2+2D\frac{p}{\omega_0}+1}$$

Bei genügend hoher Eigenfrequenz ω_0 und ausreichender Dämpfung, z. B. $D>1/\sqrt{2}$, ist x proportional y, d. h. die Auslenkung der Masse kann als Meßwert der Beschleunigung gelten.

d) Charakteristische Größen
Durch Koeffizientenvergleich erhält man aus Gln. (3, 4)

$$V=\left.\frac{dx}{dy}\right|_{stat.}=\frac{Mg}{k_F l}$$

oder mit Gl. (2)

$$\epsilon=\frac{ds}{da}=\frac{M}{k_F}.$$

Außerdem gilt

$$\omega_0=\sqrt{\frac{k_F}{M}}=\sqrt{\frac{1}{\epsilon}},$$

$$D=\frac{1}{2}\frac{k_R}{\sqrt{Mk_F}}.$$

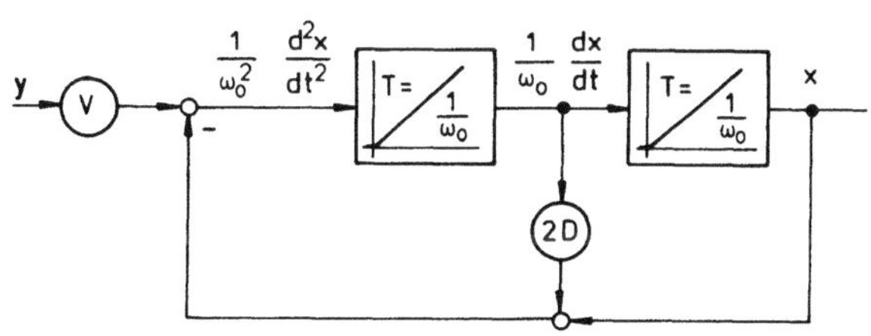

Bild L 3-4b

Große Empfindlichkeit und hohe Eigenfrequenz sind demnach widersprüchliche Forderungen. Die Kenngrößen Empfindlichkeit, Eigenfrequenz und Dämpfungsfaktor sind, wie zu erwarten, unabhängig von den gewählten Normierungsgrößen.

Lösung zu Aufgabe 4-1: Verzögerungsglied 1. Ordnung

a) Berechnung von x(t) im Zeitbereich
Die Differentialgleichung

$$T_1 \frac{dx}{dt} + x = V y_0 \left(1 - e^{-\frac{t}{T_2}}\right), \quad t \geq 0 \tag{3}$$

läßt sich mit dem Ansatz

$$x(t) = k(t)\, e^{-\frac{t}{T_1}} + V y_0 \tag{4}$$

durch Variation der Konstanten k lösen. Mit den Anfangsbedingungen $x(0) = x'(0) = 0$ folgt durch Einsetzen und Koeffizientenvergleich

$$x(t) = V y_0 \left[1 - \frac{T_1}{T_1 - T_2}\, e^{-\frac{t}{T_1}} + \frac{T_2}{T_1 - T_2}\, e^{-\frac{t}{T_2}}\right]. \tag{5}$$

Dieser Verlauf ist in Bild L 4-1c dargestellt. Die Anfangsbedingung $x'(0) = 0$ wird durch die bei Null beginnende Anregung verursacht, $y(0) = 0$.

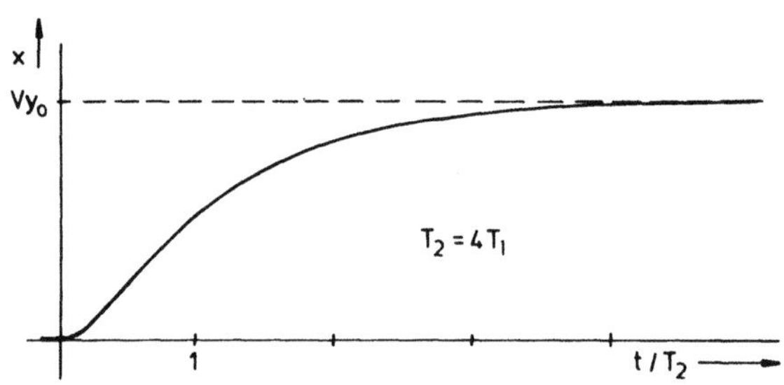

Bild L 4-1c

b) Berechnung von x(t) im Frequenzbereich.
Nach den Rechenregeln der Laplace-Transformation folgt

$$x(t) = L^{-1}(X(p)) = L^{-1}(F_1(p)Y(p)). \tag{6}$$

Dabei ist $F_1(p)$ die zur Differentialgleichung gehörige Übertragungsfunktion

$$F_1(p) = \frac{V}{T_1 p + 1}, \tag{7}$$

während gemäß Tabelle der Laplace-Korrespondenzen

$$Y(p) = \frac{y_0}{p(T_2 p + 1)} \tag{8}$$

die Laplace-Transformierte von $y(t)$ ist. Durch Zerlegung des Ausdruckes $F_1(p)Y(p)$ in Partialbrüche entsteht die Bildfunktion

$$X(p) = V y_0 \left[\frac{1}{p} - \frac{T_1}{T_1 - T_2}\,\frac{1}{p + \frac{1}{T_1}} + \frac{T_2}{T_1 - T_2}\,\frac{1}{p + \frac{1}{T_2}}\right], \tag{9}$$

die gliedweise in den Zeitbereich zurücktransformiert werden kann, so daß man wieder Gl. (5) erhält.

Deutet man $Y(p)$ als Sprungantwort eines gedachten Verzögerungsgliedes mit der Übertragungsfunktion

$$F_2(p) = \frac{y_0}{T_2 p + 1}, \tag{10}$$

so stellt $X(p)$ die Sprungantwort der rückwirkungsfreien Kettenschaltung $F_1 F_2$ dar. (Bild L 4-1d)

Bild L 4-1d

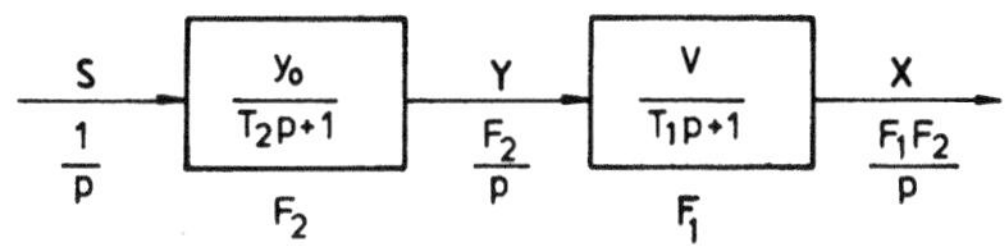

c) Faltungsintegral
Eine weitere Berechnungsmöglichkeit ist durch das Faltungsintegral gegeben.

$$x(t) = \frac{1}{1s} \int_0^t y(\tau)\, g_1(t - \tau)\, d\tau, \tag{11}$$

wobei $g_1(t)$ die zur Übertragungsstrecke gehörige Impulsantwort darstellt. Für das Verzögerungsglied gilt

$$g_1(t) = \frac{1s}{T_1} V e^{-\frac{t}{T_1}}. \tag{12}$$

Durch Einsetzen von (2, 12) in (11) folgt

$$x(t) = \frac{y_0 V}{T_1} \int_0^t \left(1 - e^{-\frac{\tau}{T_2}}\right) e^{-\frac{t-\tau}{T_1}}\, d\tau = \frac{y_0 V}{T_1} e^{-\frac{t}{T_1}} \int_0^t \left[e^{\frac{\tau}{T_1}} - e^{\left(\frac{1}{T_1} - \frac{1}{T_2}\right)\tau}\right] d\tau. \tag{13}$$

Integration und Einsetzen der Grenzen führen auch hier auf das Ergebnis in (5).

Lösung zu Aufgabe 4-2: Berechnung des Übertragungsverhaltens aus den Ein-, Ausgangssignalen

a) Übertragungsfunktion
Die Übertragungsfunktion findet man durch Anwendung der Laplace-Transformation auf Eingangs- und Ausgangsgrößen

$$F(p) = \frac{X(p)}{Y(p)}. \tag{3}$$

Durch gliedweise Transformation unter Verwendung von Transformationstabellen ergibt sich

$$Y(p) = \frac{1}{p} - \frac{1}{p + \frac{1}{T_1}} = \frac{1}{p(T_1 p + 1)}, \tag{4}$$

$$X(p) = \left(\frac{T_1}{T_2}\right)^2 \left[\frac{1}{p} - \frac{1}{p + \frac{1}{T_1}} - \frac{1}{T_1 p^2} + \frac{1}{T_1^2 p^3}\right] = \frac{1}{p(T_2 p)^2 (T_1 p + 1)}. \tag{5}$$

Daraus folgt

$$F(p) = \frac{1}{(T_2 p)^2}. \tag{6}$$

Die Strecke enthält also einen zweifachen Integrator.

b) Impulsantwort

Die Impulsantwort wird durch Rücktransformation aus dem Bildbereich gewonnen,

$$g(t) = L^{-1}(1\,s\,F(p)) = L^{-1}\left(\frac{1\,s}{(T_2 p)^2}\right) = \frac{1\,s}{T_2^2}\,t, \quad t \geqslant 0. \tag{7}$$

c) Probe anhand des Faltungsintegrals

Mit der gefundenen Impulsantwort und der in Gl. (1) gegebenen Anregungsfunktion lautet das Faltungsintegral

$$x(t) = \frac{1}{1\,s}\int_0^t y(\tau)\,g(t-\tau)\,d\tau = \frac{1}{T_2^2}\int_0^t \left(1 - e^{-\frac{\tau}{T_1}}\right)(t-\tau)\,d\tau =$$

$$= \frac{t}{T_2^2}\int_0^t \left(1 - e^{-\frac{\tau}{T_1}}\right)d\tau - \frac{1}{T_2^2}\int_0^t \left(1 - e^{-\frac{\tau}{T_1}}\right)\tau\,d\tau.$$

Durch Anwendung bekannter Integrationsformeln folgt daraus nach einer Zwischenrechnung Gl. (2).

Lösung zu Aufgabe 4-3: Laufzeitkette

a) Blockschaltbild

Der in Bild 4-3a gezeichnete polygonförmige Verlauf läßt sich durch Überlagerung zeitlich verschobener Rampenfunktionen erzeugen. Mit der in Bild L 4-3b gezeichneten Grundfunktion

$$r(t) = \frac{t}{1\,s}\,s(t)$$

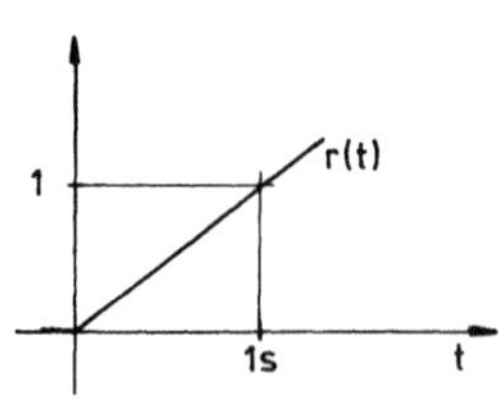

Bild L 4-3b

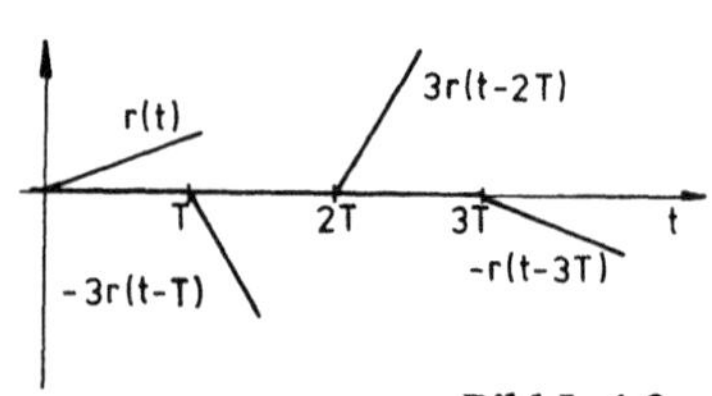

Bild L 4-3c

erhält man (Bild L 4-3c)

$$w(t) = \frac{1\,s}{T}\,[r(t) - 3r(t-T) + 3r(t-2T) - r(t-3T)]. \qquad (1)$$

Die Teilfunktion

$$\frac{1\,s}{T}\,r(t) = \frac{t}{T}\,s(t)$$

ist die Sprungantwort eines Integrators mit der Integrierzeitkonstanten T. Damit gilt das in Bild L 4-3d gezeichnete Blockschaltbild.

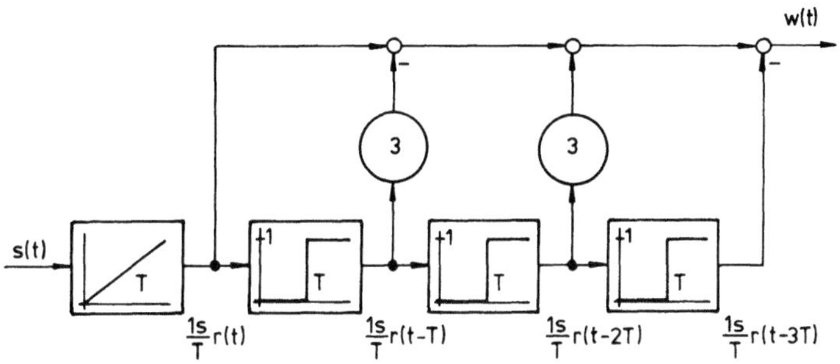

Bild L 4-3d

b) Übertragungsfunktion
Aus Bild L 4-3d läßt sich ablesen

$$F(p) = \frac{1}{Tp}\,[1 - 3e^{-Tp} + 3e^{-2Tp} - e^{-3Tp}] = \frac{1}{Tp}\,(1 - e^{-Tp})^3. \qquad (2)$$

c) Impulsantwort
Die Sprungantwort w(t) und ihre Teilfunktionen sind stetig; somit ergibt sich mit

$$g(t) = 1\,s\,\frac{dw}{dt}$$

und

$$\frac{dr}{dt} = \frac{1}{1\,s}\,s(t)$$

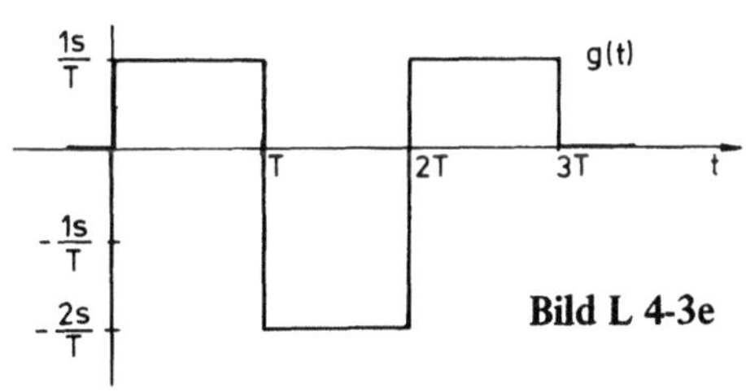

Bild L 4-3e

eine Überlagerung zeitlich verschobener Sprungfunktionen (Bild L 4-3e)

$$g(t) = \frac{1\,s}{T}\,[s(t) - 3\,s(t-T) + 3\,s(t-2T) - s(t-3T)]. \qquad (3)$$

Die Kurve ist symmetrisch zu $t = \frac{3}{2}\,T$.

d) Anstiegsantwort
Die Anstiegsantwort ist das Integral der Sprungantwort

$$v(t) = \frac{1}{1\,s} \int_0^t w(\tau)\,d\tau.$$

Mit dem für $t \geqslant 0$ definierten Integral der Grundfunktion

$$q(t) = \frac{1}{1\,s} \int_0^t r(\tau)\,d\tau = \frac{1}{(1\,s)^2} \int_0^t \tau\,d\tau = \frac{1}{2}\left(\frac{t}{1\,s}\right)^2 \tag{4}$$

folgt als Anstiegsantwort (Bild L 4-3f)

$$v(t) = \frac{1\,s}{T}[q(t) - 3q(t-T) + 3q(t-2T) - q(t-3T)]. \tag{5}$$

Wie Bild 4-3a zu entnehmen ist, liegt der Scheitel- und Symmetriepunkt der Funktion bei $t = \frac{3}{2}\,T$.

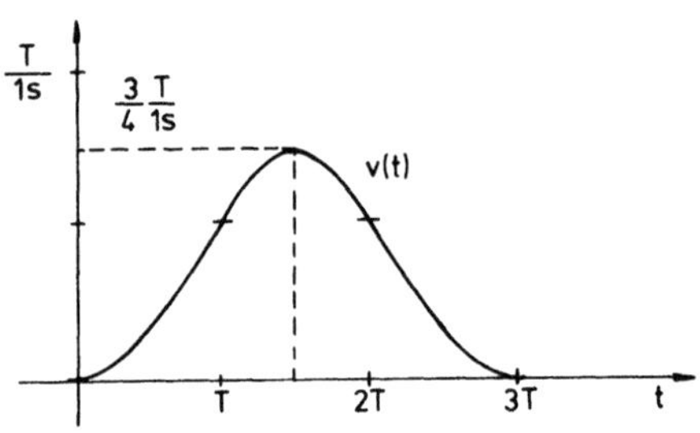

Bild L 4-3f

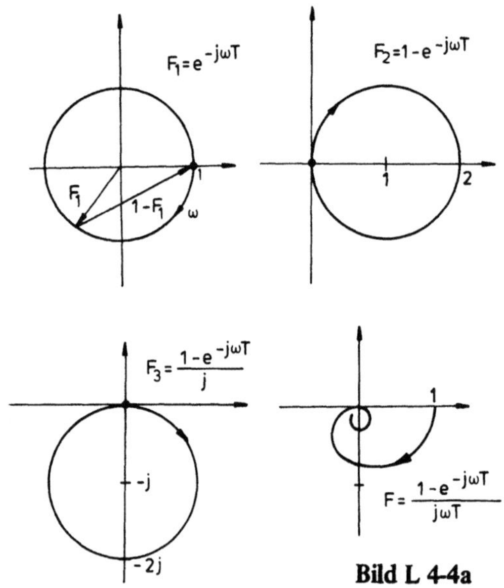

Bild L 4-4a

Lösung zu Aufgabe 4-4: Mittelwertbildner

a) Ortskurve
Die Übertragungsfunktion wird in mehreren Schritten umgeformt, so daß die Ortskurve aus einfachen Abbildungen hervorgeht, Bild L 4-4a

$$F(j\omega) = \frac{1 - e^{-j\omega T}}{j\omega T}.$$

Der Anfangspunkt der Ortskurve folgt aus einer Reihenentwicklung bei $\omega = 0$

$$F(j\omega) \simeq \frac{\left[1 - 1 - j\omega T - \frac{1}{2}(\omega T)^2 \ldots\right]}{j\omega T}.$$

Somit gilt

$$F(0) = \lim_{\omega \to 0} F(j\omega) = 1. \qquad (2)$$

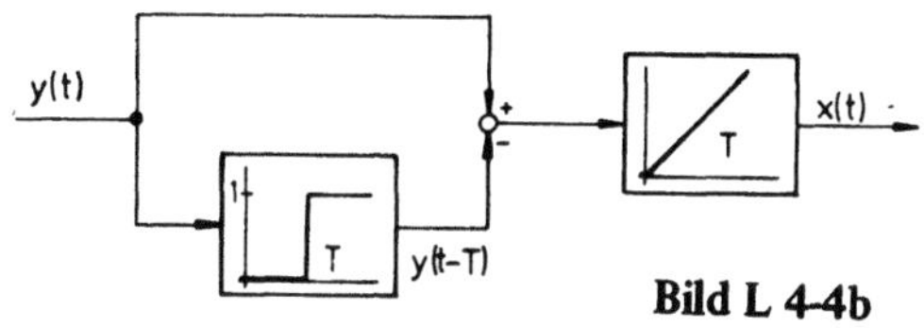

Bild L 4-4b

b) Blockschaltbild

Die Übertragungsfunktion (1) läßt sich durch das Blockschaltbild L 4-4b beschreiben, das ein Laufzeitglied und einen Integrator enthält.

Für die Ausgangsgröße gilt somit

$$x(t) = \frac{1}{T}\int_{-\infty}^{t} y(\tau)\,d\tau - \frac{1}{T}\int_{-\infty}^{t} y(\tau - T)\,d\tau = \frac{1}{T}\int_{-\infty}^{t} y(\tau)\,d\tau - \frac{1}{T}\int_{-\infty}^{t-T} y(\tau)\,d\tau =$$

$$= \frac{1}{T}\int_{t-T}^{t} y(\tau)\,d\tau. \qquad (3)$$

Die Ausgangsgröße $x(t)$ stellt also den Mittelwert von $y(t)$ über das jeweils zurückliegende Intervall der Länge T dar. Man bezeichnet dies als gleitende Mittelwertbildung. Vor $t - T$ liegende Funktionswerte von $y(t)$ sind ohne Einfluß auf $x(t)$.

c) Kennfunktionen

Impulsantwort:

$$G(p) = F(p) \cdot 1\,s = \frac{1\,s}{Tp} - \frac{1\,s}{Tp} e^{-Tp}, \qquad (4)$$

$$g(t) = L^{-1}(G(p)) = \frac{1\,s}{T}[s(t) - s(t - T)].$$

Somit gilt

$$g(t) = \frac{1\,s}{T}, \quad 0 \leqslant t < T,$$

$$g(t) = 0, \quad t \geqslant T.$$

Sprungantwort:

$$W(p) = F(p)\frac{1}{p} = \frac{1}{Tp^2} - \frac{1}{Tp^2} e^{-Tp},$$

$$w(t) = L^{-1}(W(p)) = \frac{1\,s}{T}[r(t) - r(t - T)]. \qquad (5)$$

Somit gilt

$$w(t) = \frac{t}{T}, \qquad 0 \leqslant t \leqslant T,$$

$$w(t) = 1, \qquad t \geqslant T.$$

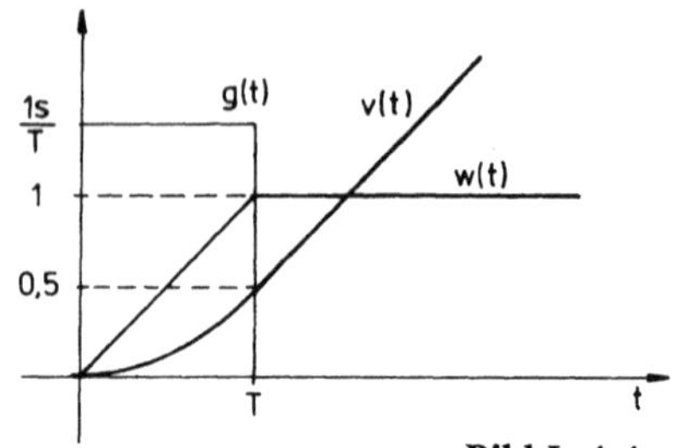

Bild L 4-4c

Anstiegsantwort:

$$V(p) = F(p)\,\frac{1}{1\,sp^2} = \frac{1}{1\,sT}\left[\frac{1}{p^3} - \frac{1}{p^3}\,e^{-Tp}\right],$$

$$v(t) = L^{-1}(V(p)) = \frac{1\,s}{T}\left[\frac{1}{2}\left(\frac{t}{1\,s}\right)^2 s(t) - \frac{1}{2}\left(\frac{t-T}{1\,s}\right)^2 s(t-T)\right]. \qquad (6)$$

Somit gilt

$$v(t) = \frac{1}{2}\,\frac{t^2}{1\,sT}, \qquad 0 \leqslant t \leqslant T,$$

$$v(t) = \frac{t}{1s} - \frac{1}{2}\,\frac{T}{1\,s}, \quad t \geqslant T.$$

Die Verläufe der Impuls-, Sprung- und Anstiegsantwort sind in Bild L 4-4c gezeichnet.

d) Berechnung der Ausgangsgröße

Die Sprungantwort eines PT_1-Gliedes (V, T_1) lautet:

$$y(t) = V(1 - e^{-t/T_1}), \quad t \geqslant 0.$$

Mit den Überlegungen zu b) gilt

im Bereich I: $0 \leqslant t \leqslant T$:

$$x(t) = \frac{1}{T}\int_0^t y(\tau)\,d\tau = \frac{V}{T}\int_0^t (1 - e^{-\tau/T_1})\,d\tau = V\left[\frac{t}{T} - \frac{T_1}{T}(1 - e^{-t/T_1})\right], \qquad (7)$$

im Bereich II: $t \geqslant T$

$$x(t) = \frac{1}{T}\int_{t-T}^{t} y(\tau)\,d\tau = V\left[1 - \frac{T_1}{T}\,(1 - e^{-T/T_1})\,e^{-(t-T)/T_1}\right]. \qquad (8)$$

Bild L 4-4d zeigt den Verlauf dieser Funktion; sie entspricht der schraffierten Fläche.

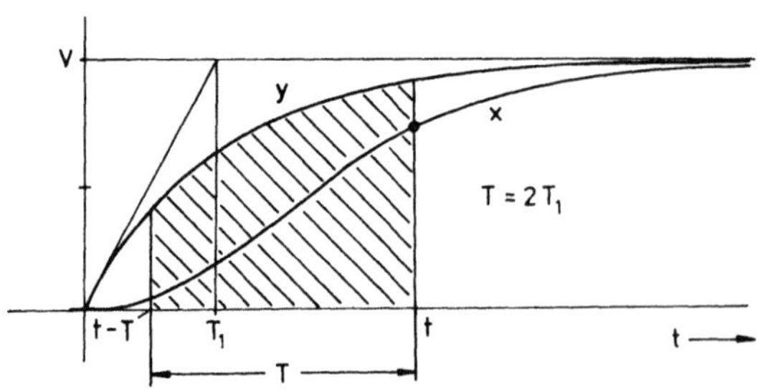

Bild L 4-4d

Lösung zu Aufgabe 4-5: Verzögerungsglied 2. Ordnung

a) Differentialgleichung (rückwirkungsfrei)

Die Differentialgleichungen der beiden Teilglieder in Bild 4-5a sind:

$$T_1 y_2' + y_2 = V_1 y_1, \tag{1}$$

$$T_2 y_3' + y_3 = V_2 y_2. \tag{2}$$

Einsetzen von y_2 und y_2' aus (2) in (1) führt auf die Differentialgleichung des gesamten Systems

$$T_1 T_2 y_3'' + (T_1 + T_2) y_3' + y_3 = V_1 V_2 y_1. \tag{3}$$

Anwendung der Laplace-Transformation ergibt

$$F(p) = \frac{L(y_3(t))}{L(y_1(t))} = \frac{Y_3(p)}{Y_1(p)} = \frac{V_1 V_2}{T_1 T_2 p^2 + (T_1 + T_2) p + 1} = \frac{V_1 V_2}{(T_1 p + 1)(T_2 p + 1)}. \tag{4}$$

b) Dämpfungsfaktor

Die Normalform der Übertragungsfunktion eines gedämpft schwingungsfähigen Systems ist

$$F(p) = \frac{V}{\left(\frac{p}{\omega_0}\right)^2 + 2D\frac{p}{\omega_0} + 1}. \tag{5}$$

Durch Koeffizientenvergleich von (4) und (5) folgt

$$\omega_0 = \frac{1}{\sqrt{T_1 T_2}}, \quad D = \frac{1}{2}\left[\sqrt{\frac{T_1}{T_2}} + \sqrt{\frac{T_2}{T_1}}\right]. \tag{6}$$

Der Dämpfungsfaktor D als Funktion von $\sqrt{T_1/T_2}$ ist in Bild L 4-5c aufgetragen. Wegen $D \geqslant 1$ können bei der in Bild 4-5a gezeichneten Anordnung nur aperiodische Einschwingvorgänge auftreten; die bei $p = -1/T_1, -1/T_2$ liegenden Pole der Übertragungsfunktion (4) sind reell. Für $T_1 = T_2$ ergibt sich der aperiodische Grenzfall mit einem Doppelpol bei $-1/T_1 = -1/T_2$.

c) Differentialgleichung des elektrischen Vierpols

Aus den Knoten- und Maschengleichungen der Vierpolschaltung Bild 4-5b

$$u_1 = R_1 i_1 + u_2, \tag{7}$$

$$i_1 = C_1 u_2' + C_2 u_3', \tag{8}$$

$$u_2 = R_2 C_2 u_3' + u_3 \tag{9}$$

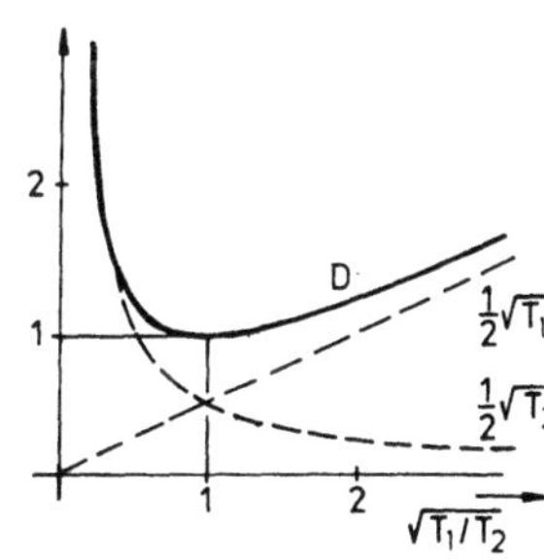

Bild L 4-5c

erhält man durch Elimination von i_1 aus (7, 8) und nachfolgendes Einsetzen von u_2 und u_2' aus (9) die Differentialgleichung der gesamten Schaltung

$$R_1 C_1 R_2 C_2 u_3'' + (R_1 C_1 + R_1 C_2 + R_2 C_2) u_3' + u_3 = u_1. \tag{10}$$

Anwendung der Laplace-Transformation führt mit den Abkürzungen

$$R_1 C_1 = T_a, \quad R_1 C_2 = T_b, \quad R_2 C_2 = T_c$$

auf

$$F_1(p) = \frac{U_3(p)}{U_1(p)} = \frac{1}{T_a T_c p^2 + (T_a + T_b + T_c)\,p + 1}. \tag{11}$$

d) Entkopplung

Ein Vergleich mit (4) führt mit der Annahme

$$T_b \ll T_a + T_c, \quad \text{auf} \quad T_a = T_1, \quad T_c = T_2. \tag{12}$$

Diese Bedingung läßt sich durch

$$R_1 \ll R_2, \quad C_2 \ll C_1$$

verwirklichen, entsprechend einer geringen Belastung des ersten RC-Gliedes durch das zweite. Eine vollständige Entkopplung ist durch Einfügung eines Trennverstärkers mit hohem Eingangs- und vernachlässigbarem Ausgangswiderstand möglich (Bild L 4-5d).

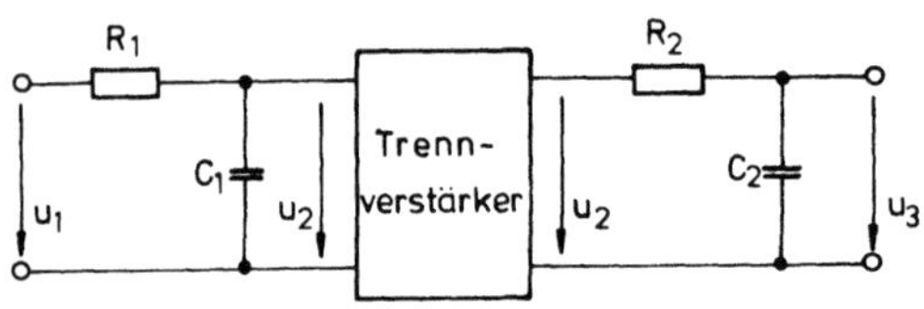

Bild L 4-5d

e) Kennfunktionen

Die Sprungantwort wird im Frequenzbereich berechnet. Mit der Anregung

$U_1(p) = U_0/p$ ergibt sich mit (12)

$$U_3(p) = F(p)\,U_1(p) = \frac{U_0}{T_1 T_2 p \left(p + \frac{1}{T_1}\right)\left(p + \frac{1}{T_2}\right)}. \tag{13}$$

Die Partialbruchzerlegung liefert

$$W(p) = \frac{U_3(p)}{U_0} = \frac{1}{p} - \frac{T_1}{(T_1 - T_2)} \frac{1}{\left(p + \frac{1}{T_1}\right)} + \frac{T_2}{T_1 - T_2} \frac{1}{\left(p + \frac{1}{T_2}\right)}. \tag{14}$$

Die Rücktransformation in den Zeitbereich führt auf

$$w(t) = L^{-1}(W(p)) = \frac{u_3(t)}{U_0} = 1 - \frac{1}{T_1 - T_2}\left(T_1 e^{-\frac{t}{T_1}} - T_2 e^{-\frac{t}{T_2}}\right). \tag{15}$$

g(t) folgt durch Differentiation der Sprungantwort oder unmittelbar durch Berechnung im Frequenzbereich.

$$g(t) = \delta(t)\,w(0) + 1\,\mathrm{s}\; w'(t) = L^{-1}(F(p)\,1\,\mathrm{s}) = \frac{1\,\mathrm{s}}{T_1 - T_2}\left(e^{-\frac{t}{T_1}} - e^{-\frac{t}{T_2}}\right). \tag{16}$$

Die Anstiegsantwort entsteht durch Integration der Sprungantwort

$$v(t) = \frac{1}{1\,s}\int_0^t w(\tau)\,d\tau. \tag{17}$$

Ein anderer Berechnungsweg führt über das Faltungsintegral

$$v(t) = \frac{1}{1\,s}\int_0^t y(\tau)\,g(t-\tau)\,d\tau, \tag{18}$$

wobei als Anregungsfunktion eine Rampe

$$y(t) = r(t) = \frac{t}{1\,s} \tag{19}$$

einzusetzen ist.
Mit (16) erhält man

$$v(t) = \frac{1}{1\,s\,(T_1 - T_2)}\int_0^t \tau\left(e^{-\frac{t-\tau}{T_1}} - e^{-\frac{t-\tau}{T_2}}\right)d\tau. \tag{20}$$

Hieraus folgt nach einer Zwischenrechnung

$$v(t) = \frac{t}{1\,s} - \frac{T_1 + T_2}{1\,s} + \frac{1}{1\,s(T_1 - T_2)}\left[T_1^2 e^{-\frac{t}{T_1}} - T_2^2 e^{-\frac{t}{T_2}}\right]. \tag{21}$$

Bild L 4-5e zeigt die Sprung- und Impulsantwort der RC-Schaltung (A) sowie der rückwirkungsfreien Kettenschaltung (B). Dabei wurden für die Bauelemente folgende Zahlenwerte angenommen:

$R_1 = 50\ k\Omega$	$R_2 = 100\ k\Omega$	
$C_1 = 10\ \mu F$	$C_2 = 2\ \mu F$	
$T_a = 0{,}5\ s$	$T_c = 0{,}2\ s$	$T_b = 0{,}1\ s$
$\omega_0 = 3{,}16\ s^{-1}$		

Die Entkopplungsbedingung ist also nur angenähert erfüllt.

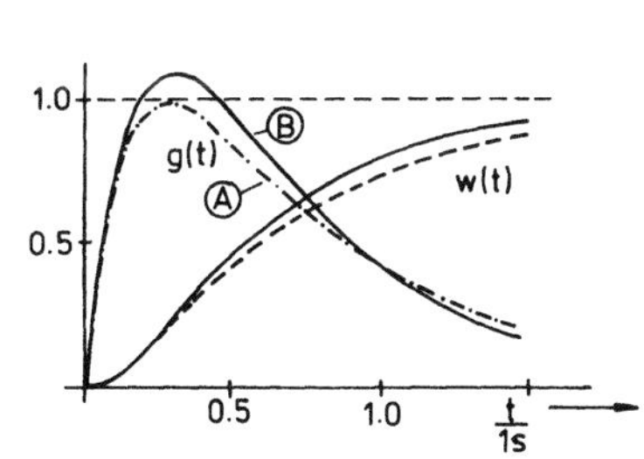

Bild L 4-5e

Lösung zu Aufgabe 4-6: Verzögerungsglied mit Vorhalt

a) Anstiegsantwort

Durch Anwendung der Laplace-Transformation auf die Differentialgleichung erhält man die Übertragungsfunktion

$$F(p) = \frac{X(p)}{Y(p)} = k \frac{T_1 p + 1}{\left(\frac{p}{\omega_0}\right)^2 + 2D \frac{p}{\omega_0} + 1} = k\omega_0^2 \frac{T_1 p + 1}{p^2 + 2D\omega_0 p + \omega_0^2} \; ; \tag{1}$$

mit D = 1 (aperiodischer Grenzfall) wird daraus

$$F(p) = k\omega_0^2 \frac{T_1 p + 1}{p^2 + 2\omega_0 p + \omega_0^2} = k\omega_0^2 \frac{T_1 p + 1}{(p + \omega_0)^2} \, . \tag{2}$$

Die Anstiegsantwort v(t) wird im Bildbereich berechnet. Mit der Anregungsfunktion

$$Y(p) = R(p) = \frac{1}{1\,s\,p^2}$$

erhält man

$$V(p) = F(p)\,R(p) = k\omega_0^2 \frac{T_1 p + 1}{(p + \omega_0)^2} \frac{1}{1\,s\,p^2} \, . \tag{3}$$

Die Rücktransformation in den Zeitbereich erfolgt aus der Partialbruchzerlegung

$$V(p) = \frac{A_0}{p^2} + \frac{R_0}{p} + \frac{A_1}{(p + \omega_0)^2} + \frac{R_1}{p + \omega_0} \tag{4}$$

gemäß

$$v(t) = [A_0 t + R_0 + (A_1 t + R_1) e^{-\omega_0 t}]\, s(t). \tag{5}$$

Die Berechnung der Partialbruchkoeffizienten ergibt

$$A_0 = V(p)\,p^2\Big|_{p=0} = \frac{k\omega_0^2}{1\,s} \frac{1}{\omega_0^2} = \frac{k}{1\,s} \, ,$$

$$R_0 = \frac{d}{dp}\left(V(p)\,p^2\right)\Big|_{p=0} = \frac{k\omega_0^2}{1\,s} \frac{(p + \omega_0)^2 T_1 - (T_1 p + 1)\, 2\,(p + \omega_0)}{(p + \omega_0)^4}\Bigg|_{p=0} =$$

$$= \frac{k\omega_0^2}{1\,s} \frac{\omega_0^2 T_1 - 2\omega_0}{\omega_0^4} = \frac{k}{1\,s}\left(T_1 - \frac{2}{\omega_0}\right) ,$$

$$A_1 = V(p)\,(p + \omega_0)^2\Big|_{p=-\omega_0} = \frac{k\omega_0^2}{1\,s} \frac{-\omega_0 T_1 + 1}{\omega_0^2} = -\frac{k}{1\,s}(\omega_0 T_1 - 1),$$

$$R_1 = \frac{d}{dp}\left[V(p)\,(p + \omega_0)^2\right]\Big|_{p=-\omega_0} = \frac{k\omega_0^2}{1\,s} \frac{p^2 T_1 - (T_1 p + 1) 2p}{p^4}\Bigg|_{p=-\omega_0} =$$

$$= -\frac{k}{1\,s}\left(T_1 - \frac{2}{\omega_0}\right) . \tag{6}$$

Es empfiehlt sich, diese Ergebnisse anhand von (3, 4) vor dem Weiterrechnen zu überprüfen.

Einsetzen in (5) ergibt die Anstiegsantwort

$$v(t) = \frac{k}{1\,s\omega_0}\,[\omega_0 t + (\omega_0 T_1 - 2) - [(\omega_0 T_1 - 1)\,\omega_0 t + (\omega_0 T_1 - 2)]\,e^{-\omega_0 t}]\,s(t). \quad (7)$$

Der Verlauf von v(t) ist in Bild L 4-6a für verschiedene Werte der Vorhaltzeitkonstanten T_1 in einem normierten Zeitmaßstab $\omega_0 t$ aufgetragen. Der Vorhalt wirkt sich hauptsächlich in einer Verschiebung des asymptotischen Verlaufes aus.

b) Anstiegsfehler

Der Anstiegsfehler ist definiert als

$$u(t) = w(\infty)\,r(t) - v(t). \quad (8)$$

Nach dem Endwertsatz der Laplace-Transformation ist

$$w(\infty) = \lim_{p \to 0} pW(p) = F(0) = k. \quad (9)$$

Mit (8) und (7) folgt der Anstiegsfehler

$$u(t) = k\frac{t}{1\,s} - \frac{k}{1\,s\omega_0}\,[\omega_0 t + (\omega_0 T_1 - 2) - [(\omega_0 T_1 - 1)\,\omega_0 t + (\omega_0 T_1 - 2)]\,e^{-\omega_0 t}] =$$

$$= \frac{k}{1\,s\omega_0}[(2 - \omega_0 T_1) + [(\omega_0 T_1 - 1)\,\omega_0 t + (\omega_0 T_1 - 2)]\,e^{-\omega_0 t}]. \quad (10)$$

Der Verlauf des Anstiegsfehlers ist für verschiedene Vorhaltzeitkonstanten T_1 in Bild L 4-6b dargestellt.

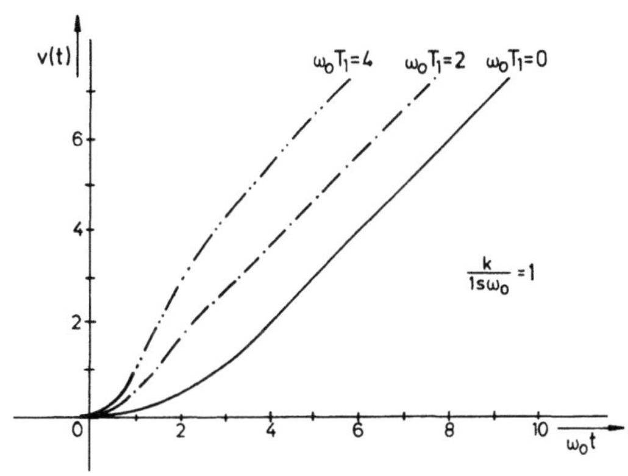

Bild L 4-6a

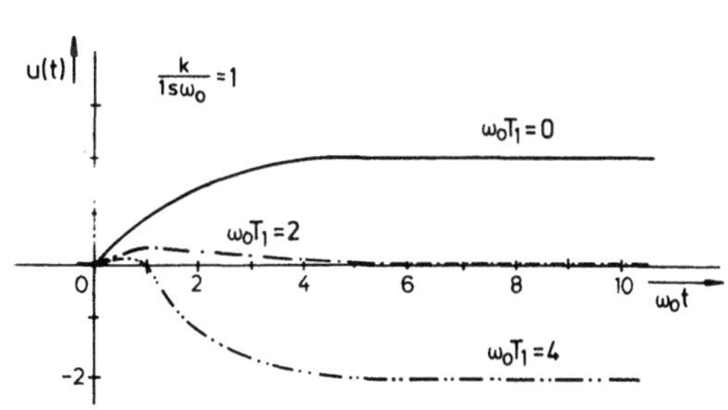

Bild L 4-6b

Der stationäre Anstiegsfehler folgt aus (10)

$$u(\infty) = \lim_{t \to \infty} u(t) = \frac{k}{1\,s\,\omega_0}(2 - \omega_0 T_1) = \frac{k}{1\,s}\left(\frac{2}{\omega_0} - T_1\right) . \tag{11}$$

Der stationäre Anstiegsfehler läßt sich auch aus den Koeffizienten der Übertragungsfunktion

$$F(p) = k \frac{b_m p^m + \ldots + b_1 p + 1}{a_n p^n \;\; + \ldots + a_1 p + 1} \tag{12}$$

bestimmen. Es gilt gemäß Abs. 4.4.1 des Lehrbuchs

$$u(\infty) = k \frac{a_1 - b_1}{1\,s} \; . \tag{13}$$

Ein Koeffizientenvergleich aus (1, 12) ergibt

$$u(\infty) = \frac{k}{1\,s}\left(\frac{2D}{\omega_0} - T_1\right) . \tag{14}$$

Dies entspricht für $D = 1$ gerade dem in Gl. (11) gefundenen Ergebnis.

Der stationäre Endwert des Anstiegsfehlers verschwindet für $\omega_0 T_1 = 2$, vgl. Bild L 4-6a und b.

Lösung zu Aufgabe 5-1: Stabilitätsprüfung anhand des Nennerpolynoms

a) Ortskurve

Zur einfacheren Darstellung der Ortskurve werden zunächst die Achsenschnittpunkte, d. h. die Lösungen von

$$\mathrm{Re}(N(j\omega)) = u(\omega) = 0, \quad \mathrm{Im}(N(j\omega)) = v(\omega) = 0$$

bestimmt. Für die gegebenen Polynome 5. Grades erhält man sie durch Lösung zweier quadratischer Gleichungen in ω^2. Es gilt doch

$$\begin{aligned} N(j\omega) &= a_5(j\omega)^5 + a_4(j\omega)^4 + a_3(j\omega)^3 + a_2(j\omega)^2 + a_1 j\omega + a_0 = \\ &= [a_4\omega^4 - a_2\omega^2 + a_0] + j\omega[a_5\omega^4 - a_3\omega^2 + a_1] = \\ &= u(\omega^2) + jv(\omega). \end{aligned} \tag{1}$$

Die Schnittpunkte mit der imaginären Achse sind gegeben durch

$$\omega_{1,3}^2 = \frac{a_2}{2a_4} \pm \sqrt{\left(\frac{a_2}{2a_4}\right)^2 - \frac{a_0}{a_4}} \; , \tag{2a}$$

die mit der reellen Achse durch

$$\omega_0 = 0, \qquad \omega_{2,4}^2 = \frac{a_3}{2a_5} \pm \sqrt{\left(\frac{a_3}{2a_5}\right)^2 - \frac{a_1}{a_5}} \; . \tag{2b}$$

Für die angegebenen Koeffizienten folgen als (positive) Lösungen

1) $\omega_0 = 0$	2) $\omega_0 = 0$
$\omega_1 = 1{,}0\ 1/s$	$\omega_1 = 1{,}31\ 1/s$
$\omega_2 = 1{,}88\ 1/s$	$\omega_2 = (4 - j\sqrt{52})\ 1/s$
$\omega_3 = 2{,}88\ 1/s$	$\omega_3 = 3{,}4\ 1/s$
$\omega_4 = 5{,}7\ 1/s$	$\omega_4 = (4 + j\sqrt{52})\ 1/s$

Durch Einsetzen einiger Werte für ω in Gl. (1) findet man die in Bild L 5-1a skizzierten Verläufe der Ortskurven.

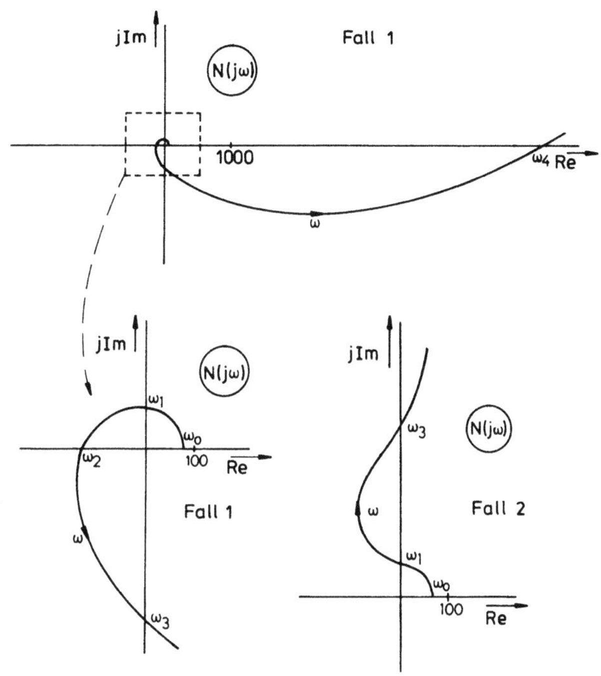

Bild L 5-1a

b) Phasenintegral

Aus dem Phasenintegral der Ortskurve $N(j\omega)$,

$$\Delta\psi = \int_{\omega=0}^{\infty} d\psi, \tag{3}$$

läßt sich die Zahl i der Nullstellen in der rechten p-Halbebene bestimmen,

$$i = \frac{n}{2} - \frac{\Delta\psi}{\pi}. \tag{4}$$

Dabei ist n der Grad des Polynoms $N(p)$.

Aus Bild L 5-1a folgt

$$1)\ \Delta\psi = \frac{5\pi}{2}, \quad \text{d. h.} \quad i = 0,$$

$$2)\ \Delta\psi = \frac{\pi}{2}, \quad i = 2.$$

Im Fall 2) befinden sich zwei Nullstellen von N(p) in der rechten Halbebene; eine Strecke, deren Übertragungsfunktion dieses Nennerpolynom aufweist, ist somit instabil. In Bild L 5-1b sind die Nullstellen-Verteilungen in die komplexe p-Ebene eingetragen.

c) Vereinfachte Stabilitätsprüfung

Aus Gl. (4) folgt als Stabilitätsbedingung mit i = 0

$$\Delta\psi \stackrel{!}{=} n\frac{\pi}{2}, \tag{5}$$

d. h. die Ortskurve N(jω) muß für $0 \leqslant \omega < \infty$ mit monoton zunehmender Phase genau n Quadranten durchlaufen. Die Einhaltung dieser Bedingung läßt sich auch durch die Reihenfolge der Frequenzen überprüfen, bei denen die Ortskurve N(jω) die Achsen schneidet. Voraussetzung ist dabei natürlich, daß die Gleichungen

$$\begin{aligned} u(\omega) &= 0 \quad \omega = \omega_1, \omega_3, \omega_5, \ldots \\ v(\omega) &= 0 \quad \omega = \omega_0 = 0, \omega_2, \omega_4 \end{aligned} \tag{6}$$

nur reelle Nullstellen aufweisen. Diese Bedingung ist im Fall 1) erfüllt, im Fall 2) dagegen nicht.

Die Forderung, daß alle Lösungen der Gleichung (6) reell sein müssen, erleichtert die Bestimmung auch bei Polynomen höheren Grades, da dann z. B. ein reelles Hornersches Schema anwendbar ist.

Die Prüfung eines Polynoms auf i = 0 kann somit in mehreren Schritten erfolgen:

Bild L 5-1b

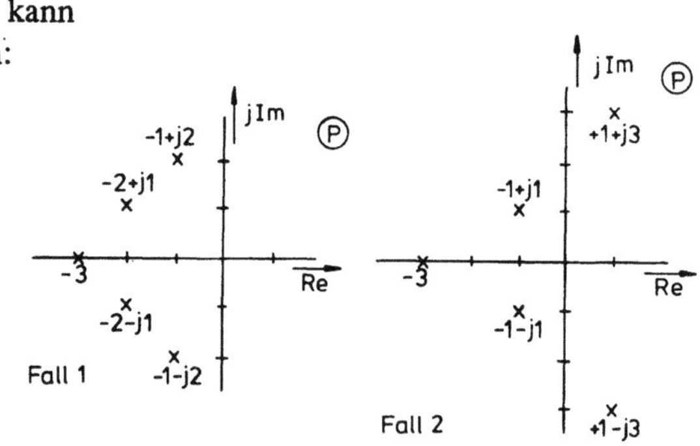

- Alle Koeffizienten a_ν positiv?
  Nur dann kann die Phase monoton zunehmen.
- Alle Lösungen der Gleichungen

  $u(\omega) = 0, \quad v(\omega) = 0$

  reell?
- Wechseln die Schnittstellenfrequenzen ab?

Ist eine dieser Fragen zu verneinen, liegt Instabilität vor, $i > 0$.

Lösung zu Aufgabe 5-2: Ortskurven und Bode-Diagramm

a) Ortskurven

Die Ortskurven von $F_1(j\omega)$ und $F_2(j\omega)$ sind Geraden in der komplexen F-Ebene. Da auch $1/F_3$ eine Gerade darstellt, hat die Ortskurve von $F_3(j\omega)$ die Form eines Halbkreises (Bild L 5-2b).

b) Bode-Diagramm

Die Frequenzgänge der Teilglieder mit ihren Betrags- und Phasenverläufen sind in Bild L 5-2c gezeichnet. Wegen des logarithmischen Betragsmaßstabes läßt sich der Gesamt-Betragsverlauf durch graphische Addition der Teilbeträge im Bodediagramm ermitteln.

$$F(j\omega) = |F| e^{j\varphi} = \underbrace{|F_1||F_2||F_3|}_{\substack{\text{Summation der}\\ \text{Teilbeträge}\\ \text{im log. Maßstab}}} e^{\overbrace{j(\varphi_1 + \varphi_2 + \varphi_3)}} \tag{1}$$

Summation der Teilbeträge im log. Maßstab — Summation der Einzelphasen im linearen Maßstab

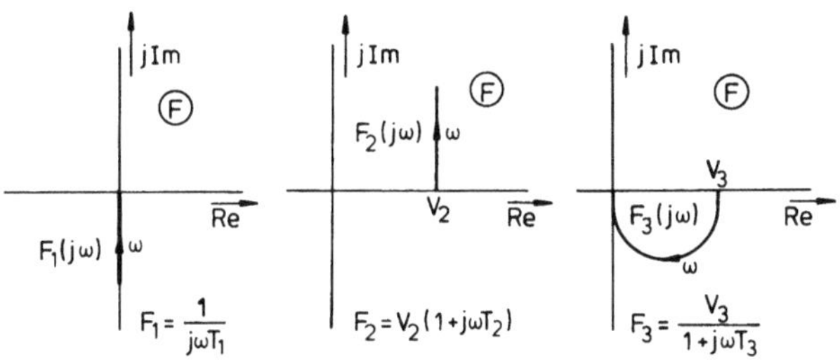

Bild L 5-2b

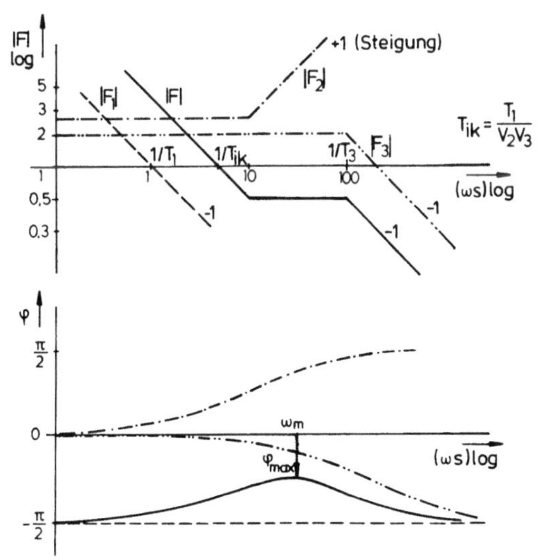

Bild L 5-2c

c) Phasenmaximum

Die Phasenwinkel der Teil-Übertragungsfunktionen werden gemäß

$$\varphi_\nu = \arctan \frac{\mathrm{Im}(F_\nu)}{\mathrm{Re}(F_\nu)} \tag{2}$$

berechnet. Daraus folgt als gesamter Phasenwinkel

$$\varphi(\omega) = \varphi_1 + \varphi_2 + \varphi_3 =$$

$$= -\frac{\pi}{2} + \arctan \omega T_2 - \arctan \omega T_3 . \tag{3}$$

Ein Extremwert wird für

$$\frac{d\varphi}{d\omega} = \frac{T_2}{1 + (\omega T_2)^2} - \frac{T_3}{1 + (\omega T_3)^2} = 0 \tag{4}$$

erreicht. Daraus findet man durch Auflösung nach ω

$$\omega_m = \frac{1}{\sqrt{T_2 T_3}} , \tag{5}$$

entsprechend dem geometrischen Mittel der beiden Knickfrequenzen.

Einsetzen in Gl. (3) ergibt den maximalen Phasenwinkel

$$\varphi_{max} = \varphi(\omega_m) = -\frac{\pi}{2} + \arctan \sqrt{\frac{T_2}{T_3}} - \arctan \sqrt{\frac{T_3}{T_2}} =$$

$$= -\frac{\pi}{2} + \arctan \frac{1}{2} \left(\sqrt{\frac{T_2}{T_3}} - \sqrt{\frac{T_3}{T_2}} \right) . \tag{6}$$

Mit den gegebenen Zahlenwerten ist

$$\omega_m = 31{,}6 \text{ s}^{-1}, \quad \varphi_{max} = -35^\circ ,$$

d) Wahl der Integrierzeit

Um zu erreichen, daß die Ortskurve $F(j\omega)$ bei ω_m den Einheitskreis schneidet, muß gelten

$$|F(j\omega_m)| = \frac{V_2 V_3}{\omega_m T_{10}} \sqrt{\frac{1 + (\omega_m T_2)^2}{1 + (\omega_m T_3)^2}} = 1 . \tag{7}$$

Daraus folgt mit Gl. (5)

$$T_{10} = V_2 V_3 T_2 . \tag{8}$$

Mit den gegebenen Zahlenwerten findet man

$$T_{10} = 0{,}5 \text{ s}.$$

e) Ortskurve der Gesamt-Übertragungsfunktion

Der Verlauf der Ortskurve $F(j\omega)$ läßt sich qualitativ aus dem Bode-Diagramm gewinnen (Bild L 5-2d), wobei durch Bildung von Grenzwerten Asymptoten berechnet werden. Mit (8) folgt durch Zerlegung in Real- und Imaginärteil

$$F(j\omega) = \frac{1}{j\omega T_2} \frac{1 + j\omega T_2}{1 + j\omega T_3} = \frac{T_2 - T_3}{T_2} \frac{1}{1 + (\omega T_3)^2} - j \frac{1}{\omega T_2} \frac{1 + \omega^2 T_2 T_3}{1 + (\omega T_3)^2} .$$

Somit gilt

$$\lim_{\omega \to 0} \operatorname{Re}(F) = \frac{T_2 - T_3}{T_2}, \quad \operatorname{Im}(F) \to -\infty,$$

$$\lim_{\omega \to \infty} |F| = 0, \qquad \lim_{\omega \to \infty} \varphi = -\frac{\pi}{2}.$$

Die Ortskurve mündet also aus der Richtung der negativen imaginären Achse kommend in den Ursprung.

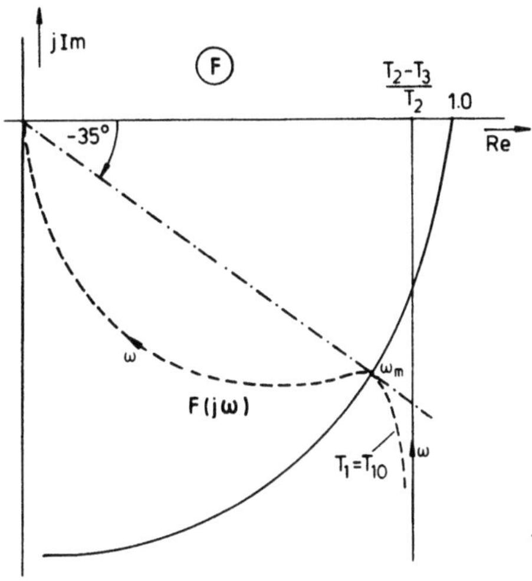

Bild L 5-2d

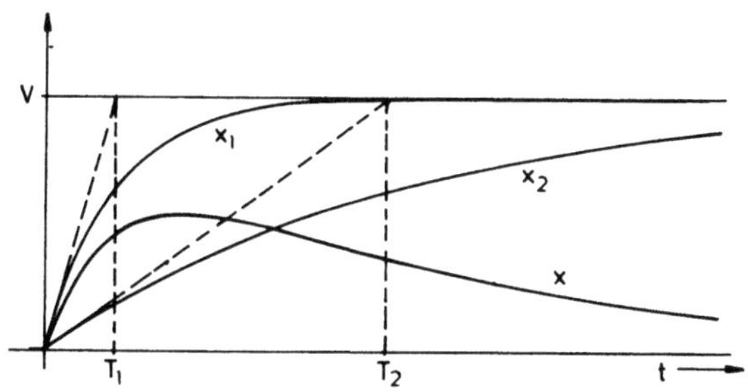

Bild L 5-3b

Lösung zu Aufgabe 5-3: Differenzierglied mit Verzögerung

a) Sprungantwort

Bild L 5-3b zeigt die beiden Sprungantworten

$$x_1(t) = V\left(1 - e^{-\frac{t}{T_1}}\right), \tag{1}$$

$$x_2(t) = V\left(1 - e^{-\frac{t}{T_2}}\right).$$

Die Differenz

$$x(t) = x_1 - x_2 = V\left(e^{-\frac{t}{T_2}} - e^{-\frac{t}{T_1}}\right) \tag{2}$$

strebt dem Endwert Null zu,

$$\lim_{t \to \infty} x(t) = 0;$$

somit handelt es sich um ein verzögertes Differenzierglied.

b) Übertragungsfunktion

Als Übertragungsfunktion erhält man

$$\frac{X}{Y}(p) = \frac{X_1 - X_2}{Y} = \frac{V}{T_1 p + 1} - \frac{V}{T_2 p + 1} = V \frac{(T_2 - T_1)p}{(T_1 p + 1)(T_2 p + 1)} \quad . \tag{3}$$

Nullstelle im Ursprung (p = 0),

$$\text{Pole bei } p = -\frac{1}{T_1}\,, \quad -\frac{1}{T_2}\,.$$

Das Übertragungsverhalten entspricht einem DT_2-Glied.

c) Ortskurve

Aus (3) entsteht durch Umformung

$$F(p) = V \frac{(T_2 - T_1)p}{T_1 T_2 p^2 + (T_1 + T_2)p + 1} = \frac{V}{\frac{T_2 + T_1}{T_2 - T_1} + \left[\frac{T_1 T_2}{T_2 - T_1} p + \frac{1}{(T_2 - T_1)p}\right]} \,.$$

Mit $p = j\omega$ folgt

$$F(j\omega) = \frac{V}{\frac{T_2 + T_1}{T_2 - T_1} + j\left[\omega \frac{T_1 T_2}{T_2 - T_1} - \frac{1}{\omega(T_2 - T_1)}\right]} \,. \tag{4}$$

Die Nennerfunktion $N(j\omega)$ entspricht in der komplexen Ebene einer Geraden parallel zur imaginären Achse. Daraus folgt durch Spiegelung am Einheitskreis eine kreisförmige Ortskurve für $F(j\omega)$ (Bild L 5-3c). Für $\omega = 1/\sqrt{T_1 T_2} = \omega_0$ ist $F(j\omega_0)$ reell.

d) Bode-Diagramm

In Bild L5-3d ist das Bode-Diagramm gezeichnet. Die Asymptoten des Betragsverlaufs setzen sich gemäß (3) aus drei Geraden zusammen.

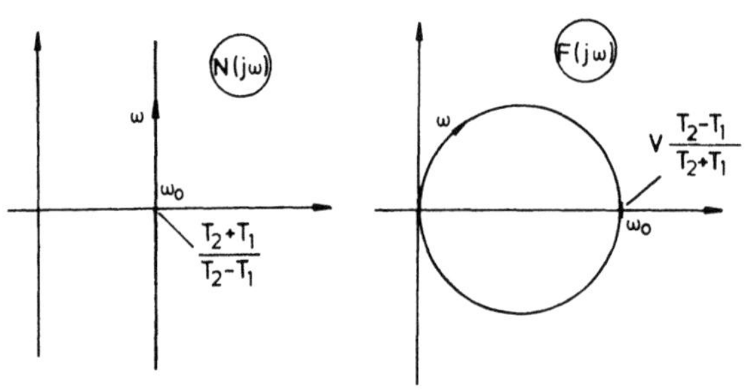

Bild L 5-3c

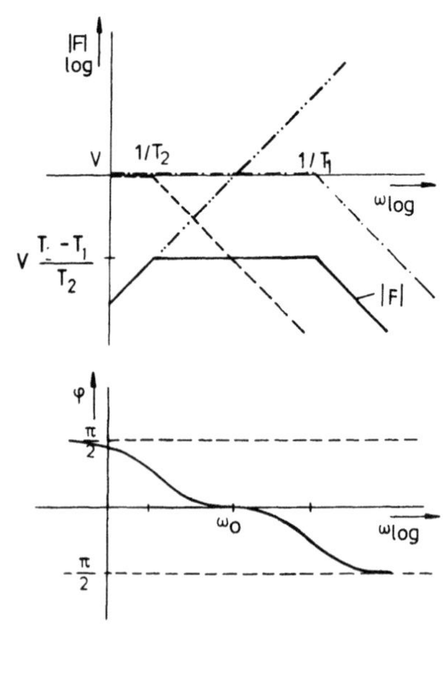

Bild L 5-3d

Lösung zu Aufgabe 6-1: Elektronischer Rechenverstärker mit frequenzabhängiger Strom-Gegenkopplung

a) Berechnung der Übertragungsfunktion

Zur Berechnung der Übertragungsfunktion wird die verallgemeinerte Schaltung in Bild L 6-1c betrachtet.

In den beiden Vierpolen E und R sind die passiven, frequenzabhängigen Bauelemente zusammengefaßt. Wegen $U_0 \approx 0$ interessieren die Übertragungsimpedanzen der Vierpole bei sekundärem Kurzschluß,

$$Z_{ek} = \frac{U_1}{I_{1k}} \tag{1}$$

$$Z_{rk} = \frac{U_2}{I_{2k}} \,. \tag{2}$$

Wegen $I_0 \approx 0$ ist weiterhin $I_{1k} \approx I_{2k}$, also

$$I_{1k} = \frac{U_1}{Z_{ek}} \approx I_{2k} = \frac{U_2}{Z_{rk}}. \tag{3}$$

Daraus erhält man die Übertragungsfunktion

$$F(p) = \frac{U_2}{U_1}(p) = \frac{Z_{rk}}{Z_{ek}}(p)\,. \tag{4}$$

Für beide Schaltungen nach Bild 6-1a, b gilt

$$Z_{ek} = R_1\,, \tag{5}$$

während Z_{rk} nach Bild L 6-1d zu berechnen ist.

$$I_{2k} = \frac{U_3}{Z_1} = \frac{1}{Z_1}\,\frac{\dfrac{Z_1 Z_3}{Z_1 + Z_3}}{Z_2 + \dfrac{Z_1 Z_3}{Z_1 + Z_3}}\,U_2 = \frac{Z_3}{Z_1 Z_2 + Z_1 Z_3 + Z_2 Z_3}\,U_2\,. \tag{6}$$

Somit gilt

$$Z_{rk} = \frac{U_2}{I_{2k}} = \frac{1}{Z_3}(Z_1 Z_2 + Z_1 Z_3 + Z_2 Z_3) = \frac{Z_1 Z_2}{Z_3} + Z_1 + Z_2\,. \tag{7}$$

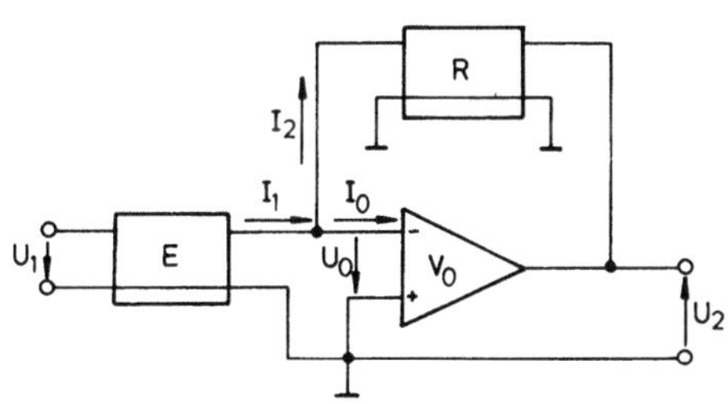

Bild L 6-1c

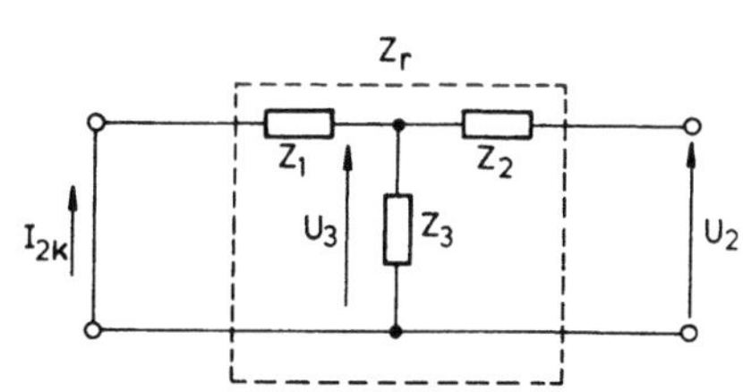

Bild L 6-1d

Die Übertragungsfunktion ist somit

$$F(p) = \frac{1}{R_1}\left(\frac{Z_1 Z_2}{Z_3} + Z_1 + Z_2\right). \tag{8}$$

Für die Schaltung in Bild 6-1a gilt

$$F(p) = \frac{1}{R_1}\left(\frac{R_2^2/4}{R_3 + \frac{1}{C_2 p}} + R_2\right) = \frac{R_2}{R_1}\,\frac{(R_3 + R_2/4)C_2 p + 1}{R_3 C_2 p + 1} = V\,\frac{k\,Tp + 1}{Tp + 1}, \tag{9}$$

$$\text{mit}\quad V = \frac{R_2}{R_1}, \qquad T = R_3 C_2, \qquad k = 1 + \frac{R_2}{4R_3}\,.$$

Die Übertragungsfunktion entspricht dem eines PDT-Gliedes; der Vorhalt entsteht durch die verzögerte Gegenkopplung. Ortskurve $F(j\omega)$ und Sprungantwort $w(t)$ sind in Abs. 3.1.3 des Lehrbuches und in Aufgabe 3-1, Fall $k > 1$, behandelt.

Für die Schaltung in Bild 6-1b gilt

$$Z_{ek} = R_1,$$

$$Z_1 = R_3 + \frac{1}{C_3 p} = \frac{R_3 C_3 p + 1}{C_3 p} \tag{10}$$

$$Z_2 = R_4$$

$$Z_3 = R_5 + \frac{1}{C_4 p} = \frac{R_5 C_4 p + 1}{C_4 p}\,.$$

Da der Gegenkopplungsvierpol von der Spannung αU_2 gespeist wird, erhält man mit $I_{rk} = \alpha U_2 / Z_{rk}$ anstelle von Gl. (8)

$$F(p) = \frac{1}{\alpha R_1}\left(\frac{Z_1 Z_2}{Z_3} + Z_1 + Z_2\right). \tag{11}$$

Einsetzen von (10) ergibt

$$F(p) = \frac{1}{\alpha R_1}\,\frac{R_4 C_4 p(R_3 C_3 p + 1) + R_4 C_3 p\,(R_5 C_4 p + 1) + (R_3 C_3 p + 1)\,(R_5 C_4 p + 1)}{C_3 p\,(R_5 C_4 p + 1)}\,.$$

Mit den Vereinfachungen

$$R_5 \ll R_4 \ll R_3 \quad \text{und} \quad C_3 \ll C_4$$

und den Abkürzungen

$$R_3 C_3 = T_i, \quad R_4 C_4 = T_v, \quad R_5 C_4 = T_v', \quad \frac{R_3}{\alpha R_1} = V$$

folgt daraus die Näherung

$$F(p) = \frac{U_2}{U_1} \approx V\,\frac{T_i p + 1}{T_i p}\,\frac{T_v p + 1}{T_v' p + 1}\,. \tag{12}$$

Dies entspricht der Übertragungsfunktion eines PID(T)-Gliedes. Die parasitäre Verzögerung T_v' wird durch Wahl von $R_5 \ll R_4$ geeignet festgelegt. Die Produktform von $F(p)$

läßt erkennen, daß man die Übertragungsstrecke als Kettenschaltung eines PI- und eines PD(T)-Gliedes deuten kann.

b) Ortskurve
Die Ortskurve des PID(T)-Gliedes ist in Bild L 6-1e gezeichnet. Die Asymptote für $p \to 0$ folgt aus einer Reihenentwicklung des Nenners

$$F(p)\Big|_{p\to 0} \to V\,\frac{(T_i p + 1)\,(T_v p + 1)\,(-T_v' p + 1)}{T_i p}\,.$$

Somit gilt

$$\lim_{\omega\to 0} \operatorname{Re}(F(j\omega)) = V\left(1 + \frac{T_v - T_v'}{T_i}\right).$$

Bei hohen Frequenzen ($|T_i p| \gg 1$) nähert sich die Ortskurve dem kreisförmigen Verlauf der Ortskurve eines PD(T)-Gliedes. Der Endpunkt $F(\infty)$ liegt bei $V\,T_v/T_v'$.

c) Sprungantwort
Die zur Schaltung in Bild 6-1b gehörige Sprungantwort ist in Bild L 6-1f dargestellt. t.
Für ihre Berechnung wird die Bildfunktion

$$W(p) = \frac{F(p)}{p} = V\,\frac{(T_i p + 1)}{T_i p}\,\frac{T_v p + 1}{T_v' p + 1}\,\frac{1}{p} \tag{13}$$

in Partialbrüche zerlegt,

$$W(p) = V\left[\frac{1}{T_i p^2} + \frac{1 + \dfrac{T_v - T_v'}{T_i}}{p} + \frac{1}{T_i}\,\frac{(T_i - T_v')\,(T_v - T_v')}{T_v' p + 1}\right], \tag{14}$$

und gliedweise in den Zeitbereich zurücktransformiert,

$$\begin{aligned} w(t) &= L^{-1}(W(p)) = \\ &= V\left[\frac{t}{T_i} + \left(1 + \frac{T_v - T_v'}{T_i}\right) + \frac{(T_i - T_v')\,(T_v - T_v')}{T_i T_v'}\,e^{-t/T_v'}\right]. \end{aligned} \tag{15}$$

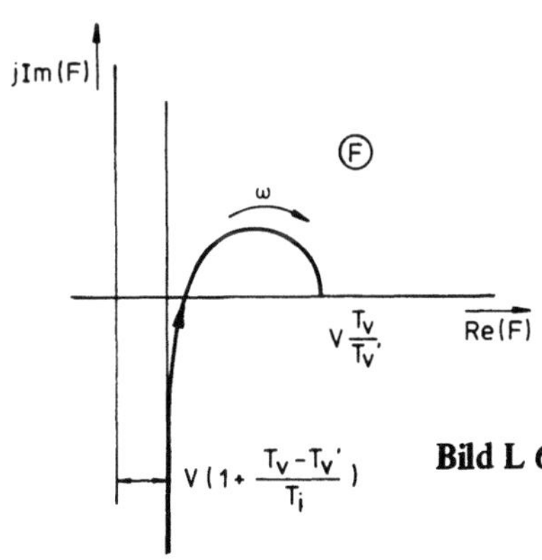

Bild L 6-1e

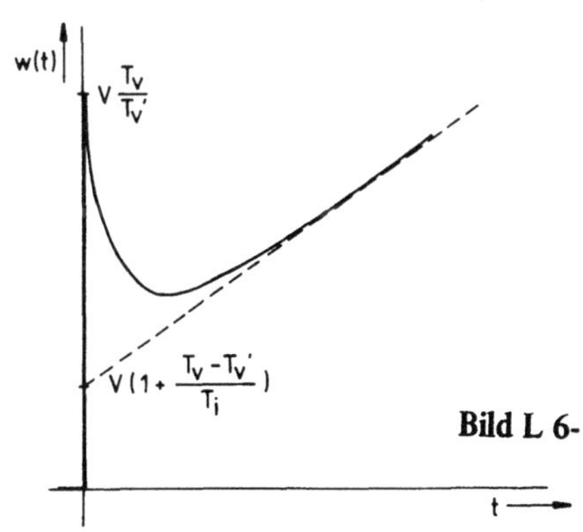

Bild L 6-1f

Lösung zu Aufgabe 6-2: Analogrechner-Schaltung

a) Übertragungsfunktionen

Wegen der als ideal anzunehmenden Verstärker ist die Übertragungsfunktion der Schaltung nur von den passiven Bauelementen abhängig. Damit ergeben sich folgende Einzelübertragungsfunktionen

$$F_1(p) = \frac{U_2}{U_1}(p) = \frac{1/C_1 p}{R} = \frac{1}{RC_1 p} = \frac{1}{T_1 p} \text{ mit } T_1 = RC_1, \tag{1}$$

$$F_2(p) = \frac{U_3}{U_2}(p) = \frac{R/Cp}{R + 1/Cp}\frac{1}{R} = \frac{1}{RCp + 1} = \frac{1}{Tp + 1} \text{ mit } T = RC, \tag{2}$$

$$F_3(p) = \frac{U_4}{U_3}(p) = \frac{2R}{R} = 2. \tag{3}$$

Die Kettenschaltung hat bei geöffnetem Schalter die Eigenschaften eines verzögerten Integrators (IT_1)

$$\frac{U_4(p)}{U_1(p)} = F_k(p) = F_1 F_2 F_3(p) = \frac{2}{T_1 p(Tp + 1)} \ . \tag{4}$$

Bild L 6-2b zeigt das zugehörige Blockschaltbild.

b) Übertragungsfunktion des rückgekoppelten Kreises

Bei geschlossenem Schalter S überlagert sich dem Eingangsstrom U_1/R ein Rückkopplungsstrom $-U_4/R$,

$$U_2(p) = F_1(p)[U_1(p) - U_4(p)]. \tag{5}$$

Das negative Vorzeichen folgt aus der Definition von U_4.

Mit (2) und (3) lassen sich U_2 und U_3 eliminieren.

$$U_4(p) = F_2 F_3(p) U_2(p) = F_2 F_3 F_1(p)[U_1(p) - U_4(p)] = F_k(p)[U_1(p) - U_4(p)]. \tag{6}$$

Damit wird die Übertragungsfunktion des geschlossenen Kreises

$$F_g(p) = \frac{U_4}{U_1}(p) = \frac{F_k(p)}{1 + F_k(p)} = \frac{1}{\frac{1}{2}T_1 T p^2 + \frac{1}{2}T_1 p + 1} \ . \tag{7}$$

Durch Gegenkopplung des verzögerten Integrators entsteht somit ein Verzögerungsglied zweiter Ordnung (PT_2).

c) Eigenfrequenz und Dämpfung

Die Normalform der Übertragungsfunktion eines PT_2-Gliedes ist

$$F(p) = \frac{1}{\left(\frac{p}{\omega_0}\right)^2 + 2D\frac{p}{\omega_0} + 1} \ . \tag{8}$$

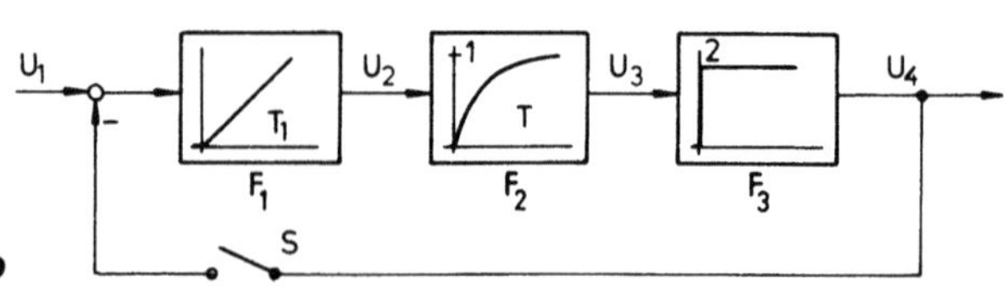

Bild L 6-2b

Durch Koeffizientenvergleich mit (7) folgen

$$\text{Eigenfrequenz} \quad \omega_0 = \sqrt{\frac{2}{T_1 T}} = \frac{1}{R}\sqrt{\frac{2}{C_1 C}}, \tag{9}$$

$$\text{Dämpfung} \quad D = \frac{1}{2}\sqrt{\frac{T_1}{2T}} = \sqrt{\frac{C_1}{8C}}. \tag{10}$$

Die Forderung $D = 1/\sqrt{2}$ führt somit auf $C_1 = 4C$.

d) Wurzelortskurve

Die beiden Pole der Übertragungsfunktion (8) sind

$$p_{1,2} = \omega_0 \left(-D \pm j\sqrt{1 - D^2}\right), \tag{11}$$

oder mit (9) und (10)

$$2Tp_{1,2} = -1 \pm j\sqrt{\frac{8C}{C_1} - 1}. \tag{12}$$

Bild L 6-2c zeigt die Wurzelortskurve in der 2Tp-Ebene für variables C_1.

Bild L 6-2c

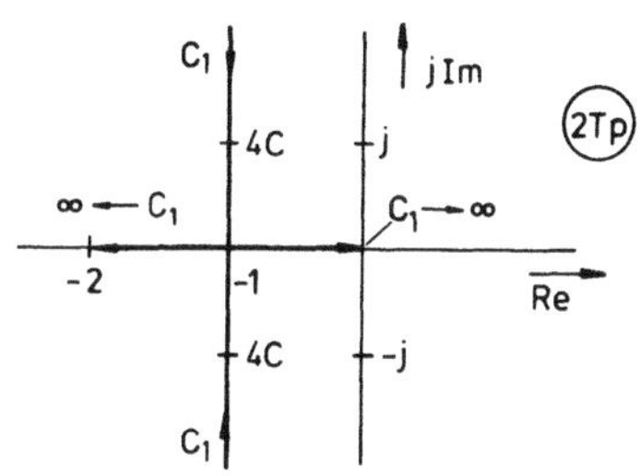

Lösung zu Aufgabe 6-3: RC-Generator

a) Übertragungsfunktion des aufgeschnittenen Kreises

Bei Annahme idealer Rechenverstärker gelten folgende Teil-Übertragungsfunktionen

$$\frac{U_2}{U_1}(p) = F_1(p) = \frac{R_1}{R} = V_1; \tag{1}$$

$$\frac{U_3}{U_2}(p) = F_2(p) = \frac{\dfrac{R/Cp}{R + 1/Cp}}{R + 1/Cp + \dfrac{R/Cp}{R + 1/Cp}} =$$

$$= \frac{\dfrac{R}{RCp + 1}}{\dfrac{RCp + 1}{Cp} + \dfrac{R}{RCp + 1}} = \frac{RCp}{(RCp + 1)^2 + RCp} =$$

$$= \frac{Tp}{(Tp)^2 + 3Tp + 1}, \quad RC = T; \tag{2}$$

$$\frac{U_4}{U_3} = F_3(p) = \frac{R_3}{R} = V_3. \tag{3}$$

Wegen der rückwirkungsfreien Kopplung gilt

$$F(p) = \frac{U_4}{U_1} = F_1 F_2 F_3 = V_1 V_3 \frac{Tp}{(Tp)^2 + 3Tp + 1}. \tag{4}$$

Es handelt sich somit um eine Übertragungsstrecke mit DT_2-Verhalten. Für $p = j\omega$ folgt durch Umrechnung

$$F(j\omega) = V_1 V_3 \frac{1}{3 + j\left(\omega T - \frac{1}{\omega T}\right)}. \tag{5}$$

Die Ortskurve der Nennerfunktion $N(j\omega)$ ist eine Parallele zur imaginären Achse im Abstand 3; als Ortskurve für $F(j\omega)$ ergibt sich somit ein Kreis mit dem Durchmesser $V_1 V_3/3$. (Bild L 6-3b).

b) Sprungantwort

Die Sprungantwort wird im Bildbereich berechnet.

Mit $U_1 = \frac{U_0}{p}$ gilt

$$\frac{U_4}{U_0} = W(p) = V_1 V_3 T \frac{1}{(Tp)^2 + 3Tp + 1} =$$

$$= \frac{V_1 V_3}{T} \frac{1}{p^2 + \frac{3}{T}p + \frac{1}{T^2}} = \frac{V_1 V_3}{T} \frac{1}{(p - p_1)(p - p_2)}. \tag{6}$$

Mit den reellen Polen

$$p_{1,2} = \frac{1}{2T}(-3 \pm \sqrt{5})$$

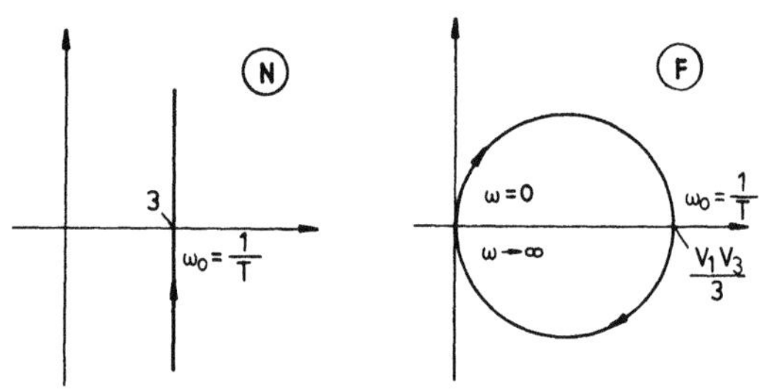

Bild L 6-3b

ergibt sich durch Partialbruchzerlegung

$$W(p) = \frac{V_1 V_3}{\sqrt{5}} \left(\frac{1}{p - p_1} - \frac{1}{p - p_2}\right) \tag{7}$$

und Rücktransformation in den Zeitbereich

$$w(t) = L^{-1}(W(p)) = \frac{2}{\sqrt{5}} V_1 V_3 e^{-\frac{3}{2}\frac{t}{T}} \sin h \frac{\sqrt{5}}{2} \frac{t}{T}. \tag{8}$$

Der Verlauf dieser Kurve ist in Bild L 6-3c skizziert.

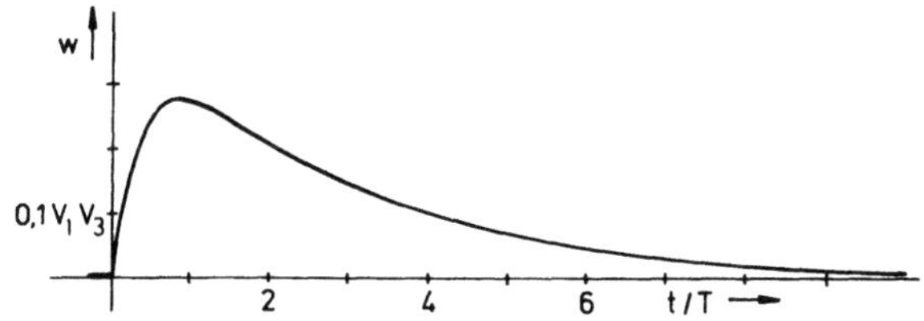

Bild L 6-3c

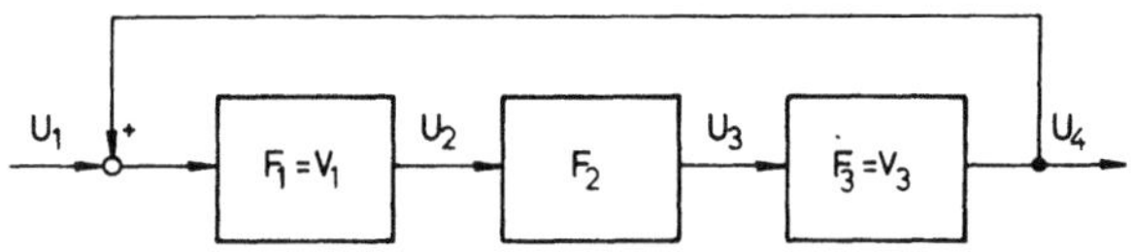

Bild L 6-3d

c) Übertragungsfunktion der rückgekoppelten Schaltung
Bei geschlossenem Schalter erhält man das in Bild L 6-3d gezeichnete Blockschaltbild eines mitgekoppelten Systems.

Die Übertragungsfunktion des geschlossenen Kreises lautet

$$\frac{U_4}{U_1}(p) = F_g(p) = \frac{V_1 V_3 F_2}{1 - V_1 V_3 F_2} = \frac{V_1 V_3 Tp}{(Tp)^2 + (3 - V_1 V_3)\,Tp + 1}\,. \tag{9}$$

d) Selbsterregte Schwingung
Ein imaginäres Polpaar von $F_g(p)$ ergibt sich für

$$V_1 V_3 = \frac{R_1}{R}\,\frac{R_3}{R} = 3, \quad F_g(p) = \frac{3\,Tp}{(Tp)^2 + 1}\,. \tag{10}$$

Die Frequenz der entstehenden Schwingung ist

$$f_0 = \frac{1}{2\pi}\,\omega_0 = \frac{1}{2\pi T} = \frac{1}{2\pi}\,\frac{1}{RC}\,. \tag{11}$$

Da die Frequenz nur durch den RC-Vierpol bestimmt wird, bezeichnet man eine solche Schaltung auch als RC-Generator. Die Dauerschwingung entsteht ohne äußere Anregung, d. h. für $U_1 = 0$.

Lösung zu Aufgabe 6-4: Elektronischer Rechenverstärker mit frequenzabhängiger Spannungsgegenkopplung

a) Übertragungsfunktion
Für den ideal anzunehmenden Verstärker gilt

$$U_1 = U_0 + U_3 \approx U_3 \tag{1}$$

$$U_3 \approx \frac{Z_2}{Z_1 + Z_2}\,U_2\,, \tag{2}$$

wobei Z_1, Z_2 die Impedanzen der Gegenkopplungsschaltung sind. Somit folgt

$$F(p) = \frac{U_2}{U_1}(p) \approx \frac{Z_1 + Z_2}{Z_2} \tag{3}$$

Für die Impedanzen erhält man

$$Z_1 = R_1 + \frac{1}{C_1 p} = \frac{R_1 C_1 p + 1}{C_1 p} \ , \tag{4}$$

$$Z_2 = \frac{1}{\frac{1}{R_2} + C_2 p} = \frac{R_2}{R_2 C_2 p + 1} \ . \tag{5}$$

Einsetzen in (3) ergibt

$$F(p) \approx 1 + \frac{Z_1}{Z_2} = 1 + \frac{(R_1 C_1 p + 1)(R_2 C_2 p + 1)}{R_2 C_1 p}$$

$$= \frac{R_1 C_1 R_2 C_2 p^2 + (R_1 C_1 + R_2 C_1 + R_2 C_2)\, p + 1}{R_2 C_1 p} \ . \tag{6}$$

Wegen $m > n$ handelt es sich bei dieser Übertragungsfunktion eines idealen PID-Gliedes um eine nur in einem begrenzten Frequenzbereich gültige Näherung. Bei Berücksichtigung der nichtidealen Verstärkereigenschaften kommen parasitische Verzögerungen hinzu.

b) Ortskurve

Durch Umformung entsteht aus (6) der Ausdruck

$$F(p) \approx \left(1 + \frac{R_1}{R_2} + \frac{C_2}{C_1}\right) + R_1 C_2 p + \frac{1}{R_2 C_1 p} \ . \tag{7}$$

Die Ortskurve ist das Bild der imaginären p-Achse in der F-Ebene,

$$F(j\omega) \approx \left(1 + \frac{R_1}{R_2} + \frac{C_2}{C_1}\right) + j\left(\omega R_1 C_2 - \frac{1}{\omega R_2 C_1}\right) \ . \tag{8}$$

Da der Realteil unabhängig von ω ist und der Imaginärteil im Bereich $-\infty < \mathrm{Im}(F) < \infty$ alle Werte annehmen kann, ist die Ortskurve eine zur imaginären Achse parallele Gerade (Bild L 6-4b). Der Imaginärteil wird Null für

$$\omega = \frac{1}{\sqrt{R_1 C_1 R_2 C_2}} = \omega_0 .$$

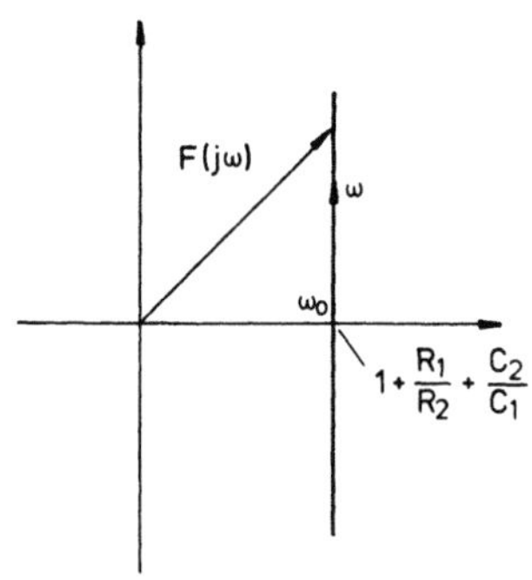

Bild L 6-4b

c) Sprungantwort

Die Sprungantwort wird im Bildbereich berechnet.

$$\text{Mit } U_1(p) = \frac{U}{p} \tag{9}$$

erhält man

$$U_2(p) = F(p)\, U_1(p) = U\, W(p). \tag{10}$$

Daraus folgt mit (7)

$$W(p) = \frac{F(p)}{p} \approx R_1 C_2 + \left(1 + \frac{R_1}{R_2} + \frac{C_2}{C_1}\right)\frac{1}{p} + \frac{1}{R_2 C_1 p^2}. \tag{11}$$

Die Rücktransformation in den Zeitbereich ergibt

$$w(t) \approx \frac{R_1 C_2}{1s}\,\delta(t) + \left(1 + \frac{R_1}{R_2} + \frac{C_2}{C_1}\right) s(t) + \frac{1s}{R_2 C_1}\, r(t),$$

entsprechend den Anteilen der Sprungfunktion eines idealen PID-Reglers (Bild L 6-1f mit $T_v' \to 0$).

Lösung zu Aufgabe 7-1: Laufzeitglieder mit Rückkopplung

a) Übertragungsfunktionen

Die Übertragungsfunktionen lauten

$$F_{g1}(p) = \frac{e^{-2Tp}}{1 + V e^{-2Tp}}, \tag{1}$$

$$F_{g2}(p) = \frac{e^{-Tp}}{1 + V e^{-2Tp}} = e^{Tp} F_{g1}(p).$$

Stabilität und Dämpfung werden durch die Pole der Übertragungsfunktion, d. h. die Nullstellen der Nennerfunktion bestimmt,

$$N_g(p) = 1 + V e^{-2Tp} = 0. \tag{2}$$

Es handelt sich dabei um eine transzendente Gleichung mit unendlich vielen Lösungen. Mit $p = \sigma + j\omega$ erhält man

$$\begin{aligned} N_g(p) &= 1 + V e^{-2T\sigma} e^{-j2T\omega} = \\ &= 1 + V e^{-2T\sigma}(\cos 2\omega T - j \sin 2\omega T) = \\ &= 1 + V e^{-2T\sigma} \cos 2\omega T - j V e^{-2T\sigma} \sin 2\omega T = \\ &= u(\omega) + j\, v(\omega) = 0. \end{aligned} \tag{3}$$

Am Ort der Nullstellen müssen die Gleichungen

$$u(\omega) = 0, \quad v(\omega) = 0$$

gleichzeitig erfüllt sein. Wegen $v(\omega) = 0$ gilt

$$\sin 2\omega T = 0, \quad \text{oder}$$

$$2\omega T = k\pi, \quad k = 0, \ \pm 1, \ \pm 2, \ldots$$

Damit wird

$$\begin{aligned} \cos 2\omega T = \cos k\pi &= 1, \quad k \text{ gerade,} \\ &= -1, \quad k \text{ ungerade.} \end{aligned} \tag{4}$$

Aus $u(\omega) = 0$ folgt

$$e^{-2T\sigma} = -\frac{1}{V \cos 2\omega T} > 0. \tag{5}$$

Da die Exponentialfunktion mit reellem Exponenten reell und positiv ist, kommen wegen $V > 0$ als Lösungen nur ungerade Werte von k in Frage. Die Pole der Übertragungsfunktionen sind somit

$$Tp_\nu = T\sigma_\nu \pm j\, T\omega_\nu = \ln\sqrt{V} \pm j(2\nu-1)\frac{\pi}{2}, \quad \nu = 1, 2, \dots . \tag{6}$$

Man erhält also unendlich viele Pole, die für konstante Werte von V im Abstand π auf einer Parallelen zur imaginären Achse der Tp-Ebene liegen (Bild L 7-1b). Der Realteil $T\sigma_\nu$, der die Stabilität bestimmt, ist nur von der Verstärkung V abhängig.

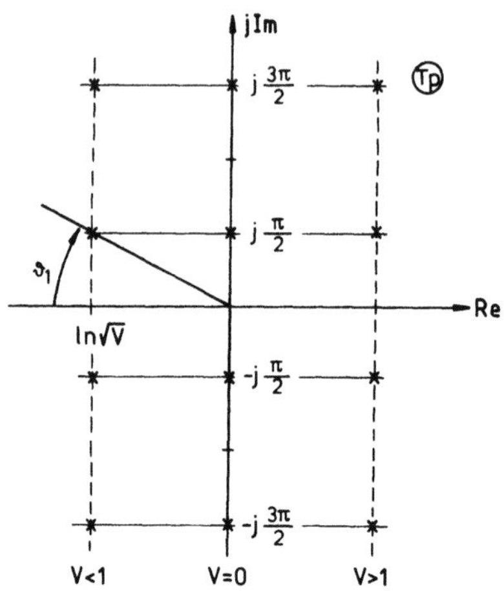

Bild L 7-1b

Stabilität liegt somit nur für $V < 1$ vor. Der Winkel ϑ_1 des dominierenden Polpaars bestimmt die Dämpfung der Einschwingvorgänge,

$$D_1 = \cos\vartheta_1 = \frac{|\sigma_1|}{\sqrt{\sigma_1^2 + \omega_1^2}} = \frac{-\ln\sqrt{V}}{\sqrt{(\ln\sqrt{V})^2 + (\pi/2)^2}} = \frac{1}{\sqrt{1 + \left(\frac{\pi}{\ln V}\right)^2}} \tag{7}$$

b) Schwingungsanteile

Im Stabilitätsgrenzfall ($V = 1$) liegen die Pole auf der imaginären Achse der Tp-Ebene,

$$Tp_\nu = \pm j(2\nu - 1)\frac{\pi}{2}, \quad \nu = 1, 2, \dots \tag{8}$$

Die zugehörigen zeitlichen Vorgänge entsprechen somit einer Fourierreihe der Form

$$x_2(t) = \sqrt{2}\sum_{\nu=1,3,\dots}^{\infty} X_{2\nu}\cos\left[(2\nu-1)\frac{\pi}{2}\frac{t}{T} + \varphi_\nu\right] . \tag{9}$$

c) Schrittweise Berechnung der Sprungantwort

Die Berechnung der Sprungantwort $x_2(t)$ kann schrittweise erfolgen, da alle Variablen einen stufenförmigen Verlauf haben; die Länge der Stufen entspricht der gesamten Laufzeit 2T. Mit den Hilfsgrößen

$$
\begin{aligned}
x_2(t) &= x_3(t-2T),\\
x_3(t) &= x_1 - x_4(t) = 1 - x_4(t),\ t \geqslant 0, \qquad (10)\\
x_4(t) &= V\,x_2(t),\\
y(t) &= x_3(t-T)
\end{aligned}
$$

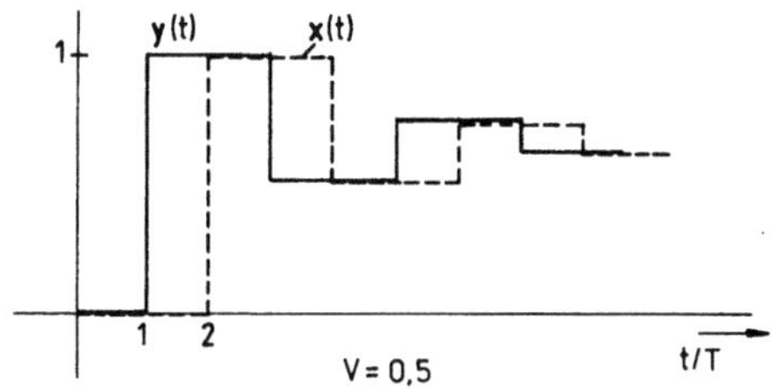

folgt

$t = 0$	$t = 2T$	$t = 4T$	$t = 6T$
$x_1 = 1$	$x_1 = 1$	$x_1 = 1$	$x_1 = 1$
$x_2 = 0$	$x_2 = 1$	$x_2 = 1 - V$	$x_2 = 1 - V + V^2$
$x_3 = 1$	$x_3 = 1 - V$	$x_3 = 1 - V + V^2$	$x_3 = 1 - V + V^2 - V^3$, usw.

Bild L 7-1c

Für $V < 1$ erhält man somit eine konvergierende, für $V > 1$ eine divergierende geometrische Reihe. Der für $V < 1$ sich einstellende stationäre Endwert ist

$$\lim_{t \to \infty} x_2(t) = \frac{1}{1+V}\,. \qquad (11)$$

Die Kurven sind in Bild L 7-1c bis e dargestellt.

Die Zwischengröße $y(t)$ hat den gleichen Verlauf wie $x_2(t)$, sie ist gegen diese um T zeitlich versetzt.

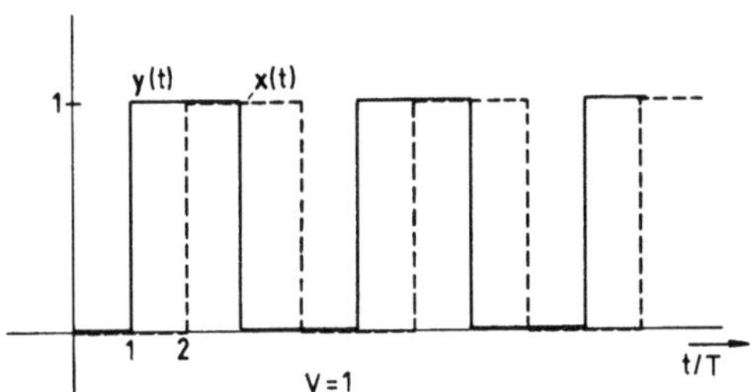

Bild L 7-1d

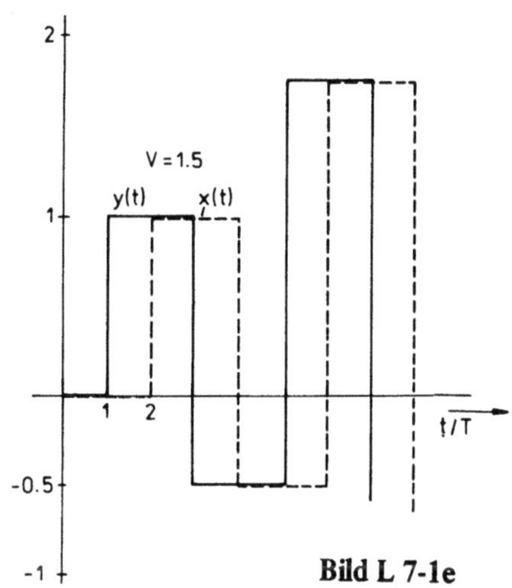

Bild L 7-1e

Lösung zu Aufgabe 7-2: Stabilisierung eines Lichtbogens durch Regelung

a) Differentialgleichung

Die Maschengleichung lautet

$$L\frac{di}{dt} + Ri + u = u_0(t). \qquad (2)$$

Daraus folgt durch Ergänzung und mit (1)

$$\frac{L}{R}\,\frac{d\left(\frac{i}{I_B}\right)}{dt} + \frac{i}{I_B} + \frac{U_B}{RI_B}\,\frac{1}{i/I_B} = \frac{U_B}{RI_B}\,\frac{u_0}{U_B}\,. \qquad (3)$$

Mit den Abkürzungen

$$\frac{i}{I_B} = x, \quad \frac{u_0}{U_B} = y, \quad \frac{L}{R} = T, \quad \frac{U_B}{RI_B} = k$$

erhält man eine normierte nichtlineare Differentialgleichung

$$T\frac{dx}{dt} + x + \frac{k}{x} = k\,y. \tag{4}$$

b) Linearisierung

Die Gleichung soll in der Nähe des Arbeitspunktes i_1, u_1 linearisiert werden. Hierfür gilt der Ansatz

$$\frac{i}{I_B} = \frac{i_1 + \Delta i}{I_B} = x_1 + \Delta x,$$

$$\frac{u_0}{U_B} = \frac{u_{01} + \Delta u_0}{U_B} = y_1 + \Delta y. \tag{5}$$

Gl. (4) muß am Arbeitspunkt erfüllt sein

$$x_1 + \frac{k}{x_1} = k\,y_1; \tag{6}$$

außerdem muß gelten

$$T\frac{d(\Delta x)}{dt} + \frac{\partial}{\partial x}\left(x + \frac{k}{x}\right)\bigg|_1 \Delta x = k\Delta y.$$

Daraus folgt die linearisierte Differentialgleichung

$$T\frac{d(\Delta x)}{dt} + \left(1 - \frac{k}{x_1^2}\right)\Delta x = k\,\Delta y,$$

in Normalform,

$$T_1\frac{d(\Delta x)}{dt} + \Delta x = V_1\,\Delta y. \tag{7}$$

Dabei ist

$$\frac{T}{1 - \frac{k}{x_1^2}} = T_1, \quad \frac{k}{1 - \frac{k}{x_1^2}} = V_1. \tag{8}$$

Die zugehörige Übertragungsfunktion ist

$$F(p) = \frac{L(\Delta x)}{L(\Delta y)} = \frac{V_1}{T_1 p + 1}. \tag{9}$$

c) Stabilitätsbedingung

Der Pol der Übertragungsfunktion befindet sich bei $p = -1/T_1$. Die mit konstanter Speisespannung betriebene Schaltung ist somit für

$$T_1 = \frac{T}{1 - \frac{k}{x_1^2}} > 0 \tag{10}$$

stabil. Daraus folgt als Stabilitätsbedingung $x_1^2 > k$. Durch Einsetzen der Normierungsgrößen findet man

$$i_1^2 R > U_B I_B = u\,i. \tag{11}$$

Um Stabilität des ungeregelten Lichtbogens zu erzielen, muß also die im Widerstand R entstehende Verlustleistung größer als die im Lichtbogen genutzte Leistung sein; dies erfordert im allgemeinen die Verwendung eines Vorwiderstandes. Der damit erreichbare Wirkungsgrad ist gering, $\eta < 0{,}5$.

d) Kennlinien und Ortskurven

Die Zeitkonstante T_1 und die Verstärkung V_1 sind gemäß (8) in gleicher Weise vom Widerstand R abhängig

$$T_1 = \frac{L/R}{1 - \frac{U_B}{RI_B}\left(\frac{I_B}{i_1}\right)^2} = \frac{L}{U_B/I_B}\,\frac{1}{\frac{RI_B}{U_B} - \left(\frac{I_B}{i_1}\right)^2},$$

$$V_1 = \frac{\frac{U_B}{RI_B}}{1 - \frac{U_B}{RI_B}\left(\frac{I_B}{i_1}\right)^2} = \frac{1}{\frac{RI_B}{U_B} - \left(\frac{I_B}{i_1}\right)^2}. \tag{12}$$

Somit gilt für alle R

$$\frac{T_1}{V_1} = \frac{L}{U_B/I_B} = T_0. \tag{13}$$

Der Stabilitätsgrenzfall liegt für $T_1 \to \infty$, $V_1 \to \infty$, d. h. bei

$$R = R_s = \frac{U_B}{I_B}\left(\frac{I_B}{i_1}\right)^2 \tag{14}$$

vor; hier gilt

$$F(p) = \frac{1}{T_0 p}. \tag{15}$$

Wenn der Pol $-1/T_1$ durch den Ursprung wandert, stellt sich somit ein integrierendes Verhalten ein.

In Bild L 7-2c sind die „Widerstandsgeraden“ $u_{01} - Ri$ für drei verschiedene Fälle aufgetragen. Im Stabilitätsgrenzfall erhält man die Tangente an die Lichtbogenkennlinie u (i) im Arbeitspunkt i_1.

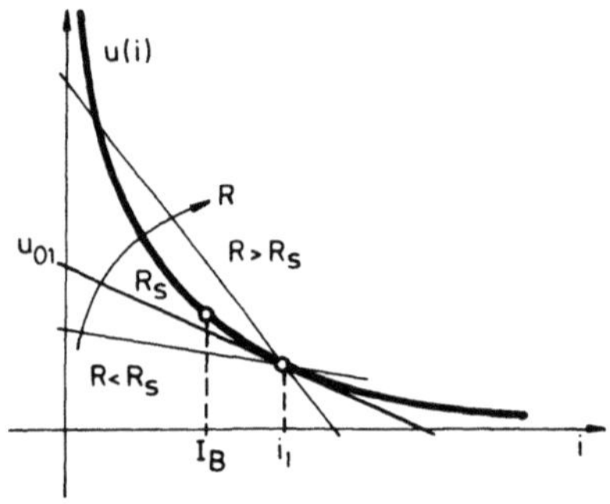

Bild L 7-2c

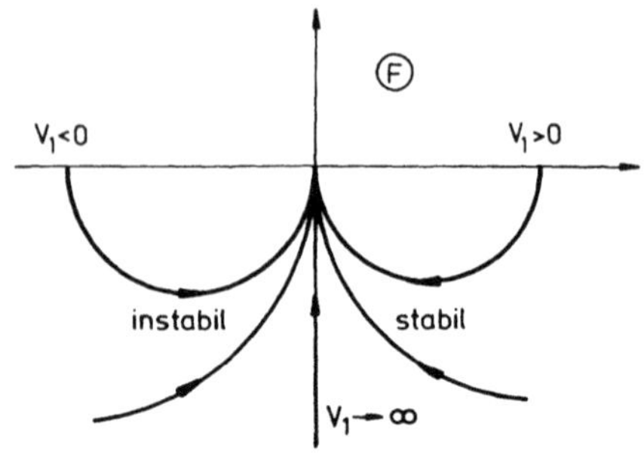

Bild L 7-2d

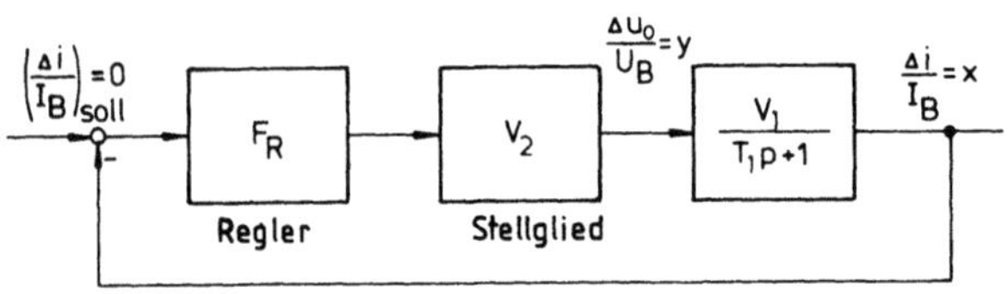

Bild L 7-2e

Die Ortskurven $F(j\omega)$ für die drei Werte des Widerstandes R sind in Bild L 7-2d gezeichnet. Der Integrator trennt dabei den stabilen ($T_1, V_1 > 0$) vom instabilen Bereich ($T_1, V_1 < 0$), in denen die Ortskurve halbkreisförmig verläuft.

e) Regelung

In Bild L 7-2e ist das Blockschaltbild eines Stromregelkreises gezeichnet, mit dem der Lichtbogen für $R < R_s$ stabilisiert werden soll. Es sind nur die Auslenkungen vom Betriebspunkt eingetragen; der Sollwert ist somit Null.

Als Kreis-Übertragungsfunktion erhält man bei Annahme eines verzögerungsfreien Leistungsverstärkers mit der Spannungsverstärkung V_2

$$F_k(p) = F_R \frac{V_1 V_2}{T_1 p + 1} .$$

Die aus dem Nyquist-Kriterium folgende Stabilitätsbedingung lautet

$$\int_{\omega=0}^{\infty} d\varphi = \Delta\varphi \overset{!}{=} K_p \pi,$$

wobei K_p die Zahl der in der rechten p-Halbebene liegenden Pole von F_k, und $\varphi = \arg(1 + F_k)$ ist (Bild L 7-2f).

Für den Fall der instabilen Strecke, $R < R_s$, liegt ein Pol von F_k in der rechten Halbebene, $K_p = 1$. Bei Annahme eines Proportionalreglers mit $F_R = V_R$ gilt dann

$$F_k = \frac{V_R V_1 V_2}{T_1 p + 1}, \quad V_1, T_1 < 0.$$

Somit erhält man als Ortskurve einen im 3. Quadranten liegenden Halbkreis, Bild L 7-2f. Das für Stabilität des geschlossenen Kreises erforderliche Phasenintegral $\Delta\varphi = \pi$ stellt sich ein, wenn die Bedingung $V_R |V_1| V_2 > 1$ erfüllt, d. h. wenn die Verstärkung V_R genügend hoch ist.

Die Stabilisierung wird erschwert, wenn die Verzögerung des Leistungsstellgliedes berücksichtigt werden muß, jedoch ist bei Wahl eines geeigneten Reglers auch hier eine Lösung möglich.

Der Nutzen der Stromregelung besteht in der einfachen Einstellbarkeit jedes gewünschten Stromwertes und in der Vermeidung der Leistungsverluste im Vorwiderstand.

Bild L 7-2f

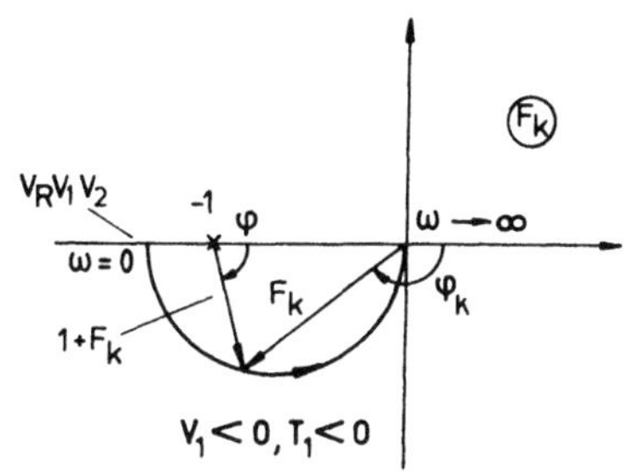

Lösung zu Aufgabe 8-1: Nyquistkriterium und Phasenabstand

a) Berechnung der Integrierzeit, Bode-Diagramm

Aus der gegebenen Kreis-Übertragungsfunktion erhält man mit $p = j\omega$ den Kreis-Frequenzgang für Ortskurve und Bode-Diagramm

$$F_k(j\omega) = |F_k|\ e^{j\varphi_k} = \frac{1}{j\omega T_1}\ \frac{V}{(j\omega T_2 + 1)(j\omega T_3 + 1)}\ . \tag{1}$$

Daraus folgen der Betrag

$$|F_k(\omega)| = \frac{V}{\omega T_1}\ \frac{1}{\sqrt{[(\omega T_2)^2 + 1]\,[(\omega T_3)^2 + 1]}} \tag{2}$$

und die Phase des Kreis-Frequenzganges

$$\varphi_k(\omega) = -\frac{\pi}{2} - \arctan \omega T_2 - \arctan \omega T_3$$

$$= -\frac{\pi}{2} - \arctan \frac{\omega(T_2 + T_3)}{1 - \omega^2 T_2 T_3}\ . \tag{3}$$

Mit (3) läßt sich für einen vorgegebenen Phasenabstand ψ_d die Durchtrittsfrequenz ω_d geschlossen berechnen

$$\psi_d = \pi + \varphi_k(\omega_d),$$

$$\tan\left(\frac{\pi}{2} - \psi_d\right) = \frac{\omega_d(T_2 + T_3)}{1 - \omega_d^2 T_2 T_3}\ .$$

Für $\psi_d = 45^\circ$ lautet die quadratische Gleichung

$$\omega_d^2 T_2 T_3 + \omega_d (T_2 + T_3) - 1 = 0 \tag{4}$$

mit der Lösung

$$\omega_d = -\frac{T_2 + T_3}{2T_2T_3} \underset{(-)}{+} \sqrt{\left(\frac{T_2 + T_3}{2T_2T_3}\right)^2 + \frac{1}{T_2T_3}} = 1{,}48\ \mathrm{s}^{-1}. \tag{5}$$

Aus der Bedingung, daß die Ortskurve bei der Durchtrittsfrequenz ω_d den Einheitskreis schneidet, läßt sich mit (2) und den bekannten Parametern die Integrierzeit T_{11} berechnen.

Aus

$$|F_k(\omega_d)| = 1$$

folgt

$$T_{11} = \frac{V}{\omega_d} \frac{1}{\sqrt{[(\omega_d T_2)^2 + 1]\,[(\omega_d T_3)^2 + 1]}} = 0{,}53\ \mathrm{s}. \tag{6}$$

Das zugehörige Bode-Diagramm zeigt Bild L 8-1a. In Bild L 8-1b sind die Ortskurven $F_k(j\omega)$ für verschiedene Integrierzeiten T_1 dargestellt.

b) Führungs-Übertragungsfunktion

Die Übertragungsfunktion des geschlossenen Regelkreises lautet mit V = 1

$$F_g(p) = \frac{F_k}{1 + F_k} = \frac{1}{1 + \frac{1}{F_k}} = \frac{1}{T_1T_2T_3p^3 + T_1(T_2 + T_3)p^2 + T_1p + 1}. \tag{7}$$

Mit den gegebenen Zeitkonstanten T_2, T_3 und der Integrierzeitkonstanten $T_{11} = 0{,}53$ s (Phasenabstand $\psi_d = 45°$) wird die charakteristische Gleichung des geschlossenen Regelkreises

$$0{,}0268\ \mathrm{s}^3p^3 + 0{,}3216\ \mathrm{s}^2p^2 + 0{,}536\ \mathrm{s}p + 1 = 0. \tag{8}$$

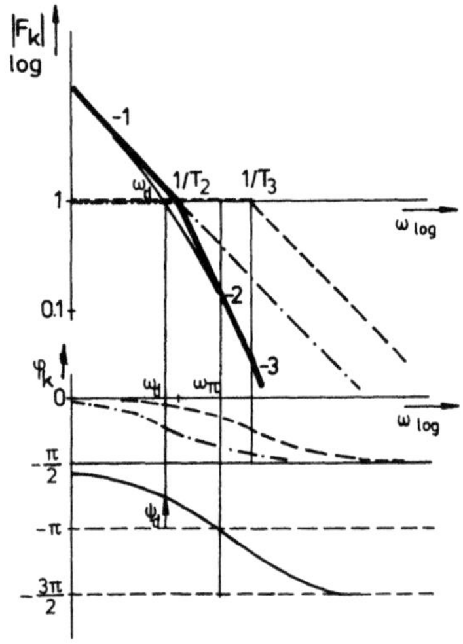

Bild L 8-1a

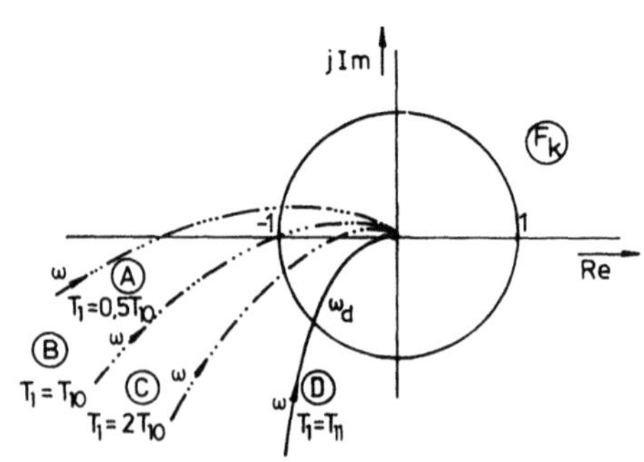

Bild L 8-1b

Aus (8) lassen sich z. B. mit einer numerischen Nullstellensuche die Polstellen der Übertragungsfunktion berechnen

$$p_1 = -10{,}42\ s^{-1}, \quad p_{2,3} = (-0{,}787 \pm j\ 1{,}72)\ s^{-1}. \tag{9}$$

Aus den konjugiert komplexen Polstellen $p_{2,3}$ erhält man den Dämpfungsfaktor des periodischen Anteils

$$D = \cos\vartheta = \frac{|\mathrm{Re}(p_{2,3})|}{|p_{2,3}|} = \frac{0{,}787}{\sqrt{0{,}787^2 + 1{,}72^2}} = 0{,}42. \tag{10}$$

In Bild L 8-1c sind die Wurzelortskurven (Lage der Pole) der Übertragungsfunktion F_g für verschiedene Integrierzeiten T_1 dargestellt.

c) Stabilitätsgrenzfall

An der Stabilitätsgrenze ist der Phasenwinkel $\varphi_k(\omega_d) = -\pi$ bzw. der Phasenabstand $\psi_d = 0$. Aus (4) folgt als zugehörige Durchtrittsfrequenz:

$$\omega_d = \frac{1}{\sqrt{T_2 T_3}} = \sqrt{20}\ s^{-1} = 4{,}47\ s^{-1} = \omega_\pi.$$

Aus (6) erhält man damit die Integrierzeit für den Stabilitätsgrenzfall

$$T_1 = T_{10} = 0{,}083\ s.$$

Man erkennt aus dem Verlauf der Ortskurven in Bild L 8-1b, daß der kritische Punkt -1 für $T_1 \geqslant T_{10}$ nicht eingeschlossen wird; dies weist auf Stabilität hin. Der gleiche Sachverhalt ist auch den Wurzelortskurven (Bild L 8-1c) zu entnehmen, doch erfordert deren Berechnung größeren Aufwand.

Bild L 8-1d zeigt die zugehörigen Sprungantworten des geschlossenen Regelkreises für verschiedene Werte von T_1 gemäß Bild L 8-1b.

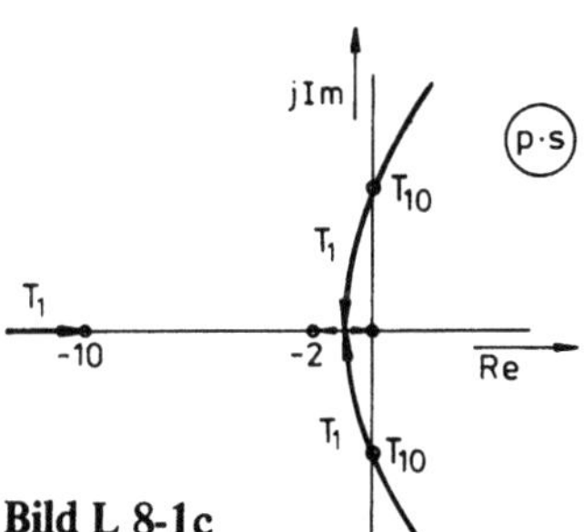

Bild L 8-1c

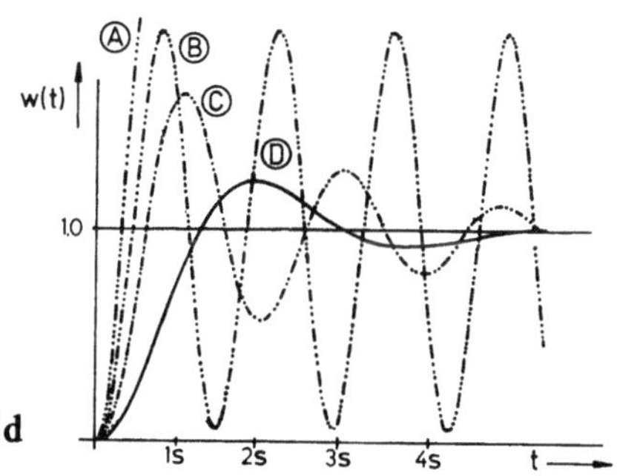

Bild L 8-1d

Lösung zu Aufgabe 8-2: Mitkopplung

a) Übertragungsfunktion

Die Übertragungsfunktion ergibt sich unmittelbar aus Bild 8-2a,

$$X(p) = Y(p) + \frac{V}{Tp + 1}\ X(p). \tag{1}$$

Daraus folgt

$$F(p) = \frac{X(p)}{Y(p)} = \frac{1}{1 - \dfrac{V}{Tp+1}} = \frac{Tp+1}{Tp+1-V} = \frac{1}{1-V}\,\frac{Tp+1}{\dfrac{T}{1-V}p+1}\,. \qquad (2)$$

b) Wurzelortskurve

Der die Stabilität bestimmende Pol liegt bei

$$p_1 = \frac{V-1}{T}\,. \qquad (3)$$

Folgende Fälle sind zu unterscheiden

$p_1 < 0$ für $V < 1$: stabiles Übertragungsverhalten

$p_1 = 0$ für $V = 1$: Stabilitätsgrenzfall (Integrator)

$p_1 > 0$ für $V > 1$: instabiles Übertragungsverhalten

Bild L 8-2b zeigt dieses Ergebnis in Form der Wurzelortskurve.

Für V = 1 entsteht gemäß (2) ein PI-Glied

$$F(p)\Big|_{V=1} = \frac{Tp+1}{Tp}\,. \qquad (4)$$

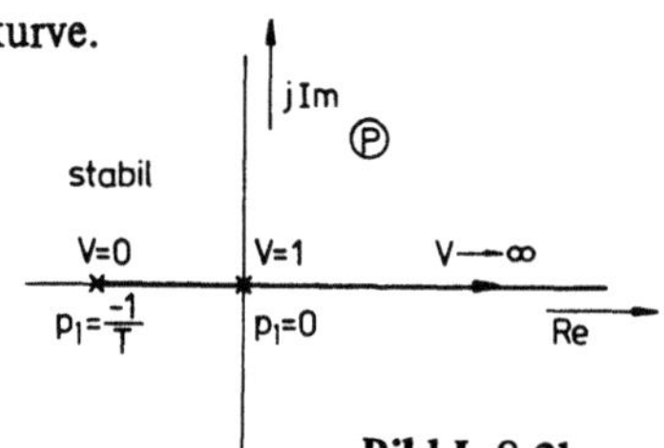

Bild L 8-2b

c) Sprungantworten

Die Sprungantwort folgt durch Partialbruchzerlegung ($V \neq 1$)

$$W(p) = \frac{1}{p}\,F(p) = \frac{1}{p}\,\frac{p+\frac{1}{T}}{\left(p+\frac{1-V}{T}\right)} = \frac{1}{1-V}\left[\frac{1}{p} - \frac{V}{p+\frac{1-V}{T}}\right], \qquad (5)$$

und Rücktransformation in den Zeitbereich,

$$w(t) = \frac{1}{1-V}\left[1 - V\,e^{-\frac{1-V}{T}t}\right]. \qquad (6)$$

Für V = 1 tritt wegen $p_1 = 0$ ein Doppelpol in W(p) auf, der einen veränderten Ansatz bei der Partialbruchzerlegung erfordert,

$$W(p) = \frac{1}{p}\,\frac{Tp+1}{Tp} = \frac{p+\frac{1}{T}}{p^2} = \frac{A_1}{p^2} + \frac{R_1}{p}\,. \qquad (7)$$

Die Koeffizienten lassen sich aus (7) unmittelbar ablesen. Außerdem gilt allgemein

$$A_1 = W(p)\,p^2\Big|_{p_1=0} = 1/T$$

$$R_1 = \frac{d}{dp}\left(W(p)\,p^2\right)\Big|_{p_1=0} = 1. \qquad (8)$$

Die Sprungantwort wird damit

$$W(p) = \frac{1/T}{p^2} + \frac{1}{p} \;, \tag{9}$$

$$w(t) = \frac{1\,s}{T}\; r(t) + s(t) \;. \tag{10}$$

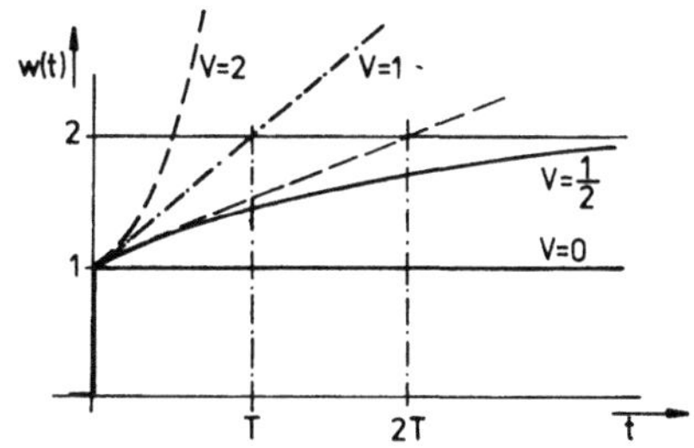

Bild L 8-2c

Bild L 8-2c zeigt die Sprungantworten für unterschiedliche Verstärkungsfaktoren.

Lösung zu Aufgabe 9-1: Allpaß und Phasenabstand

a) Übertragungsfunktion

Für den leerlaufend anzunehmenden Vierpol gilt die Übertragungsfunktion

$$F_0(p) = \frac{U_4}{U_3} = \frac{1/Cp}{\alpha R + 1/Cp} - \frac{\alpha R}{\alpha R + 1/Cp} =$$

$$= \frac{1}{\alpha RCp + 1} - \frac{\alpha RCp}{\alpha RCp + 1} =$$

$$= \frac{-\alpha Tp + 1}{\alpha Tp + 1} \;, \quad RC = T \;. \tag{1}$$

Es handelt sich um ein Allpaßglied.

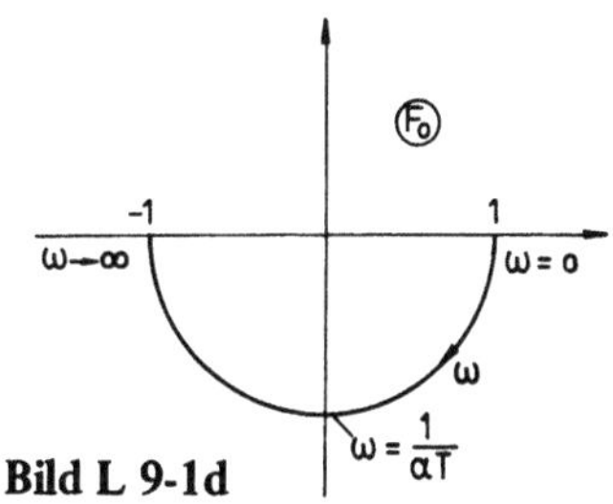

Bild L 9-1d

b) Ortskurve

Die Ortskurve folgt aus

$$F_0(j\omega) = \frac{1 - j\omega\alpha T}{1 + j\omega\alpha T} = e^{-j2 \arctan \omega\alpha T} \;; \tag{2}$$

sie entspricht dem in Bild L 9-1d gezeichneten Halbkreis mit dem Radius Eins. Die Stellung α des Potentiometers wirkt sich nur auf die Frequenzbezifferung der Ortskurve aus.

c) Ergänzte Ortskurve

Die Multiplikation mit $F_0(j\omega)$ bedeutet eine Drehung von $F_k(j\omega)$ um $\varphi_0(\omega) = -2$ arc tan $\omega\alpha T$ bei unverändertem Betrag $|F_k|$. In Bild L 9-1e ist ein Teil der Ortskurve $F_k(j\omega)$ eines stabilen Regelkreises gezeichnet. Die Schwenkung um den Winkel φ_0 ist für zwei Frequenzen eingetragen; die entstehende Ortskurve $F_0 F_k(j\omega)$ läßt sich damit punktweise konstruieren. Die zusätzliche Phasennacheilung nimmt mit der Frequenz monoton bis auf den Grenzwert π zu.

d) Stabilitätsbedingung

Soll das ergänzte System sich gerade an der Stabilitätsgrenze befinden, muß die Ortskurve $F_0 F_k$ für ω_0, α_0 den Punkt -1 schneiden. Daraus folgt, daß der ursprüngliche Phasenabstand durch die Phasendrehung des Allpasses gerade aufgezehrt wird. Da der Betrag bei Einfügung des Allpasses unverändert bleibt und der kritische Punkt -1 auf dem Einheitskreis liegt, ist $\omega_0 = \omega_d$, d. h., die Schwingungsfrequenz des ergänzten entspricht der Durchtrittsfrequenz des ursprünglichen Systems.

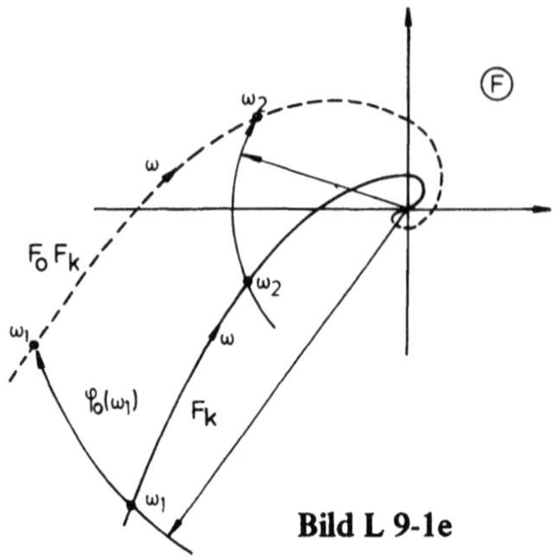

Bild L 9-1e

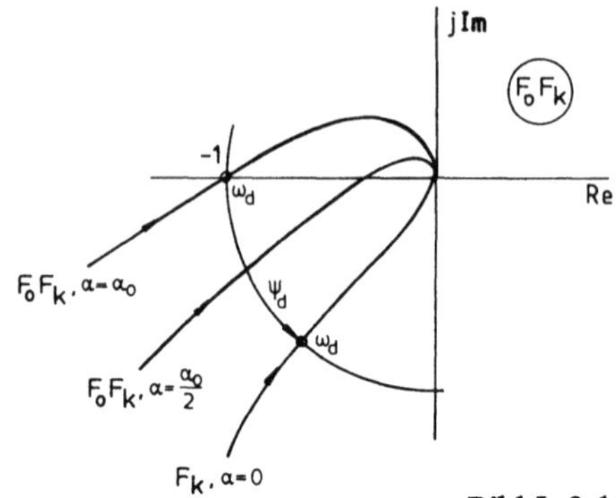

Bild L 9-1f

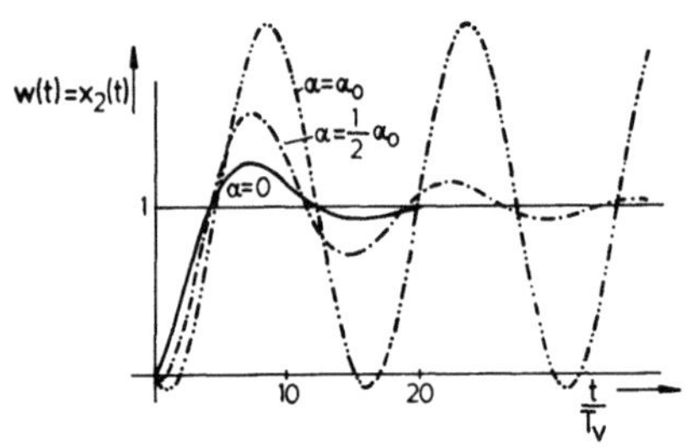

Bild L 9-1g

In Bild L 9-1f ist die Ortskurve $F_0 F_k$ für $\alpha = 0$, $\alpha = \alpha_0/2$, $\alpha = \alpha_0$ gezeichnet; dabei ist als Beispiel

$$F_k(p) = \frac{T_v p + 1}{T_i p(T_1 p + 1)} \tag{3}$$

angenommen.

e) Phasenabstand

Da die Phasennacheilung des Allpasses für α_0, ω_0 gerade den Phasenabstand des ursprünglichen Systems kompensiert, muß nach (2) gelten

$$\begin{aligned} \psi_d &= 2 \arctan \omega_0 \alpha_0 T = \\ &= 2 \arctan \omega_0 \alpha_0 RC. \end{aligned} \tag{4}$$

In Bild L 9-1g sind Sprungantworten für einen Regelkreis gemäß (3) und $\alpha = 0$, $\alpha_0/2$, α_0 aufgetragen.

Lösung zu Aufgabe 10-1: Proportionalregler mit Verzögerung

a) Übertragungsverhalten des geschlossenen Kreises

Wegen der Linearität des Systems gilt der Überlagerungssatz,

$$X_2(p) = F_g(p)\, X_1(p) + F_{gz}\, Z(p), \tag{1}$$

wobei

$$F_g(p) = \frac{F_R F_S}{1 + F_R F_S} \tag{2a}$$

die Führungs-Übertragungsfunktion und

$$F_{gz}(p) = \frac{F_S}{1 + F_R F_S} = F_g/F_R \tag{2b}$$

die Stör-Übertragungsfunktion ist.

Mit $F_R(p) = V_R/(T_R p + 1)$

und $F_S(p) = 1/(T_1 p + 1)$

folgt

$$X_2(p) = \frac{V_R}{1 + V_R} \frac{1}{\frac{T_R T_1}{1 + V_R} p^2 + \frac{T_R + T_1}{1 + V_R} p + 1} X_1(p) + \\ + \frac{1}{1 + V_R} \frac{T_R p + 1}{\frac{T_R T_1}{1 + V_R} p^2 + \frac{T_R + T_1}{1 + V_R} p + 1} Z(p). \tag{3}$$

b) Eigenfrequenz und Dämpfung
Durch Koeffizientenvergleich von $F_g(p)$ mit der Normalform für schwingungsfähige Systeme findet man die Eigenfrequenz

$$\omega_0 = \sqrt{\frac{1 + V_R}{T_R T_1}} \tag{4a}$$

und den Dämpfungsfaktor

$$D = \frac{T_R + T_1}{2\sqrt{(1 + V_R)\, T_R T_1}} = \frac{1}{2\sqrt{1 + V_R}} \left(\sqrt{\frac{T_R}{T_1}} + \sqrt{\frac{T_1}{T_R}} \right). \tag{4b}$$

c) Bestimmung der Reglerparameter
Einsetzen der Nebenbedingung $D = 1/\sqrt{2}$ in (4b) führt auf die Reglerverstärkung

$$V_R = \frac{1}{2}\left(\frac{T_R}{T_1} + \frac{T_1}{T_R} \right) ; \tag{5}$$

entsprechend folgt aus (4a) die Eigenfrequenz

$$\omega_0 = \frac{1}{\sqrt{2} T_1} \left(\frac{T_1}{T_R} + 1 \right) . \tag{6}$$

Bild L 10-1b zeigt die zugehörigen Kurven.

Gute Genauigkeit der Regelung erfordert gemäß Gl. (3) einen möglichst großen Wert der Reglerverstärkung V_R. Damit wären im Prinzip sowohl $T_1/T_R \gg 1$ als auch $T_1/T_R \ll 1$ denkbare Lösungen. Mit Rücksicht auf die gewünschte Eigenfrequenz, d. h. eine hohe Regelgeschwindigkeit, kommt jedoch nur $T_1/T_R \gg 1$, d. h. $T_R = T_{R\,min}$ in Frage.

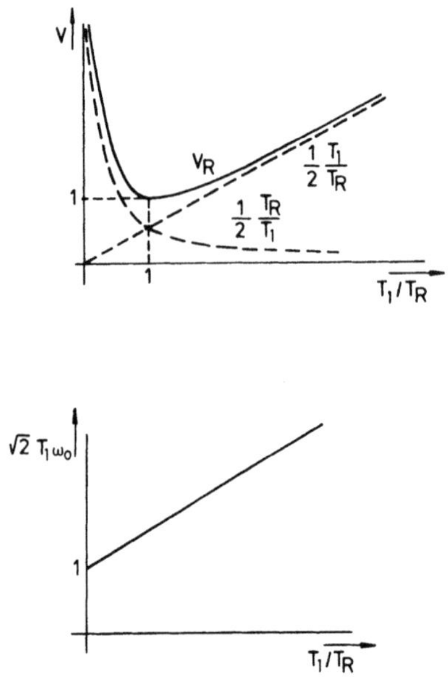

Bild L 10-1b

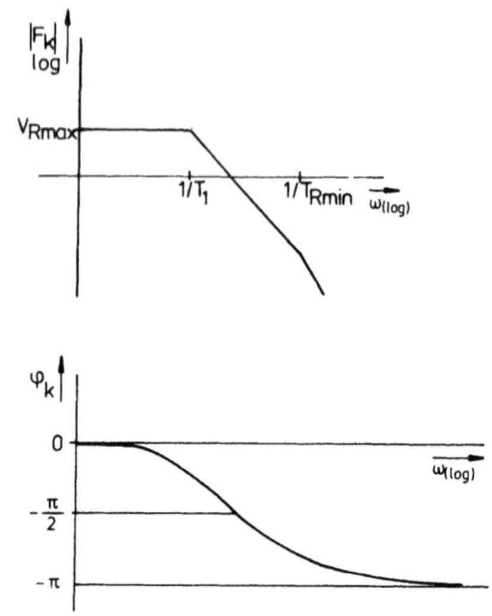

Bild L 10-1c

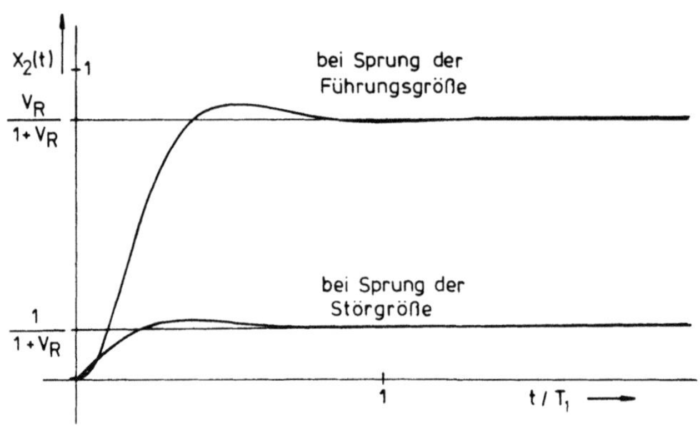

Bild L 10-1d

d) Bode-Diagramm
Das Bode-Diagramm mit Betrags- und Phasenverlauf zeigt Bild L 10-1c.

e) Sprungantwort
Die Reaktionen des geschlossenen Regelkreises auf eine sprungförmige Änderung der Führungsgröße und der Störgröße sind in Bild L 10-1d skizziert.

Lösung zu Aufgabe 10-2: Regelung einer Verzögerungskette mit P-Regler

a) Bode-Diagramm und Ortskurve
Die Übertragungsfunktion des aufgeschnittenen Kreises lautet

$$F_k(p) = \frac{X_2(p)}{X_3(p)} = V_R \, \frac{V^3}{(Tp + 1)^3} \, . \qquad (1)$$

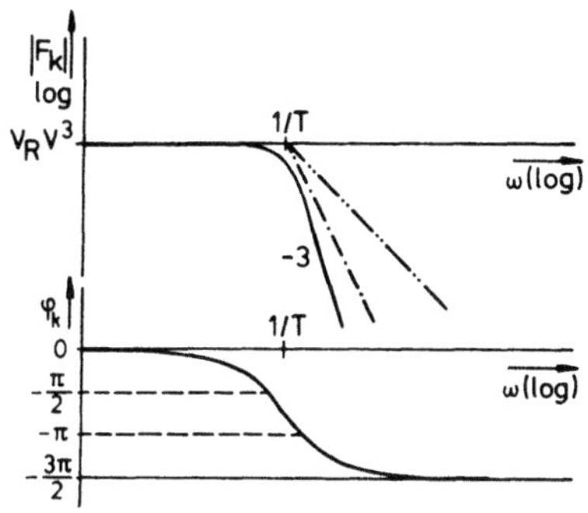

Bild L 10-2b

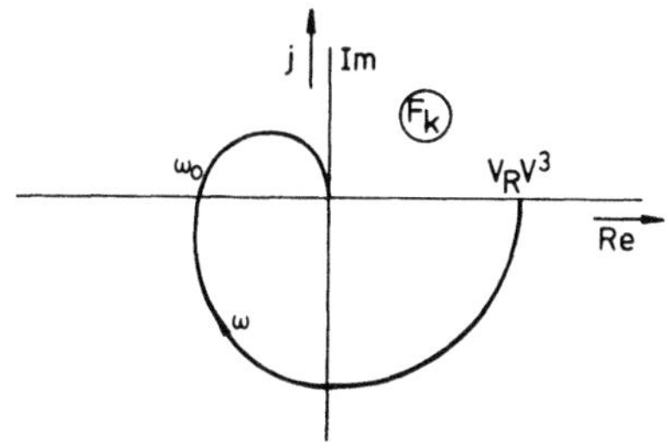

Bild L 10-2c

Bild L 10-2b zeigt das Bode-Diagramm von F_k mit Betrags- und Phasenverlauf. Durch Kombination von Betrags- und Phasenverlauf läßt sich die Ortskurve skizzieren (Bild L 10-2c).

b) Stabilitätsgrenze

Mit $p = j\omega$ folgt aus (1) der komplexe Frequenzgang

$$F_k(j\omega) = \frac{V_R V^3}{(j\omega T + 1)^3} = \frac{V_R V^3}{-j(\omega T)^3 - 3(\omega T)^2 + j3\omega T + 1}. \tag{2}$$

Für den Betrieb des Systems an der Stabilitätsgrenze muß V_{Ro} so gewählt werden, daß die Ortskurve den Punkt -1 schneidet,

$$F_k(j\omega_o, V_{Ro}) = -1. \tag{3}$$

Da der Imaginärteil des Nenners von $F_k(j\omega)$ bei der Frequenz ω_0 Null sein muß, folgt

$$-\omega_0^3 T^3 + 3\omega_0 T = 0$$

$$\omega_0 = \sqrt{3}/T. \tag{4}$$

Den Wert der Verstärkung V_{R0} erhält man aus (3) und (2)

$$F_k(j\omega_o, V_{R0}) = -1 = \frac{V_{Ro} V^3}{-3\omega_0^2 T^2 + 1}.$$

Daraus folgt mit (4)

$$V_{Ro} = 8/V^3.$$

c) Zeigerdiagramm

An der Stabilitätsgrenze besteht zwischen den gleichfrequenten Schwingungen $y(t)$ und $x_2(t)$ eine Phasenverschiebung von 180°. Auf jedes der Verzögerungsglieder entfällt somit ein Anteil von 60°. Das Betragsverhältnis folgt aus dem Frequenzgang eines Verzögerungsgliedes bei der Frequenz ω_0.

$$F_1(j\omega_0) = \frac{V}{1 + j\omega_0 T} = \frac{V}{1 + j\sqrt{3}} =$$

$$= \frac{V}{2} e^{-j60°}.$$

Mit der Annahme V = 1 ergibt sich somit das in Bild L 10-2d gezeichnete Zeigerdiagramm für die sinusförmigen Schwingungen.

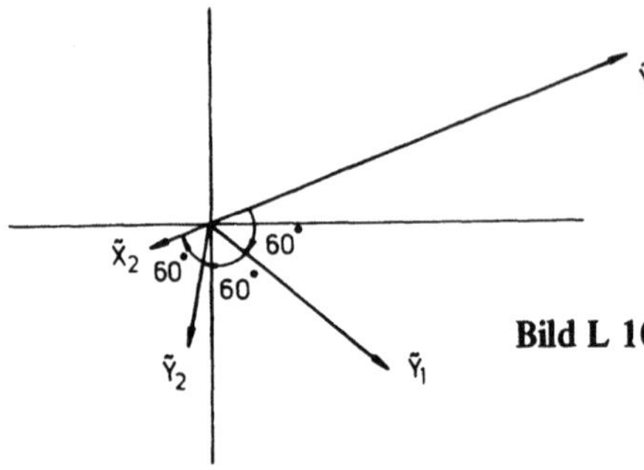

Bild L 10-2d

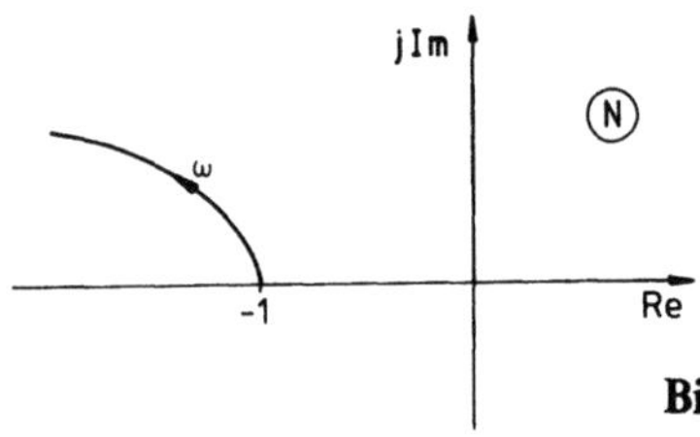

Bild L 10-3b

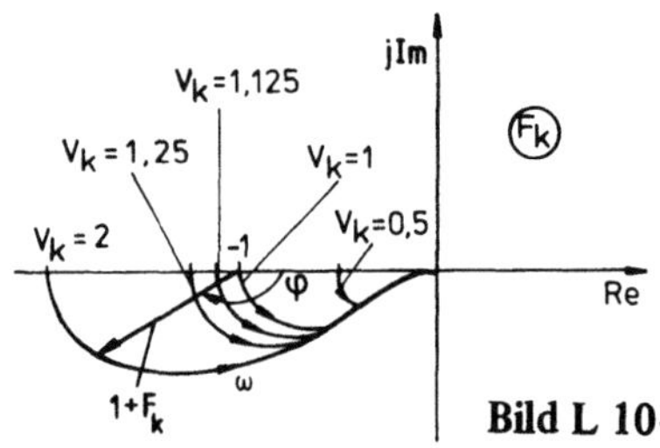

Bild L 10-3c

Lösung zu Aufgabe 10-3: Regelung einer instabilen Strecke

a) Stabilitätsuntersuchung

Der Verlauf der Ortskurve $F_k(j\omega)$ läßt sich am einfachsten aus der Ortskurve der Nennerfunktion

$$N(j\omega) = (j\omega T_1 - 1)(j\omega T_2 + 1) =$$
$$= -(1 + \omega^2 T_1 T_2) + j\omega(T_1 - T_2) \quad (1)$$

gewinnen; sie entspricht für $T_1 > T_2$ einem Parabelast im 2. Quadranten (Bild L 10-3b). Bild L 10-3c zeigt die daraus durch Inversion und Streckung entstehende Ortskurve $F_k(j\omega)$ für verschiedene Werte der Kreisverstärkung V_k.

Für $V_k > 1$ durchläuft der vom Punkt -1 an die Ortskurve $F_k(j\omega)$ gelegte Fahrstrahl den Winkelbereich $\Delta\varphi = \pi$, was gemäß dem Nyquist-Kriterium

$$K_0 = K_p - \frac{\Delta\varphi}{\pi} \overset{!}{=} 0 \quad (2)$$

für $K_p = 1$ Stabilität des geschlossenen Kreises anzeigt. Für $V_k < 1$ ist $\Delta\varphi = 0$; dies bedeutet, daß bei kleinen Werten der Kreisverstärkung die monotone Instabilität des offenen Kreises noch wirksam ist.

Im Fall $T_1 < T_2$ kehrt sich bei $N(j\omega)$ und $F_k(j\omega)$ der Imaginärteil um, so daß die Ortskurve $F_k(j\omega)$ im 2. Quadranten liegt. Für $V_k > 1$ erhält man $\Delta\varphi = -\pi$, d. h. $K_0 = 2$, entsprechend einer aufklingenden Schwingung; bei kleiner Verstärkung gilt wieder $\Delta\varphi = 0$, $K_0 = 1$, entsprechend monotoner Instabilität.

$T_1 > T_2$, $V_k > 1$ sind somit notwendige Bedingungen für Stabilität des Regelkreises; das gleiche Ergebnis folgt aus der Berechnung der Pole der Übertragungsfunktion des geschlossenen Kreises.

b) Pole der Übertragungsfunktion F_g

Die Pole der Kreisübertragungsfunktion sind

$$p_1 = \frac{1}{T_1} \text{(instabil)}, \quad p_2 = -\frac{1}{T_2} \quad ,$$

die der Übertragungsfunktion des geschlossenen Kreises folgen aus

$$F_g = \frac{F_k}{1 + F_k} = \frac{V_k}{T_1 T_2 p^2 + (T_1 - T_2)p + V_k - 1}. \tag{3}$$

Bei einem Polynom 2. Grades gilt als Stabilitätsbedingung, daß die Koeffizienten gleiches Vorzeichen haben müssen,

$$T_1 > T_2, \quad V_k > 1. \tag{4}$$

Dies entspricht den aus dem Nyquist-Kriterium abgeleiteten Ergebnissen.

Die Pole der Übertragungsfunktion $F_g(p)$ sind

$$p_{1,2} = -\frac{T_1 - T_2}{2T_1 T_2} \pm \sqrt{\left(\frac{T_1 - T_2}{2T_1 T_2}\right)^2 - \frac{V_k - 1}{T_1 T_2}} =$$

$$= \frac{T_1 - T_2}{2T_1 T_2}\left[-1 \pm \sqrt{1 - \frac{4T_1 T_2}{(T_1 - T_2)^2}(V_k - 1)}\right], \tag{5a}$$

oder für den Fall komplexer Pole

$$p_{1,2} = \frac{T_1 - T_2}{2T_1 T_2}\left[-1 \pm j\sqrt{\frac{4T_1 T_2}{(T_1 - T_2)^2}(V_k - 1) - 1}\right]. \tag{5b}$$

Mit $T_1 - T_2 > 0$ folgt auch hier als Stabilitätsgrenzfall $V_{k1} = 1$; für $V_k > 1$ liegen beide Pole in der linken Halbebene.

c) Wurzelortskurve

Der aperiodische Grenzfall ist erreicht, wenn in (5) der Radikand Null wird

$$1 - \frac{4T_1 T_2}{(T_1 - T_2)^2}(V_k - 1) = 0$$

oder

$$V_{k2} = \frac{(T_1 + T_2)^2}{4T_1 T_2} \quad . \tag{6}$$

Für $V_k > V_{k2}$ ergeben sich gedämpfte Schwingungen.

Der Dämpfungsfaktor $D = 1/\sqrt{2}$ äußert sich in gleichen Beträgen der Real- und Imaginärteile $p_{1,2} = \sigma_1 \pm j\omega_1$, entsprechend $\vartheta = \arccos D = \pi/4$.

Gemäß (5b) muß gelten

$$\frac{4T_1 T_2}{(T_1 - T_2)^2}(V_k - 1) - 1 = 1$$

oder

$$V_{k3} = \frac{T_1^2 + T_2^2}{2T_1T_2} = \frac{1}{2}\left(\frac{T_1}{T_2} + \frac{T_2}{T_1}\right). \tag{7}$$

Mit $T_1 = 2T_2$ folgt $V_{k3} = 1{,}25$.

Die Wurzelortskurve ist in Bild L 10-3d für $T_1 = 2T_2$ gezeichnet.

d) Sprungantwort

Schreibt man die Übertragungsfunktion des geschlossenen Kreises in der Normalform

$$F_g(p) = \frac{V_k}{V_k - 1} \frac{1}{\frac{T_1T_2}{V_k - 1}p^2 + \frac{T_1 - T_2}{V_k - 1}p + 1} =$$

$$= \frac{V_g}{\left(\frac{p}{\omega_0}\right)^2 + 2D\frac{p}{\omega_0} + 1}, \tag{8}$$

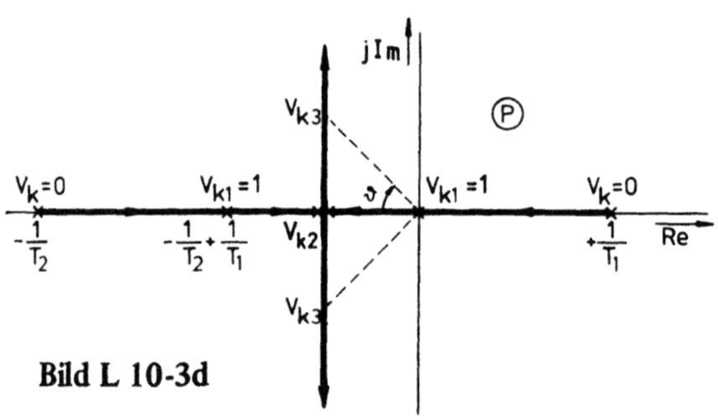

Bild L 10-3d

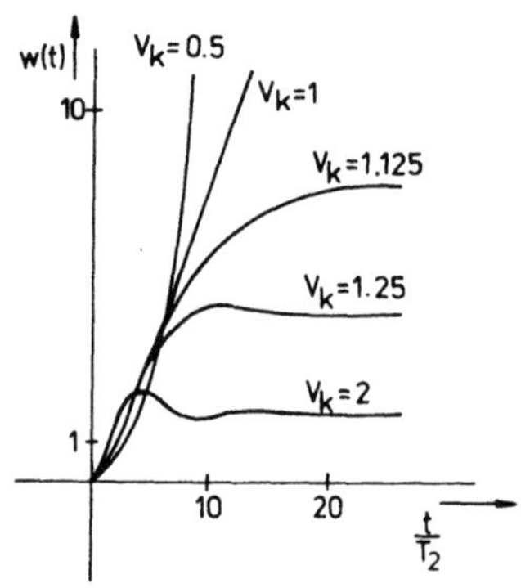

Bild L 10-3e

so folgt durch Koeffizientenvergleich

$$V_g = \frac{V_k}{V_k - 1}, \quad \omega_0 = \sqrt{\frac{V_k - 1}{T_1T_2}}, \quad D = \frac{1}{2}\left[\sqrt{\frac{T_1}{T_2}} - \sqrt{\frac{T_2}{T_1}}\right]\frac{1}{\sqrt{V_k - 1}}. \tag{9}$$

Die Sprungantwort wird durch Rücktransformation gemäß

$w(t) = L^{-1}\left(\frac{1}{p}F_g(p)\right)$ berechnet.

Mit $D = \cos\vartheta$ folgt nach einer Zwischenrechnung

$$w(t) = V_g\left[1 - \frac{1}{\sqrt{1 - D^2}}e^{-D\omega_0 t}\sin(\sqrt{1 - D^2}\,\omega_0 t + \vartheta)\right]. \tag{10}$$

In Bild L 10-3e sind Sprungantworten für verschiedene Werte von V_k aufgetragen. Für den Grenzfall $V_k = 1$ ergibt sich das Verhalten eines verzögerten Integrators.

Lösung zu Aufgabe 11-1: Regelung der Rollbewegung eines Flugzeuges

a) Idealer PD-Regler
Differentialgleichung:

$$u_R = V_R \left[T_v \frac{d}{dt} (u_{\alpha soll} - u_\alpha) + (u_{\alpha soll} - u_\alpha) \right]. \tag{4}$$

Übertragungsfunktion:

$$F_R(p) = V_R (T_v p + 1). \tag{5}$$

Da die Regelstrecke einen doppelten Integrator und ein Verzögerungsglied enthält, muß der Regler, um zu einem stabilisierbaren System mit $\varphi_k > -\pi$ zu gelangen, einen positiven Phasenbeitrag liefern. Bei einem I- oder PI-Regler wäre die Phasendrehung jedoch negativ.

b) Kreis-Übertragungsfunktion

$$F_k(p) = V_R \frac{T_v p + 1}{T_2 p + 1} \frac{1}{(T_1 p)^2} \tag{6}$$

$\varphi_k > -\pi$ ist nur für $T_v > T_2$ erreichbar.

c) Bode-Diagramm
Mit $p = j\omega$ folgt

$$F_k(j\omega) = \frac{V_R}{(j\omega T_1)^2} \frac{1 + j\omega T_v}{1 + j\omega T_2}. \tag{7}$$

Das zugehörige Bode-Diagramm ist in Bild L 11-1b gezeichnet. Der Phasenverlauf weist bei

$$\omega_m = \frac{1}{\sqrt{T_v T_2}}$$

einen Maximalwert auf. Bild L 11-1c zeigt die zugehörige Ortskurve.

d) Wahl der Reglerparameter
Die Übertragungsfunktion $F_k(p)$ entspricht dem in Abs. 13.3.2 des Lehrbuches beschriebenen Sonderfall, der mit dem „Symmetrischen Optimum“ gelöst werden kann. Wählt man die Frequenz ω_m als Durchtrittsfrequenz ω_d, so nimmt der Phasenabstand einen maximalen Wert an.

Mit $T_v = a^2 T_2$, $a = 1 + 2D$, $D = \frac{1}{\sqrt{2}}$

folgt

$$T_v = 5{,}8\ T_2 = 1{,}16\ \text{s}. \tag{8}$$

Außerdem muß gelten

$$\left| F_k(j\omega_d) \right| = \left| F_k\left(\frac{j}{\sqrt{T_v T_2}} \right) \right| = 1;$$

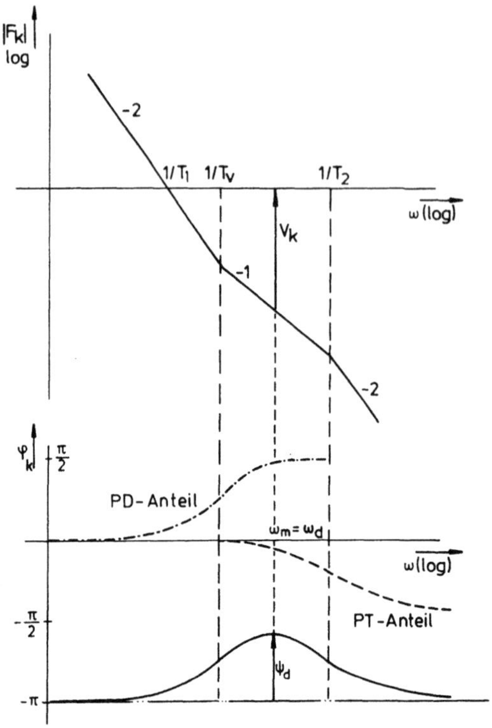

Bild L 11-1b

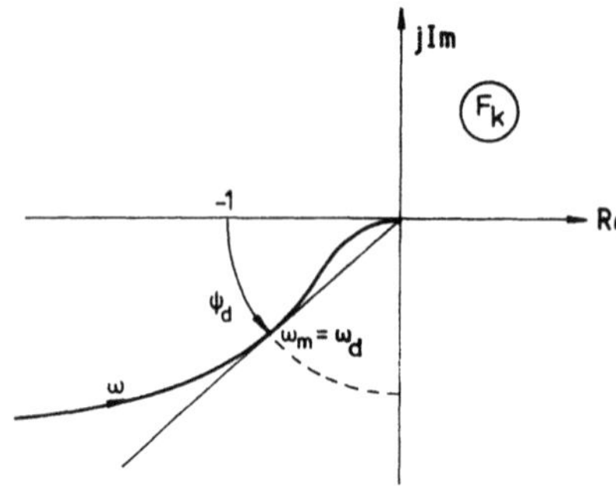

Bild L 11-1c

daraus folgt nach einer Zwischenrechnung

$$V_R = \frac{1}{a^3}\left(\frac{T_1}{T_2}\right)^2 \approx \frac{1}{14}\left(\frac{T_1}{T_2}\right)^2. \tag{9}$$

Die Integrierzeit T_1 läßt sich aus (3) berechnen. Wegen Bild 11-1a folgt aus der allgemeinen Beziehung

$$T_1^2 \frac{d^2 u_\alpha}{dt^2} = u_\beta; \tag{10}$$

Einsetzen der Meßwerte gemäß (3)

$$T_1^2\, 0{,}2\, \frac{V}{s^2} = 1\ V \tag{11}$$

führt auf $T_1 = \sqrt{5}\,s \approx 2{,}24\,s$. Dies führt mit (9) auf

$$V_R = \frac{1}{14}\left(\frac{\sqrt{5}}{0{,}2}\right)^2 \approx 8{,}9. \tag{12}$$

e) Bleibende Regelabweichung bei konstantem Störmoment
Die von dem Störmoment ohne Regelung verursachte Winkelbeschleunigung

$$\frac{d^2\alpha}{dt^2} = \frac{1^\circ}{s^2}$$

entspricht gemäß der Abbildungsgleichung (1) einer analogen Änderung des elektrischen Istwertes

$$\frac{d^2 u_\alpha}{dt^2} = \frac{10\,V}{180^\circ} \frac{d^2\alpha}{dt^2} = \frac{10V}{180^\circ}\frac{1^\circ}{s^2} = 55\,\frac{mV}{s^2}\ . \qquad (13)$$

Die äquivalente Querruderauslenkung (in elektrischer Form) folgt aus (10)

$$u_{\beta stör} = T_1^2 \frac{d^2 u_\alpha}{dt^2} = 275\ mV.$$

Diese Spannung kann im Blockschaltbild als additive Störgröße eingetragen werden, Bild L 11-1d.

Der zugehörige stationäre Winkelfehler folgt aus der Stör-Übertragungsfunktion F_{gz} für $p = 0$

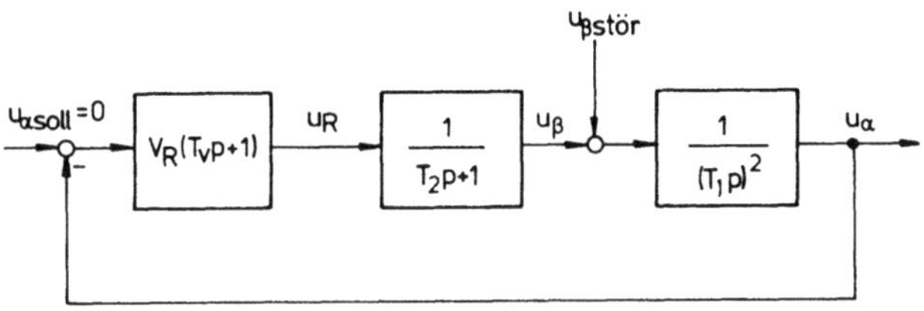

Bild L 11-1d

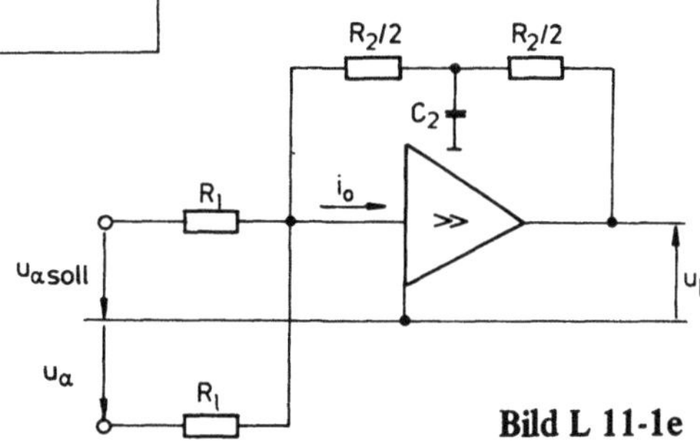

Bild L 11-1e

$$u_\alpha(\infty) = \frac{u_{\beta stör}}{V_R} = \frac{275\ mV}{8{,}9} = 31\ mV;$$

dem entspricht gemäß (1) der Winkelfehler

$$\alpha(\infty) = 31\ mV\,\frac{180^\circ}{10\,V} = 0{,}56^\circ.$$

f) Wahl der Schaltelemente

Bild L 11-1e zeigt die Schaltung eines (idealen) elektrischen PD-Reglers mit Strom-Gegenkopplung.

Die Reglerverstärkung ist

$$V_R = \frac{R_2}{R_1}, \qquad (14)$$

die Vorhalt-Zeitkonstante

$$T_v = \frac{R_2 C_2}{4}\ . \qquad (15)$$

Eine weitere Bedingung für die drei Schaltelemente folgt aus dem Grenzwert für den Winkelfehler, der durch den angenommenen Driftstrom (Nullpunktsverschiebung) des Regelverstärkers verursacht wird.

Der zulässige Winkelfehler $\Delta\alpha = 0{,}1^\circ$ entspricht einer Fehlerspannung des Istwertes

$$\Delta u_\alpha = 0{,}1^\circ \frac{10\,V}{180^\circ} = 5{,}6 \cdot 10^{-3}\,V.$$

Diese Fehlerspannung ist zur Deckung des Driftstromes $i_0 = 10^{-7}$ A erforderlich. Somit muß gelten

$$R_1 i_0 < 5{,}6 \cdot 10^{-3}\,V,$$

oder

$$R_{1\,max} = \frac{\Delta u_\alpha}{i_0} = \frac{5{,}6 \cdot 10^{-3}\,V}{10^{-7}\,A} = 56\,k\Omega.$$

Wählt man

$$R_1 = 50\,k\Omega,$$

so folgt aus (14, 15)

$$R_2 = V_R R_1 \approx 450\,k\Omega,$$

$$C_2 = \frac{4T_v}{R_2} \approx \frac{4 \cdot 1{,}16\,s}{0{,}45 \cdot 10^6\,\Omega} \approx 10\,\mu F.$$

Lösung zu Aufgabe 11-2: Regelung eines rotierenden Feder-Masse-Systems

a) Differentialgleichung

Das Beschleunigungsdrehmoment ist die Summe der an der Last angreifenden Drehmomente

$$\theta_2 \frac{d\omega_2}{dt} = m - k_R \omega_2 = S(\epsilon_1 - \epsilon_2) - k_R \omega_2 \,; \tag{1}$$

außerdem gilt

$$\frac{d\epsilon_1}{dt} = \omega_1, \quad \frac{d\epsilon_2}{dt} = \omega_2. \tag{2}$$

Differentiation von (1) und Einsetzen von (2) führt auf eine Differentialgleichung 2. Ordnung

$$\theta_2 \frac{d^2\omega_2}{dt^2} + k_R \frac{d\omega_2}{dt} + S\omega_2 = S\omega_1(t). \tag{3}$$

Mit den Abkürzungen

$$\frac{\theta_2}{S} = \frac{1}{\Omega_0^2}, \quad \frac{k_R}{S} = \frac{2D}{\Omega_0} \tag{4}$$

entsteht eine Schwingungsgleichung in Normalform

$$\frac{1}{\Omega_0^2}\frac{d^2\omega_2}{dt^2} + \frac{2D}{\Omega_0}\frac{d\omega_2}{dt} + \omega_2 = \omega_1(t). \tag{5}$$

Ω_0 ist die Eigenfrequenz, D die Dämpfung des Feder-Masse-Systems.

b) Blockschaltbild, Übertragungsfunktion
Die Beziehungen (1, 2) lassen sich auch in graphischer Form darstellen, Bild L 11-2b. Die durch Elimination der Drehwinkel entstehende Differentialgleichung (5) wird durch das gleichwertige normierte Blockschaltbild L 11-2c beschrieben.

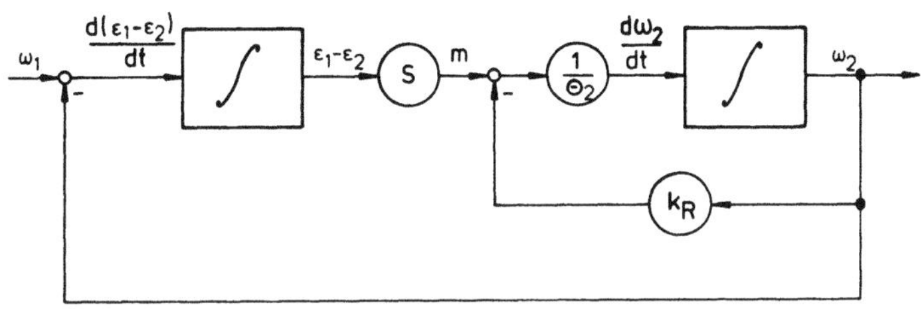

Bild L 11-2b

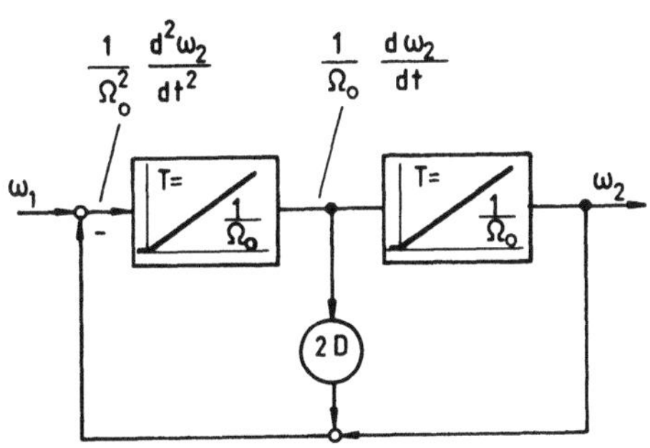

Bild L 11-2c

Daraus folgt durch Anwendung der bekannten Formeln für rückgekoppelte Systeme die Übertragungsfunktion

$$F_S(p) = \frac{L(\omega_2)}{L(\omega_1)} = \frac{1}{\left(\frac{p}{\Omega_0}\right)^2 + 2D\frac{p}{\Omega_0} + 1}. \tag{6}$$

c) Sprungantwort bei aperiodischer Dämpfung
Die Bedingung für aperiodische Dämpfung ist gemäß (4)

$$D = \frac{1}{2}\frac{k_R}{S}\Omega_0 = \frac{k_R}{2}\frac{1}{\sqrt{S\theta_2}} > 1. \tag{7}$$

Mit dieser Nebenbedingung sind die Pole der Übertragungsfunktion reell,

$$p^2 + 2D\Omega_0 p + \Omega_0^2 = (p - p_1)(p - p_2) = 0;$$

$$p_{1,2} = \Omega_0(-D \pm \sqrt{D^2 - 1}) = -\frac{1}{T_1},\ -\frac{1}{T_2}. \tag{8}$$

Somit gilt

$$F_S(p) = \frac{\Omega_0^2}{(p-p_1)(p-p_2)} = \frac{1}{(T_1 p + 1)(T_2 p + 1)}. \tag{9}$$

Die Sprungantwort wird durch Partialbruchzerlegung und Rücktransformation aus dem Bildbereich berechnet.

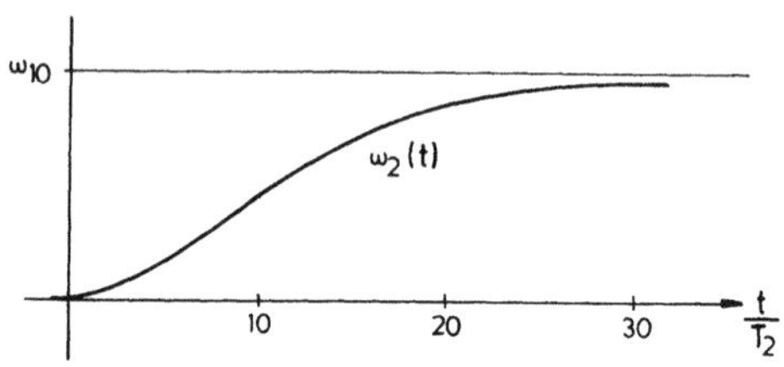

Bild L 11-2d

Mit $\quad L(\omega_1) = \omega_{10} \frac{1}{p}$

folgt $\quad L(\omega_2) = \omega_{10} \frac{1}{p} F_S(p) = \omega_{10} W(p).$

Damit erhält man

$$W(p) = \frac{1}{p} F_S(p) = \frac{1}{p(T_1 p + 1)(T_2 p + 1)} =$$

$$= \frac{1}{p} - \frac{T_1}{T_1 - T_2} \frac{1}{p + \frac{1}{T_1}} + \frac{T_2}{T_1 - T_2} \frac{1}{p + \frac{1}{T_2}}.$$

Die zugehörige Zeitfunktion ist

$$w(t) = \frac{\omega_2(t)}{\omega_{10}} = 1 - \frac{T_1}{T_1 - T_2} e^{-\frac{t}{T_1}} + \frac{T_2}{T_1 - T_2} e^{-\frac{t}{T_2}}. \tag{11}$$

Der Verlauf ist in Bild L 11-2d für $T_1 = 5 T_2$ aufgetragen.

d) Entwurf eines $PD_1(T_1)$-Reglers

Ein PD-Regler mit parasitärer Verzögerung hat die Übertragungsfunktion

$$F_R(p) = V_R \frac{T_v p + 1}{T_v' p + 1}, \quad T_v' \ll T_v. \tag{12}$$

Bei Vernachlässigung des Leistungsverstärkers folgt daraus die Kreis-Übertragungsfunktion

$$F_k(p) = V_R \frac{T_v p + 1}{T_v' p + 1} \frac{1}{(T_1 p + 1)(T_2 p + 1)}. \tag{13}$$

Wie in Abs. 11.3.3 des Lehrbuches erläutert, ist es am günstigsten, die mittlere Verzögerung durch den Vorhalt zu eliminieren.

Mit $T_v = T_2$ lautet die vereinfachte Funktion

$$F_k(p) = V_R \frac{1}{(T_1 p + 1)(T_v' p + 1)}. \tag{14}$$

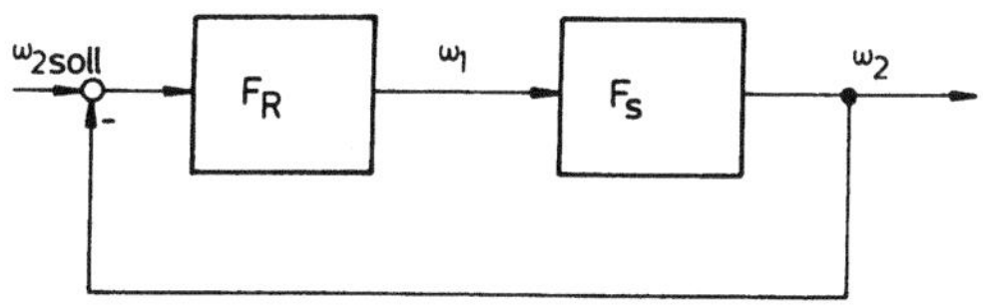

Bild L 11-2e

Damit gilt für die Übertragungsfunktion des geschlossenen Kreises (Bild L 11-2e)

$$F_g(p) = \frac{F_k}{1+F_k} = \frac{V_R}{(T_1 p + 1)(T'_v p + 1) + V_R} =$$

$$= \frac{V_R}{1+V_R} \frac{1}{\frac{T_1 T'_v}{1+V_R} p^2 + \frac{T_1 + T'_v}{1+V_R} p + 1} . \tag{15}$$

Hieraus erhält man die Eigenfrequenz und Dämpfung des geschlossenen Kreises

$$\Omega_{go} = \sqrt{\frac{1+V_R}{T_1 T'_v}} \quad , \quad \frac{2D_g}{\Omega_{go}} = \frac{T_1 + T'_v}{1+V_R} . \tag{16}$$

Für einen vorgegebenen Dämpfungsfaktor folgt daraus die gesuchte Reglerverstärkung

$$V_R = \frac{1}{4D_g^2} \frac{(T_1 + T'_v)^2}{T_1 T'_v} - 1 ; \tag{17}$$

mit $D_g = 1/\sqrt{2}$ gilt das einfache Ergebnis

$$V_R = \frac{1}{2}\left(\frac{T_1}{T'_v} + \frac{T'_v}{T_1}\right) . \tag{18}$$

Die bei gegebener Dämpfung mögliche Kreisverstärkung ist umso höher, d. h. die Regelgenauigkeit umso besser, je größer das Verhältnis T_1 / T'_v gemacht werden kann. Die Grenzen hierfür werden gewöhnlich durch den Leistungsverstärker bestimmt.

Lösung zu Aufgabe 12-1: Regelung einer Verzögerungsstrecke mit Vorhalt

a) Sprungantwort der Regelstrecke

Wegen $T_2 < T_1$ überwiegt die Verzögerung des PTD-Gliedes; Bild L 12-1b zeigt die Sprungantwort der Strecke.

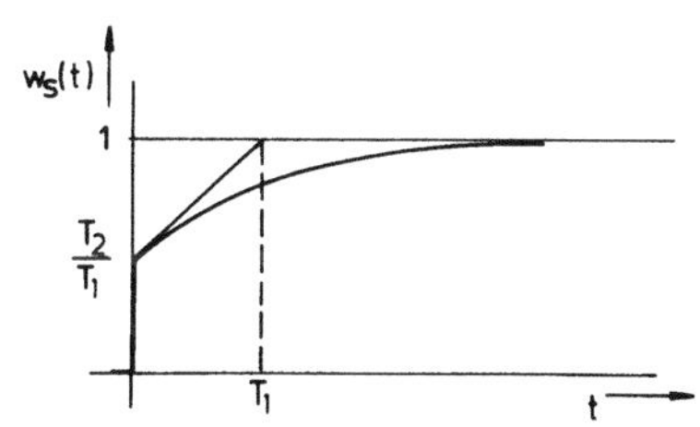

Bild L 12-1b

b) Wahl der Regler-Integrierzeit

Die Übertragungsfunktion des geschlossenen Kreises lautet mit $F_R(p) = 1/T_i p$

$$F_g(p) = \frac{X_2}{X_1}(p) = \frac{F_R F_S}{1 + F_R F_S} = \frac{T_2 p + 1}{T_i T_1 p^2 + (T_i + T_2) p + 1} . \tag{2}$$

Koeffizientenvergleich des Nenners mit der entsprechenden Normalform für ein schwingungsfähiges System

$$F_g(p) = \frac{T_2 p + 1}{\left(\frac{p}{\omega_0}\right)^2 + 2D\frac{p}{\omega_0} + 1} \tag{3}$$

ergibt

$$\omega_0 = \frac{1}{\sqrt{T_i T_1}}, \qquad D = \frac{1}{2}\frac{T_i + T_2}{\sqrt{T_i T_1}} \ . \tag{4}$$

Die Vorgabe von D liefert eine quadratische Gleichung für T_i; mit $D = 1/\sqrt{2}$ folgt

$$T_i^2 - 2(T_1 - T_2)T_i + T_2^2 = 0.$$

Wenn sich bei der Lösung zwei positive Werte für T_i ergeben, ist der kleinere vorzuziehen, da dies wegen (4) auf eine größere Eigenfrequenz ω_0 und damit eine schnellere Regelung führt. Für $T_1 = 2T_2$ erhält man nur eine Lösung, $T_i = T_2$.

Damit hat die Führungsübertragungsfunktion des geschlossenen Kreises die Form

$$F_g(p) = \frac{X_2}{X_1}(p) = \frac{T_2 p + 1}{2(T_2 p)^2 + 2T_2 p + 1} \ . \tag{5}$$

c) Sprungantwort bei Änderung der Führungsgröße

Die Bildfunktion der Sprungantwort ist

$$X_2(p) = F_g(p)\frac{1}{p} = \frac{T_2 p + 1}{p[2(T_2 p)^2 + 2T_2 p + 1]} \ . \tag{6}$$

Die Rücktransformation erfordert eine Partialbruchzerlegung; mit den Polen

$$p_1 = 0, \quad p_{2,3} = \frac{1}{2T_2}(-1 \pm j) \tag{7}$$

gilt auch die Schreibweise

$$X_2(p) = \frac{1}{2T_2^2}\,\frac{T_2 p + 1}{p(p - p_2)(p - p_3)} \ , \tag{8}$$

aus der die Residuen einfach zu berechnen sind. Nach einer Zwischenrechnung folgt

$$X_2(p) = \frac{1}{p} - \frac{1}{2}\frac{1}{p - p_2} - \frac{1}{2}\frac{1}{p - p_3} \ . \tag{9}$$

Rücktransformation in den Zeitbereich ergibt

$$\begin{aligned} x_2(t) &= 1 - \frac{1}{2}\left(e^{p_2 t} + e^{p_3 t}\right) = \\ &= 1 - e^{-\frac{t}{2T_2}}\,\frac{e^{j\frac{t}{2T_2}} + e^{-j\frac{t}{2T_2}}}{2} = \\ &= 1 - e^{-\frac{t}{2T_2}}\cos\frac{t}{2T_2}\ , \qquad t \geqslant 0. \end{aligned} \tag{10}$$

Der Verlauf von $x_2(t)$ ist in Bild L 12-1c aufgetragen.

Die Stellgröße $y(t)$ läßt sich am einfachsten als Integral der Regelabweichung berechnen,

$$y(t) = \frac{1}{T_i}\int_0^t [x_1(\tau) - x_2(\tau)]\,d\tau + y(0). \tag{11}$$

Mit $x_1(\tau \geqslant 0) = 1$, $y(0) = 0$, $T_i = T_2$ und (10) erhält man

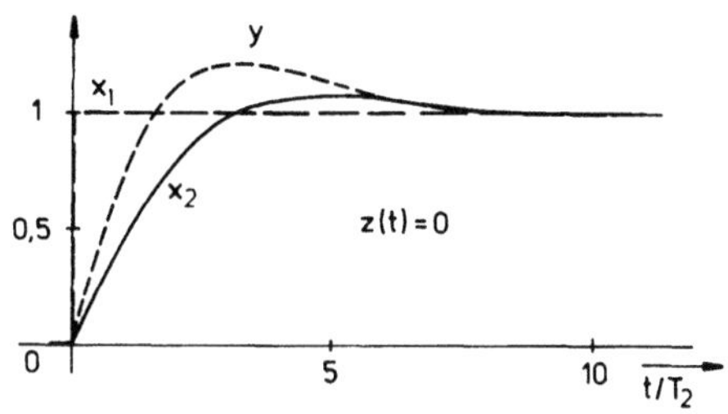

Bild L 12-1c

$$y(t) = \frac{1}{T_2}\int_0^t e^{-\frac{\tau}{2T_2}} \cos\left(\frac{\tau}{2T_2}\right) d\tau =$$

$$= 1 - \sqrt{2}\, e^{-\frac{t}{2T_2}} \cos\left(\frac{t}{2T_2} + \frac{\pi}{4}\right). \tag{12}$$

Der zugehörige Kurvenverlauf ist in Bild L 12-1c gezeichnet. Wegen der verzögerten Strecke eilt $y(t)$ gegenüber $x_2(t)$ vor.

d) Sprungantwort bei Änderung der Störgröße

Die Stör-Übertragungsfunktion des geschlossenen Regelkreises ist mit (5) und $T_i = T_2$

$$F_{gz}(p) = \frac{X_2}{Z} = \frac{F_S}{1 + F_R F_S} = \frac{1}{F_R}\,\frac{F_k}{1 + F_k} = T_2 p\, F_g(p) =$$

$$= \frac{T_2 p (T_2 p + 1)}{2(T_2 p)^2 + 2 T_2 p + 1}. \tag{13}$$

Die zu einer sprungförmigen Änderung der Störgröße gehörende Antwortfunktion wird damit

$$X_2(p) = \frac{1}{p} F_{gz}(p) = \frac{T_2(T_2 p + 1)}{2(T_2 p)^2 + 2 T_2 p + 1} =$$

$$= \frac{1}{2T_2}\,\frac{T_2 p + 1}{(p - p_2)(p - p_3)}. \tag{14}$$

Daraus folgt nach Partialbruchzerlegung und Rücktransformation

$$x_2(t) = \frac{1}{\sqrt{2}} e^{-\frac{t}{2T_2}} \cos\left(\frac{t}{2T_2} - \frac{\pi}{4}\right). \tag{15}$$

Der Stellgrößenverlauf ergibt sich wegen $Y/Z = -F_R F_S/(1 + F_R F_S) = -F_g$ aus (10)

$$y(t) = -1 + e^{-\frac{t}{2T_2}} \cos\left(\frac{t}{2T_2}\right). \tag{16}$$

Bild L 12-1d zeigt Ausgangsgröße und Stellgröße bei einer sprungförmigen Änderung der Störgröße. Der konstante Endwert der Stellgröße ist erforderlich, um den Einfluß der Störgröße aufzuheben.

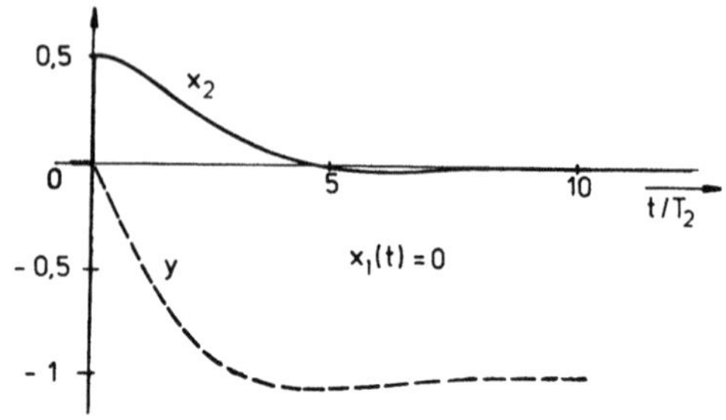

Bild L 12-1d

Lösung zu Aufgabe 12-2: Regelung einer Verzögerungskette mit I-Regler

a) Bestimmung der Integrierzeit

Die Berechnung der Integrierzeitkonstanten und der Durchtrittsfrequenz erfolgt anhand des Frequenzgangs des offenen Kreises. Aus

$$F_k(p) = \frac{1}{T_i p} \, \frac{1}{(T\,p + 1)^3} = |F_k| \, e^{j\varphi_k} \tag{1}$$

erhält man mit $p = j\omega$

$$|F_k(j\omega)| = \frac{1}{\omega T_i (\sqrt{1 + (\omega T)^2})^3}\,, \tag{2}$$

$$\varphi_k(\omega) = -\frac{\pi}{2} - 3 \arctan \omega T. \tag{3}$$

Mit der Definition des Phasenabstands

$$\psi_d = \varphi_k(\omega_d) + \pi$$

erhält man für einen Phasenabstand $\psi_d = 45^\circ$ mit (3) die Beziehung

$$\psi_d = \frac{\pi}{4} = \frac{\pi}{2} - 3 \arctan \omega_d T,$$

aus der sich die Durchtrittsfrequenz berechnen läßt,

$$\omega_d = \frac{1}{T} \tan \frac{\pi}{12}\,. \tag{4}$$

Daraus ergibt sich mit der Betragsbedingung $|F_k(j\omega_d)| = 1$ und (2)

$$T_i = \frac{T}{\tan \frac{\pi}{12} \left(\sqrt{1 + \tan^2 \frac{\pi}{12}}\right)^3} = T \, \frac{\cos^4 \pi/12}{\sin \pi/12} = 3{,}36\ T. \tag{5}$$

b) Ortskurven

Der Verlauf der Ortskurven wird aus den Asymptoten für $\omega \to 0$ und $\omega \to \infty$ ermittelt. Aus (1) folgt für $\omega \to 0$ die Näherung

$$F_k(j\omega) \approx \frac{1}{j\omega T_i}(1 - 3j\omega T) = -3\frac{T}{T_i} - j\frac{1}{\omega T_i},$$

während sich für $\omega \to \infty$ als Asymptote

$$F_k(j\omega) \approx \frac{1}{\omega^4 T_i T^3}, \quad \varphi_k(\omega) = -2\pi$$

ergibt. Der Verlauf der Ortskurve ist in Bild L 12-2b gezeichnet.

Die Ortskurve für den geschlossenen Regelkreis

$$F_g(j\omega) = \frac{F_k(j\omega)}{1 + F_k(j\omega)} = \frac{1}{1 + j\omega T_i(1 + j\omega T)^3} \tag{6}$$

wird ebenfalls aus dem Verlauf der Asymptoten für $\omega \to 0$

$$F_g(j\omega) \approx 1 - j\omega T_i$$

und für $\omega \to \infty$

$$F_g(j\omega) \approx \frac{1}{\omega^4 T_i T^3}$$

entwickelt. Die Ortskurve durchläuft ausgehend von $F_g(0) = 1$ in negativer Drehrichtung nacheinander alle Quadranten und mündet in den Ursprung (Bild L 12-2c). Für große Werte von ω gilt $F_g(j\omega) \approx F_k(j\omega)$.

c) Stör-Übertragungsfunktion

Aus

$$F_{gz}(p) = \frac{1}{1 + F_k(p)} \tag{7}$$

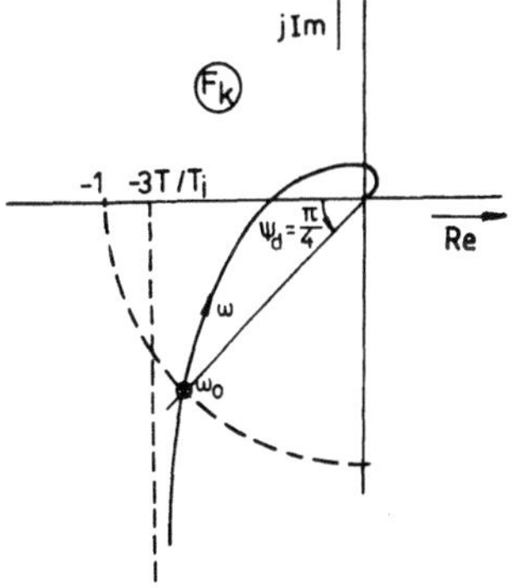

Bild L 12-2b

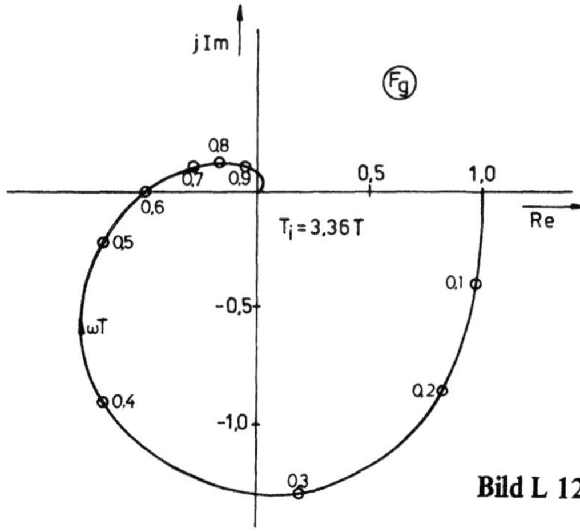

Bild L 12-2c

läßt sich der zugehörige Frequenzgang berechnen

$$F_{gz}(j\omega) = \frac{j\omega T_i(1 + j\omega T)^3}{1 + j\omega T_i(1 + j\omega T)^3}. \tag{8}$$

Als Grenzwert für niedrige Frequenzen folgt

$$F_{gz}(\omega \to 0) \approx j\omega T_i;$$

konstante Störungen ($\omega = 0$) werden also durch den Integralregler vollständig ausgeglichen. Für hohe Frequenzen gilt

$$F_{gz}(\omega \to \infty) \approx 1;$$

wegen der Verzögerungen im Regler und in der Strecke können hochfrequente Störungen nicht ausgeregelt werden; sie treten deshalb im Ausgangssignal unvermindert auf. Bild L 12-2d zeigt den Verlauf der zugehörigen Ortskurve. In einem mittleren Frequenzbereich werden periodische Störgrößen durch die Regelung sogar verstärkt.

d) Sprungantworten

In Bild L 12-2e ist der Verlauf der Regelgröße bei einem Sprung der Führungsgröße bzw. der Störgröße dargestellt.

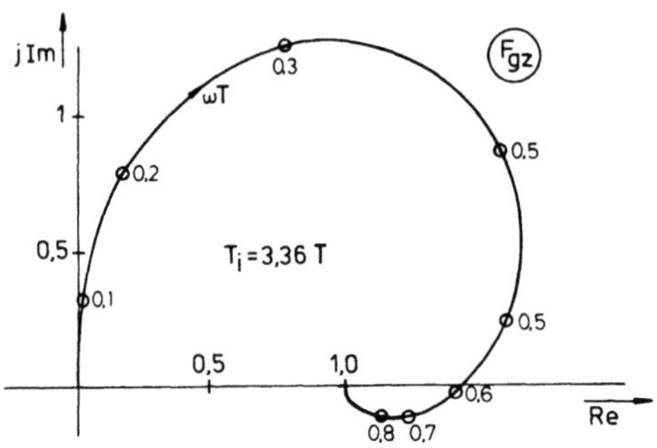

Bild L 12-2d

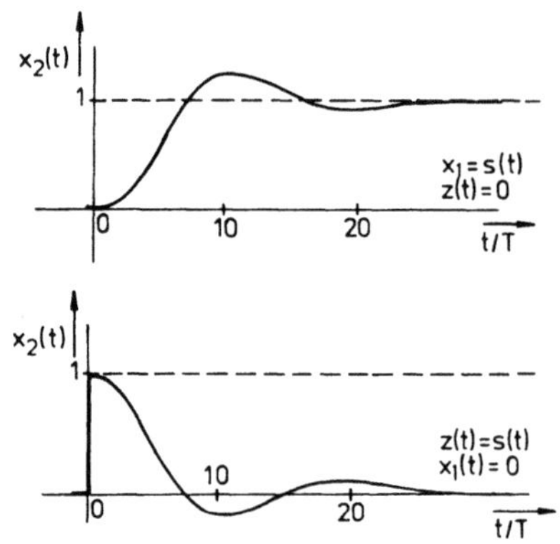

Bild L 12-2e

Lösung zu Aufgabe 12-3: Regelung einer Laufzeitstrecke

a) Übertragungsfunktion und Ortskurve

Die Übertragungsfunktion des offenen Regelkreises lautet

$$F_k(p) = \frac{X_2}{X_3}(p) = \frac{1}{T_i p} V e^{-T_L p} = \frac{1}{T_{ik} p} e^{-T_L p} \tag{1}$$

mit $T_{ik} = T_i/V$.

Der zugehörige Frequenzgang ist mit $p = j\omega$

$$F_k(j\omega) = \frac{1}{j\omega T_{ik}} e^{-j\omega T_L}. \tag{2}$$

Da der Betrag $|F_k|$ mit wachsender Frequenz hyperbolisch abnimmt und die Phase linear ansteigt, erhält man als Ortskurve eine Spirale, die für $\omega \to \infty$ in den Ursprung läuft (Bild L 12-3b). Der Verlauf bei kleinen Frequenzen folgt aus einer Asymptotenbetrachtung des Real- und Imaginärteils von (2),

$$F_k(j\omega) = -\frac{\sin \omega T_L}{\omega T_{ik}} - j\frac{\cos \omega T_L}{\omega T_{ik}};$$

somit gilt

$$\lim_{\omega \to 0} \mathrm{Re}(F_k) = -T_L/T_{ik}, \quad \lim_{\omega \to 0} \mathrm{Im}(F_k) \to -\infty.$$

b) Durchtrittsfrequenz

Aus der Definitionsgleichung für die Durchtrittsfrequenz folgt durch Einsetzen von (2)

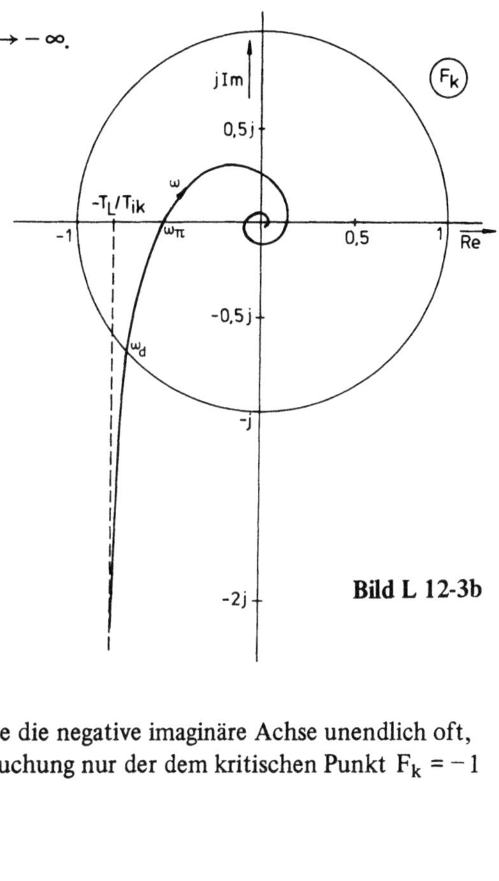

Bild L 12-3b

$$|F_k(j\omega_d)| = \frac{1}{\omega_d T_{ik}} = 1,$$

somit

$$\omega_d = \frac{1}{T_{ik}}. \qquad (3)$$

Die Definitionsgleichung für die 180°-Frequenz lautet

$$\varphi_k(\omega_\pi) = -\pi; \qquad (4)$$

im vorliegenden Fall schneidet die Ortskurve die negative imaginäre Achse unendlich oft, jedoch interessiert für eine Stabilitätsuntersuchung nur der dem kritischen Punkt $F_k = -1$ nächstliegende Schnittpunkt,

$$\varphi_k = -\omega T_L - \frac{\pi}{2} = -\pi;$$

somit ist $\omega_\pi = \pi/2T_L$. (5)

ω_d wird nur von T_i, ω_π nur von T_L bestimmt.

Der Stabilitätsgrenzfall ist erreicht, wenn $F_k(j\omega)$ durch den Punkt -1 geht, was der Bedingung $\omega_\pi = \omega_d$ entspricht. Mit (3, 5) folgt

$$\omega_d = \frac{1}{T_{ik}} = \omega_\pi = \frac{\pi}{2T_L}$$

oder $\quad T_{ik} = \frac{2}{\pi} T_L.$ (6)

c) Übertragungseigenschaften des geschlossenen Kreises

Im Bildbereich ergibt sich die Ausgangsgröße bei Anregung durch die Führungs- und die Störgröße als Linearkombination

$$X_2(p) = F_g(p)\, X_1(p) + F_{gz}(p)\, Z(p), \tag{7}$$

mit

$$F_g(p) = \frac{F_k(p)}{1 + F_k(p)} = \frac{1}{1 + T_{ik}\, p\, e^{T_L p}}$$

und

$$F_{gz}(p) = T_i p\, F_g(p) = \frac{T_i p}{1 + T_{ik}\, p\, e^{T_L p}}.$$

Der Wert der Regelabweichung im stationären Zustand läßt sich mit Hilfe des Grenzwertsatzes der Laplace-Transformation berechnen. Wenn der Kreis durch die Führungsgröße $x_1(t) = s(t)$ angeregt wird, gilt

$$\lim_{t \to \infty} x_2(t) = \lim_{p \to 0} pX_2(p) = \lim_{p \to 0} F_g(p) = 1,$$

somit

$$\lim_{t \to \infty} x_3(t) = \lim_{t \to \infty} (x_1 - x_2) = 0.$$

Im Fall einer Anregung durch die Störgröße $z(t) = s(t)$ gilt entsprechend

$$\lim_{t \to \infty} x_3(t) = \lim_{p \to 0} F_{gz}(p) = 0.$$

Die Regelabweichung strebt in beiden Fällen wegen der integrierenden Wirkung des Reglers dem Endwert Null zu.

d) Regelvorgang bei sprungförmiger Änderung der Störgröße

Bild L 12-3c zeigt den Verlauf der Stell- und Ausgangsgröße bei sprungförmiger Störanregung. Wegen der Laufzeit entsteht die den Störeinfluß kompensierende Stellgröße erst für $t > T_L$, ihre Auswirkung auf die Regelgröße beginnt bei $t = 2T_L$.

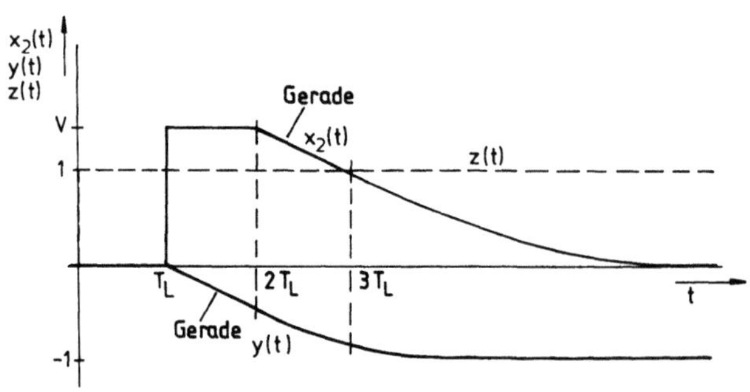

Bild L 12-3c

Lösung zu Aufgabe 12-4: Regelung mit vorübergehender Unterbrechung des Istwertsignals

a) Bestimmung der Integrierzeit

Mit der Übertragungsfunktion des offenen Kreises

$$F_k(p) = \frac{X_2}{X_3}(p) = \frac{V}{T_1 p(T_2 p + 1)} = \frac{1}{T_{ik} p(T_2 p + 1)}, \tag{2}$$

$T_{ik} = T_1/V,$

folgt als Übertragungsfunktion des geschlossenen Kreises

$$F_g(p) = \frac{X_2}{X_1}(p) = \frac{F_k}{1 + F_k} = \frac{1}{T_{ik} T_2 p^2 + T_{ik} p + 1}. \tag{3}$$

Ein Koeffizientenvergleich mit der Normalform für ein schwingungsfähiges System

$$F_g(p) = \frac{1}{\left(\frac{p}{\omega_0}\right)^2 + 2D\frac{p}{\omega_0} + 1}$$

ergibt

$$\omega_0 = \frac{1}{\sqrt{T_{ik} T_2}}, \quad D = \frac{1}{2}\sqrt{\frac{T_{ik}}{T_2}}. \tag{4}$$

Für $D = 1/\sqrt{2}$ gilt somit

$$T_{ik} = 2T_2 \quad \text{oder} \quad T_1 = 2VT_2. \tag{5}$$

Die Pole der Übertragungsfunktion (3) sind

$$p_{1,2} = \omega_0(-D \pm j\sqrt{1 - D^2}), \tag{6}$$

oder mit (4, 5)

$$p_{1,2} = \frac{1}{2T_2}(-1 \pm j).$$

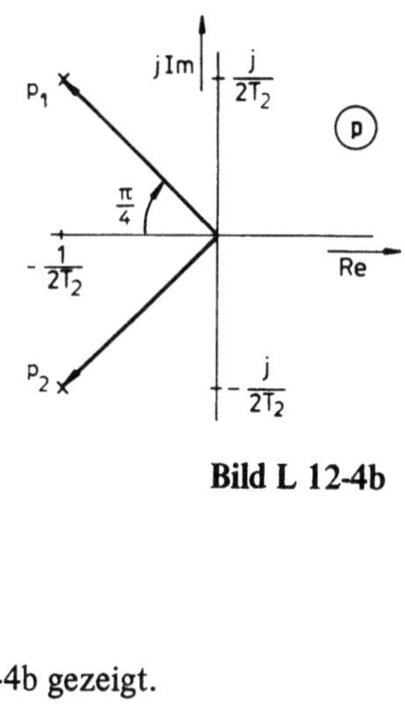

Bild L 12-4b

Die Lage der Pole in der komplexen p-Ebene ist in Bild L 12-4b gezeigt.

b) Vorgang während der Istwertunterbrechung

Der stationäre Zustand des Regelkreises ist wegen des integrierenden Reglers durch

$x_2 = x_1 = x_{10},$

$x_3 = x_1 - x_2 = 0,$

$y_0 = x_{10}/V$

gekennzeichnet. Durch Unterbrechung der Istwertleitung bei $t = 0$ ändert sich die Regelabweichung sprungförmig,

$x_3(t) = x_{10}\, s(t),$

so daß im darauffolgenden Zeitabschnitt $0 \leq t \leq t_1$ die Stellgröße zeitlinear ansteigt,

$$y(t) = y_0 + x_{10}\frac{t}{T_1} = x_{10}\left(\frac{1}{V} + \frac{t}{T_1}\right). \tag{7}$$

Da der aufgeschnittene Kreis die Eigenschaften eines verzögerten Integrators hat, gilt in dem betrachteten Zeitabschnitt gemäß Abs. 3.3.2 des Lehrbuchs

$$x_2(t) = x_{10} + x_{10} V \left[\frac{t}{T_1} - \frac{T_2}{T_1} \left(1 - e^{-\frac{t}{T_2}}\right) \right]. \tag{8}$$

Bild L 12-4c zeigt die zugehörigen Verläufe für V = 1.

c) Ausgleichsvorgang nach Beseitigung der Störung

Am Ende der Störung ($t = t_1$) haben die beiden Größen folgende Werte angenommen

$$y_1 = y(t_1) = x_{10} \left(\frac{1}{V} + \frac{t_1}{T_1}\right) . \tag{9}$$

$$x_{21} = x_2(t_1) = x_{10} + x_{10} V \left[\frac{t_1}{T_1} - \frac{T_2}{T_1} \left(1 - e^{-\frac{t_1}{T_2}}\right) \right]. \tag{10}$$

Sobald die Störung behoben ist, $t > t_1$, arbeitet der geschlossene Regelkreis wieder, d. h. die Größen y und x_2 streben, ausgehend von den Werten y_1 und x_{21}, den früheren stationären Werten zu. Der Verlauf der Ausgangsgröße des vorliegenden schwingungsfähigen Systems wird dabei durch den Ansatz (1) beschrieben. Die Konstanten A_1, A_2 und φ sind durch die Randbedingungen festgelegt, denn wegen der Verzögerungen in Strecke und Regler müssen die Größen y und x_2 stetig verlaufen. Aus der Stetigkeit von y folgt aber, daß auch dx_2/dt stetig ist. Einsetzen der Randbedingungen ergibt mit (4, 5, 8)

$$\lim_{\tau \to \infty} x_2 = x_{10} = A_1,$$

$$\lim_{\tau \to 0} x_2 = x_{21} = A_1 + A_2 \cos\varphi = x_{10} + A_2 \cos\varphi, \tag{11}$$

$$\lim_{\tau \to 0} \frac{dx_2}{d\tau} = - A_2 \omega_0 (D \cos\varphi + \sqrt{1 - D^2} \sin\varphi) =$$

$$= -\frac{1}{2T_2} A_2 (\cos\varphi + \sin\varphi) =$$

$$= \lim_{t \to t_1} \frac{dx_2}{dt} = \frac{x_{10} V}{T_1} (1 - e^{-t_1/T_2}) = \dot{x}_{21} . \tag{12}$$

Aus (11) und (12) erhält man die Integrationskonstanten

$$\varphi = \arctan \left(\frac{2 T_2 \dot{x}_{21}}{x_{10} - x_{21}} - 1 \right) , \tag{13}$$

$$A_2 = \frac{x_{21} - x_{10}}{\cos\varphi} .$$

$y(\tau)$ läßt sich mit Hilfe der Differentialgleichung der Strecke

$$y(\tau) = \frac{1}{V} \left[x_2(\tau) + T_2 \frac{dx_2}{d\tau} \right]$$

bestimmen, wobei $x_2(\tau)$ aus (1) eingesetzt wird; eine andere Möglichkeit folgt aus der Differentialgleichung des Reglers

$$y(\tau) = y_1 + \frac{1}{T_1}\int_0^\tau (x_1 - x_2)\, d\sigma.$$

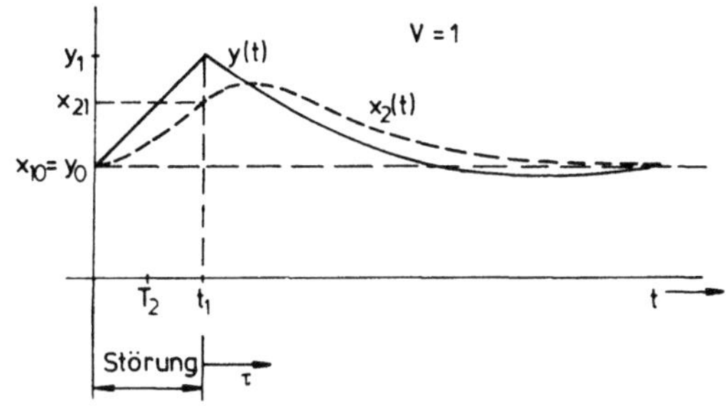

Bild L 12-4c

Bild L 12-4c zeigt die Verläufe von Stell- und Ausgangsgröße während des gesamten Zeitbereiches.

Durch den Wegfall des Istwertes wird dem Regler eine große Regelabweichung vorgetäuscht, die durch Änderung der Stellgröße nicht beeinflußt werden kann. In praktischen Anlagen, z. B. bei elektrischen Antrieben, die sich unerwartet in Bewegung setzen, kann dies mit Gefahren verbunden sein. Die Meßwertübertragung bei Regelungen muß deshalb besonders sorgfältig ausgeführt werden.

Lösung zu Aufgabe 13-1: Regelung einer verzögerten Strecke mit PI-Regler

a) Übertragungseigenschaften des PI-Reglers

Die Übertragungsfunktion des PI-Reglers läßt sich in multiplikativer oder additiver Form schreiben,

$$F_R(p) = V_R \frac{T_i p + 1}{T_i p} = V_R + \frac{V_R}{T_i p}\ , \tag{1}$$

entsprechend einer Kettenschaltung von PD- und I-Glied, oder einer Parallelschaltung von P- und I-Glied (Bild L 13-1b). Man kann den PI-Regler somit als I-Regler mit Vorhalt oder als P-Regler mit integralem Genauigkeitszusatz deuten. Er verbindet die Vorteile eines P-Reglers (unverzögertes Eingreifen) mit denen eines I-Reglers (verschwindende stationäre Regelabweichung).

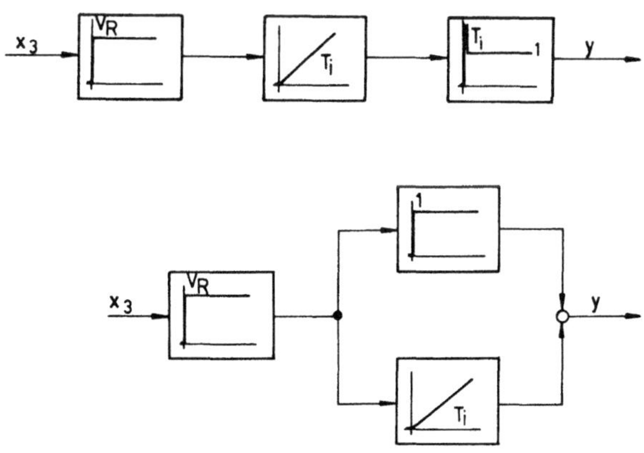

Bild L 13-1b

Das gleiche Ergebnis zeigt die in Bild L 13-1c dargestellte Sprungantwort.

b) Wahl der Vorhaltzeitkonstante

Die Kreis-Übertragungsfunktion

$$F_k(p) = V_R \frac{T_i p + 1}{T_i p} \frac{V_1}{(T_1 p + 1)(T_2 p + 1)} \tag{2}$$

führt auf eine Übertragungsfunktion des geschlossenen Kreises 3. Ordnung. Eine Vereinfachung ist durch die Wahl $T_i = T_{1,2}$, d. h. durch „Kompensation" einer Verzögerung, möglich. Um eine hohe Durchtrittsfrequenz ω_d zu erhalten, sollte der Abstand zwischen den ersten verbleibenden Polstellen möglichst groß sein, da diese Pole den Phasenverlauf im Bereich $-\pi < \varphi_k < -\pi/2$ bestimmen. Wegen $T_1 > T_2$ ist somit $T_i = T_1$ die zweckmäßige Wahl. Damit vereinfacht sich (2),

$$F_k(p) = \frac{V_R V_1}{T_1 p(T_2 p + 1)} = \frac{1}{T_{ik} p(T_2 p + 1)} . \tag{3}$$

$T_{ik} = T_1 / V_R V_1$ wird als Kreis-Integrierzeit bezeichnet.

In Bild L 13-1d ist die Verschiebung des Pols von $-1/T_1$ in den Ursprung angedeutet. Bild L 13-1e zeigt das zugehörige Bode-Diagramm mit den Betragsasymptoten.

c) Wahl der Reglerverstärkung

Die Vorgabe des Phasenabstandes erübrigt sich, da die mit (3) entstehende Übertragungsfunktion des geschlossenen Regelkreises allgemein auswertbar ist.

$$F_g = \frac{X_2}{X_1} = \frac{F_k}{1 + F_k} = \frac{1}{T_{ik} T_2 p^2 + T_{ik} p + 1} = \frac{1}{\left(\frac{p}{\omega_0}\right)^2 + 2D \frac{p}{\omega_0} + 1} . \tag{4}$$

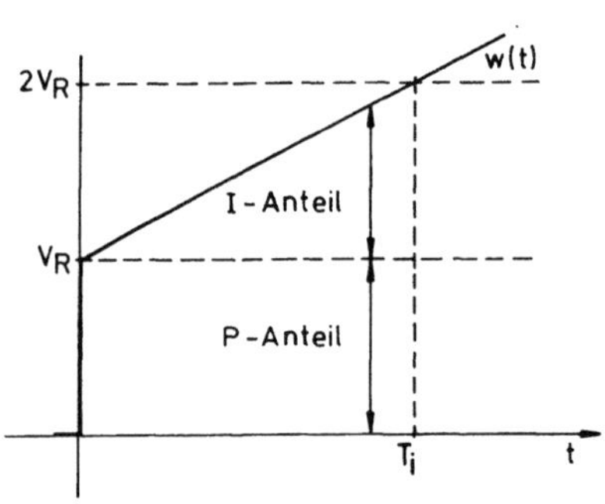

Bild L 13-1c

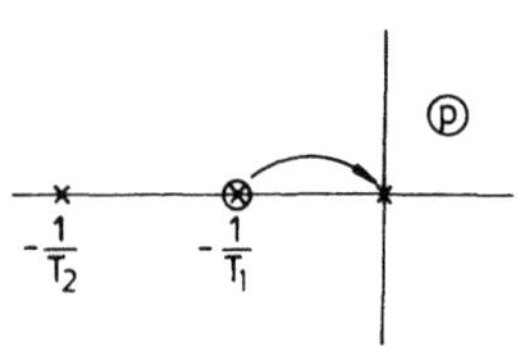

Bild L 13-1d

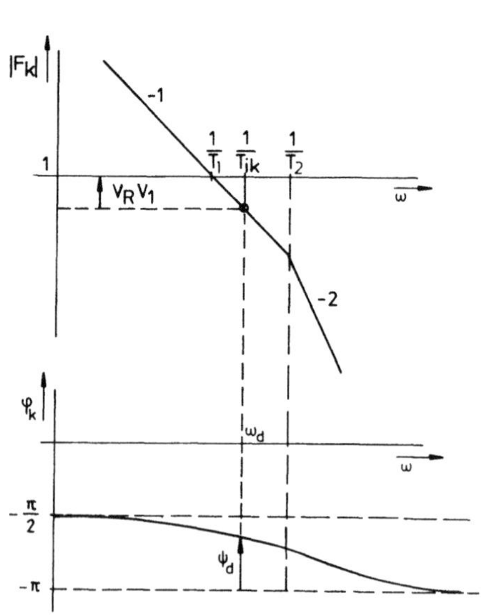

Bild L 13-1e

Eigenfrequenz und Dämpfung sind

$$\omega_0 = \frac{1}{\sqrt{T_{ik}T_2}} = \sqrt{\frac{V_R V_1}{T_1 T_2}}, \tag{5}$$

$$D = \frac{1}{2} T_{ik}\omega_0 = \frac{1}{2}\sqrt{\frac{T_1}{T_2}} \frac{1}{\sqrt{V_R V_1}}. \tag{6}$$

Daraus folgt für gegebenen Dämpfungsfaktor

$$V_R = \frac{1}{4D^2 V_1} \frac{T_1}{T_2}. \tag{7}$$

Mit $D = 1/\sqrt{2}$ erhält man

$$V_R = \frac{1}{2V_1} \frac{T_1}{T_2}. \tag{8}$$

Die Übertragungsfunktion des geschlossenen Kreises lautet damit

$$F_g = \frac{1}{2(T_2 p)^2 + 2T_2 p + 1}. \tag{9}$$

Bild L 13-1f zeigt die zugehörige Sprungantwort für $V_1 = 1, T_1 = 2T_2$.

d) Störverhalten des Regelkreises

Die Stör-Übertragungsfunktion folgt nach den bekannten Rechenregeln

$$F_{gz} = \frac{X_2}{Z} = \frac{F_{S1}}{1 + F_k} = \frac{1}{F_R F_{S2}} \frac{F_k}{1 + F_k} = \frac{1}{F_R F_{S2}} F_g. \tag{10}$$

Mit $T_i = T_1$ und Gl. (7) erhält man

$$F_{gz} = 4D^2 V_1 \frac{T_2 p(T_2 p + 1)}{T_1 p + 1} F_g, \tag{11}$$

woraus für $D = 1/\sqrt{2}$ schließlich

$$F_{gz} = V_1 \frac{T_2 p + 1}{T_1 p + 1} \frac{2T_2 p}{2(T_2 p)^2 + 2T_2 p + 1} \tag{12}$$

entsteht.

Die Nullstelle bei $p = 0$ zeigt differenzierendes Verhalten an; somit gilt

$$\lim_{t \to \infty} w_{gz}(t) = 0,$$

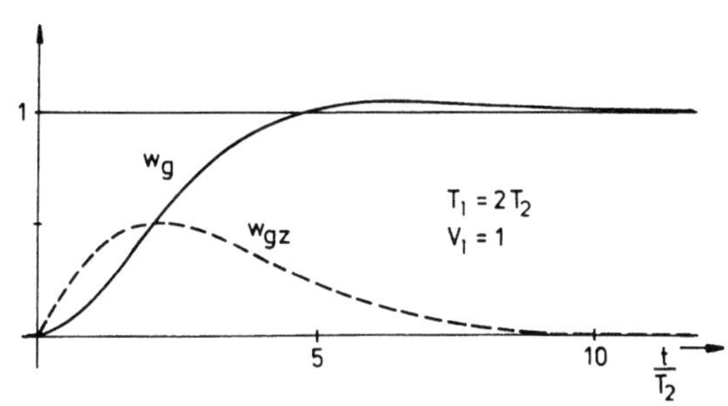

Bild L 13-1f

d. h. die konstante Störgröße wird im stationären Zustand vollständig ausgeregelt. Dies ist eine Folge des integrierenden Reglers. Der Vorfaktor in (11),

$$D^2 \frac{T_2 p + 1}{T_1 p + 1},$$

deutet darauf hin, daß ein kleiner Wert des Dämpfungsfaktors zu einer schnellen Regelung und kleinen störgrößenbedingten Auslenkungen führt; auch ist zu erkennen, daß es bei großen Werten des Verhältnisses der Streckenzeitkonstanten, $T_1 \gg T_2$, wünschenswert sein kann, T_i zu reduzieren und im Bereich $T_2 < T_i < T_1$ zu wählen, um die Ausregelung von Störgrößen zu beschleunigen.

Die für $T_1 = 2T_2$ berechnete Sprungantwort bei Störgrößenänderung ist in Bild L 13-1f eingetragen.

Lösung zu Aufgabe 13-2: Spannungsregelung eines Gleichspannungs-Netzgerätes

a) Blockschaltbild

Durch Anwendung der komplexen Rechnung folgt bei Annahme eingeprägter Anregungsgrößen $u_1(t)$ und $i_2(t)$

$$U_2(p) = \frac{1/Cp}{Lp + R + 1/Cp} U_1 - \frac{(Lp + R)/Cp}{Lp + R + 1/Cp} I_2 =$$

$$= \frac{1}{LCp^2 + RCp + 1} U_1 - \frac{(Tp + 1)}{LCp^2 + RCp + 1} RI_2, \qquad (2)$$

mit $T = L/R$.

Bild L 13-2b zeigt das zugehörige Blockschaltbild.

b) PI-Regler

Die Schaltung eines elektronischen PI-Reglers ist in Bild L 13-2c dargestellt.

Die Übertragungsfunktion lautet

$$F_R(p) = V_R \frac{T_i p + 1}{T_i p}, \qquad (3)$$

wobei

$$V_R = \frac{R_2}{R_1}, \qquad T_i = R_2 C_2. \qquad (4)$$

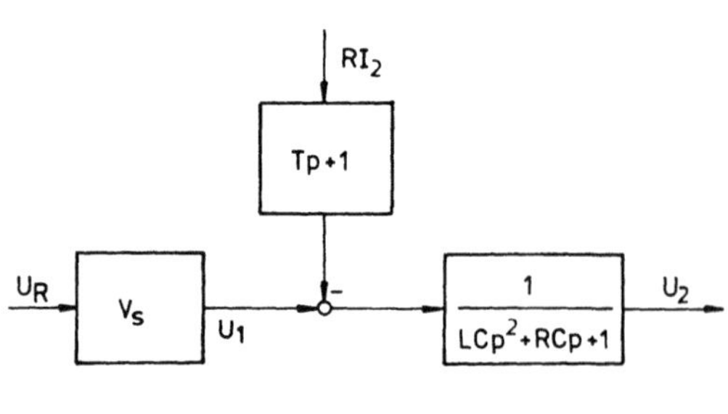

Bild L 13-2b

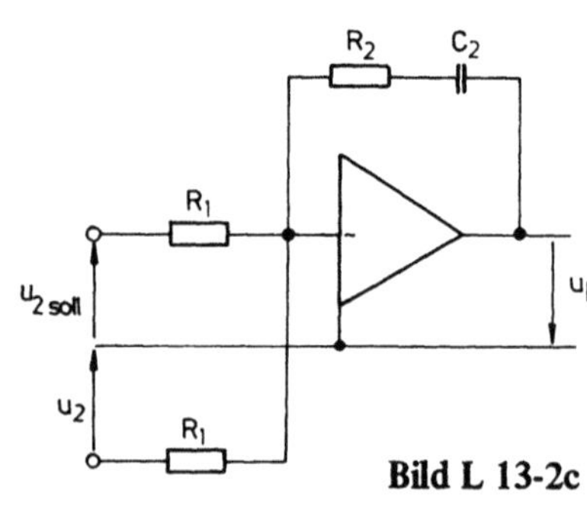

Bild L 13-2c

c) Bestimmung der Reglerparameter

Bei aperiodischer Dämpfung der Regelstrecke läßt sich (2) in folgender Weise schreiben

$$U_2(p) = \frac{1}{(T_a p + 1)(T_b p + 1)} [U_1 - (Tp + 1) RI_2]. \tag{5}$$

Die beiden reellen Pole folgen als Nullstellen des Nenners

$$p_{1,2} = -\frac{R}{2L} \pm \sqrt{\left(\frac{R}{2L}\right)^2 - \frac{1}{LC}} = -\frac{1}{2T} \pm \sqrt{\left(\frac{1}{2T}\right)^2 - \omega_0^2} = -\frac{1}{T_a}, \quad -\frac{1}{T_b}. \tag{6}$$

$\omega_0 = 1/\sqrt{LC}$ ist die Resonanzkreisfrequenz des Glättungsvierpols.

Die Kreis-Übertragungsfunktion

$$F_k(p) = V_R \frac{T_i p + 1}{T_i p} \frac{V_s}{(T_a p + 1)(T_b p + 1)}, \quad T_a > T_b \tag{7}$$

wird mit der Wahl $T_i = T_a$ vereinfacht; gleichzeitig wird damit der Abstand der verbleibenden Polstellen maximal, so daß eine hohe Durchtrittsfrequenz möglich ist.

Man erhält

$$F_k(p) = V_R V_S \frac{1}{T_a p(T_b p + 1)}. \tag{8}$$

Der Dämpfungsfaktor $D = 1/\sqrt{2}$ wird mit

$$T_{ik} = \frac{T_a}{V_R V_S} = 2\,T_b,$$

d. h.

$$V_R = \frac{1}{2V_S} \frac{T_a}{T_b} \tag{9}$$

erreicht.

Dies führt auf die Kreis-Übertragungsfunktion

$$F_k(p) = \frac{1}{2\,T_b\, p(T_b\, p + 1)} \tag{10}$$

und die Übertragungsfunktion des geschlossenen Kreises ($I_2 = 0$)

$$F_g(p) = \frac{U_2}{U_{2\,soll}}(p) = \frac{1}{2(T_b\, p)^2 + 2T_b\, p + 1}. \tag{11}$$

d) Lastverhalten

Die Stör-Übertragungsfunktion erhält man gemäß Bild L 13-2b durch Berücksichtigung der veränderten Angriffsstelle und des vorgeschalteten Funktionsblockes,

$$F_{gz}(p) = \frac{U_2}{RI_2} = -\frac{Tp + 1}{V_S F_R} F_g = -\frac{(Tp + 1)\, T_a\, p}{V_R V_S (T_a\, p + 1)} F_g =$$

$$= -\frac{Tp + 1}{T_a\, p + 1} \frac{2T_b\, p}{2(T_b\, p)^2 + 2T_b\, p + 1}. \tag{12}$$

Die Nullstelle bei $p = 0$ läßt erkennen, daß der Einfluß einer Gleichstörung, d. h. der Spannungsabfall infolge einer Gleichstrombelastung, im stationären Zustand durch den integrierenden Regler vollständig ausgeregelt wird.

Die Regelung des Netzgerätes wird in Aufgabe 17-2 unter Berücksichtigung zusätzlicher Randbedingungen nochmals behandelt.

Lösung zu Aufgabe 13-3: Regelung einer integrierenden Strecke mit Allpaß

a) Eigenschaften der Regelstrecke

Schreibt man die Übertragungsfunktion der Strecke in der Form

$$F_S(p) = -1 + \frac{1}{T_1 p}, \tag{1}$$

so läßt sich daraus ein einfaches Blockschaltbild ableiten (Bild L 13-3a).

Die Sprungantwort und die Impulsantwort werden durch Überlagerung der Antworten der beiden parallelgeschalteten Kanäle gebildet (Bilder L 13-3b, c).

Mit (1) werden die Sprung- und die Impulsantwort im Bildbereich berechnet:

$$W(p) = \frac{1}{p}\, F(p) = -\frac{1}{p} + \frac{1}{T_1 p^2}, \tag{2}$$

$$w(t) = (-1 + t/T_1)\ s(t);$$

$$G(p) = 1\text{s}\, F(p) = 1\text{s}\left(-1 + \frac{1}{T_1 p}\right), \tag{3}$$

$$g(t) = -\delta(t) + \frac{1\text{s}}{T_1} s(t).$$

Die Verteilung der Pole und Nullstellen zeigt Bild L 13-3d.

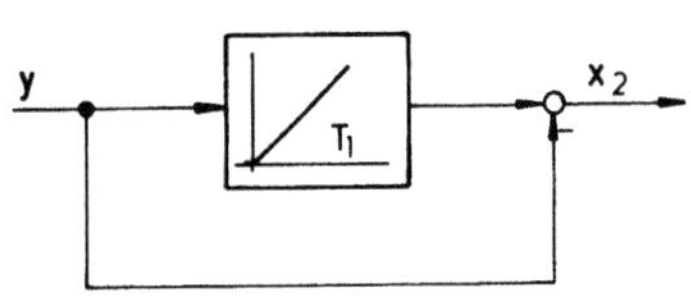

Bild L 13-3a

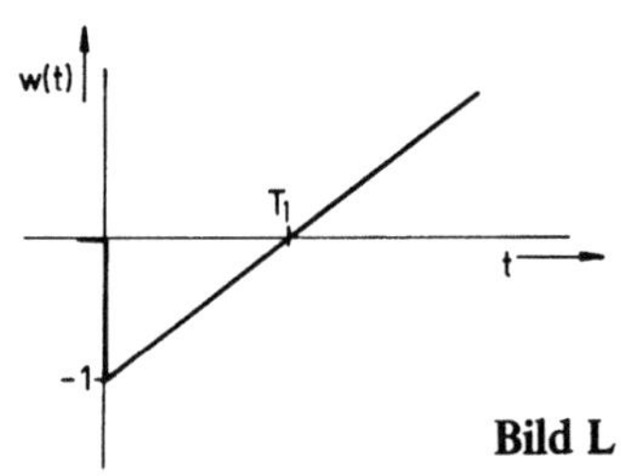

Bild L 13-3b

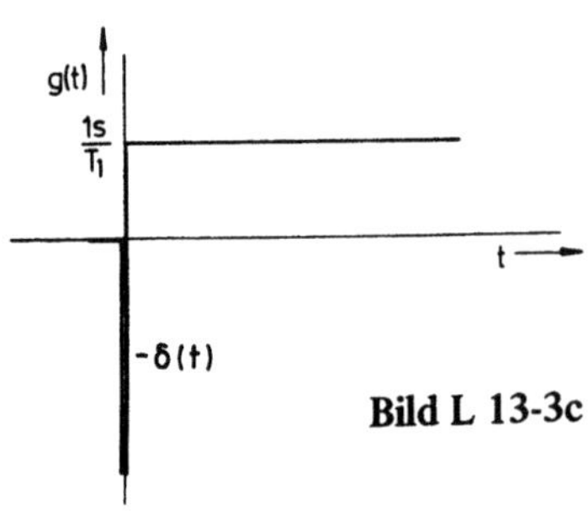

Bild L 13-3c

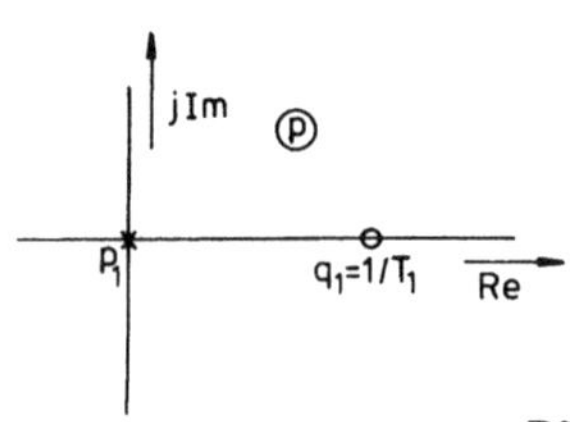

Bild L 13-3d

Da eine Nullstelle in der rechten p-Halbebene liegt, handelt es sich um eine allpaßhaltige Strecke (Nicht-Minimalphasen-System). Durch Erweiterung von (1) mit $T_1 p + 1$ erhält man die Reihenschaltung eines PI-Gliedes und eines Allpasses,

$$F_S = \frac{T_1 p + 1}{T_1 p} \, \frac{-T_1 p + 1}{T_1 p + 1} \; . \tag{4}$$

b) Bode-Diagramm

Die Übertragungsfunktion des aufgeschnittenen Kreises (Kreis-Übertragungsfunktion) lautet

$$F_k = F_R \; F_S = V_R \, \frac{T_i p + 1}{T_i p} \, \frac{-T_1 p + 1}{T_1 p} \; . \tag{5}$$

Wegen der negativen Phase der zwei Integralterme $(-\pi)$ und der negativen Phasendrehung infolge des Zählerterms der Strecke ist der Vorhalt des Reglers eine Voraussetzung für Stabilität. Ein positiver Phasenbeitrag des Zählers ergibt sich nur für $T_i > T_1$. Bild L 13-3e zeigt das zugehörige Bode-Diagramm.

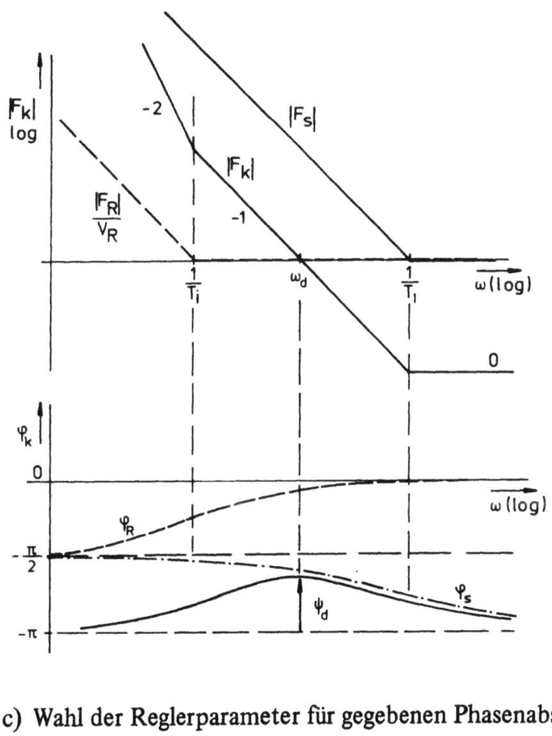

Bild L 13-3e

c) Wahl der Reglerparameter für gegebenen Phasenabstand

Der Phasenabstand ψ_d wird mit der Definitionsgleichung

$$\psi_d = \varphi_k(\omega_d) + \pi \tag{6}$$

aus dem Phasenverlauf von $F_k(j\omega)$,

$$\varphi_k = -\pi + \arctan \omega T_i - \arctan \omega T_1 \, , \tag{7}$$

berechnet. Das Maximum des Phasenabstandes folgt aus

$$\left.\frac{d\varphi_k}{d\omega}\right|_{\omega_m} = \frac{T_i}{1+(\omega_m T_i)^2} - \frac{T_1}{1+(\omega_m T_1)^2} = 0.$$

Daraus ergibt sich

$$\omega_m = \frac{1}{\sqrt{T_i T_1}}. \tag{8}$$

Um zu erreichen, daß die Durchtrittsfrequenz an der Stelle des Phasenmaximums liegt, muß gelten $|F_k(j\omega_m)| = 1$, d. h. mit (5)

$$|F_k(j\omega_m)| = V_R \frac{\sqrt{(\omega_m T_i)^2+1}\sqrt{(\omega_m T_1)^2+1}}{\omega_m^2 T_i T_1} = 1. \tag{9}$$

Einsetzen von (8) liefert die gesuchte Reglerverstärkung

$$V_R = \frac{1}{\sqrt{(T_i/T_1+1)(T_1/T_i+1)}} = \frac{1}{\sqrt{\frac{T_i}{T_1}}+\sqrt{\frac{T_1}{T_i}}}. \tag{10}$$

Mit der Abkürzung

$$T_i/T_1 = a^2 > 1 \tag{11}$$

folgt

$$V_R = \frac{a}{a^2+1}. \tag{12}$$

d) Wahl der Reglerparameter für vorgegebene Dämpfung

Die Kreis-Übertragungsfunktion (5) lautet mit (11, 12) und der normierten Frequenz

$$\frac{p}{\omega_d} = a T_1 p = q$$

$$F_k(q) = \frac{a}{a^2+1}\,\frac{-q^2+\left(a-\frac{1}{a}\right)q+1}{q^2}. \tag{13}$$

Als Übertragungsfunktion des geschlossenen Kreises folgt damit

$$F_g(q) = \frac{F_k}{1+F_k} = \frac{-aq^2+(a^2-1)q+a}{(a^2-a+1)q^2+(a^2-1)q+a}. \tag{14}$$

Aus einem Koeffizientenvergleich des Nennerpolynoms mit der Normalform läßt sich a für vorgegebene Dämpfung oder Eigenfrequenz ermitteln; daraus folgen mit (11, 12) Integrierzeit und Verstärkungsfaktor. Eine andere Möglichkeit wäre die Vorgabe des Phasenabstandes gemäß (6–8).

Bild L 13-3f zeigt den zeitlichen Verlauf von Regelgröße x_2 und Stellgröße y bei sprungförmiger Sollwertvorgabe.

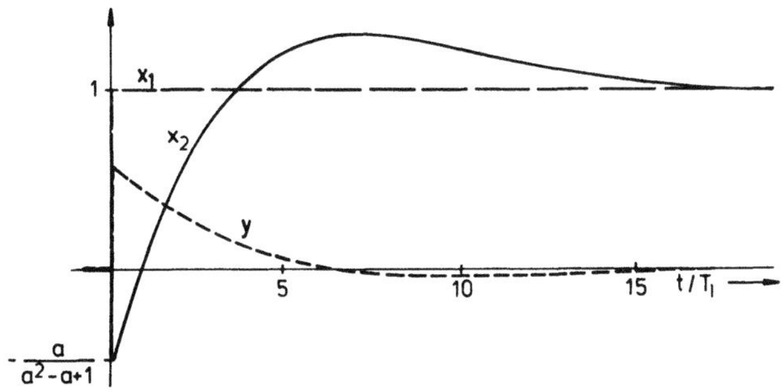

Bild L 13-3f

Lösung zu Aufgabe 13-4: Regelung eines Allpasses mit Verzögerung

a) Ortskurven

In Bild L 13-4a, b, c sind die Ortskurven der Teilsysteme sowie der gesamten Regelstrecke dargestellt.

b) Wahl der Reglerzeitkonstante

Die Übertragungsfunktion des offenen Kreises ist

$$F_k(p) = F_R F_S = V_R \frac{(T_i p + 1)(-T_1 p + 1)}{T_i p (T_1 p + 1)(T_2 p + 1)}, \quad T_2 > T_1. \tag{3}$$

Bei Wahl von $T_i = T_2$ erhält man den einfacheren Ausdruck

$$F_k'(p) = \frac{V_R}{T_2 p} \frac{-T_1 p + 1}{T_1 p + 1}, \tag{4}$$

der nur noch einen Integrator und einen Allpaß enthält. Die Ortskurve $F_k'(j\omega)$ entsteht durch Multiplikation des Allpaßanteils (Bild L 13-4a) und der Ortskurve des Integrators (negative imaginäre Halbachse). Bild L 13-4d zeigt den resultierenden Verlauf für verschiedene Werte der Reglerverstärkung V_R.

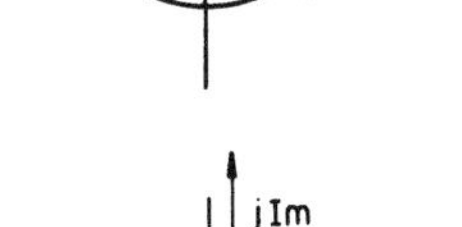

Bild L 13-4a

Bild L 13-4b

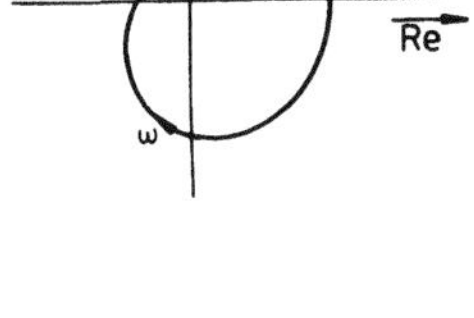

Bild L 13-4c

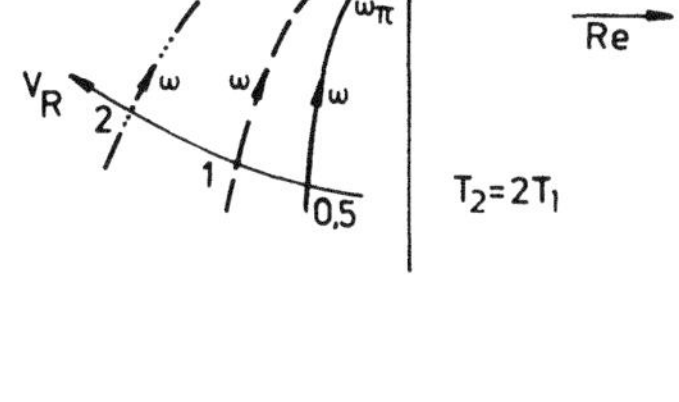

Bild L 13-4d

c) Betragsabstand

Für den Betragsabstand ist die Kenntnis der 180°-Frequenz Voraussetzung. Bei ω_π gilt

$$\varphi_k(\omega_\pi) = -\pi, \tag{5}$$

so daß man mit (4),

$$\varphi_k' = -\frac{\pi}{2} - 2 \arctan \omega T_1, \tag{6}$$

den Wert

$$\omega_\pi = 1/T_1 \tag{7}$$

erhält. Da die Allpaßfunktion auf der imaginären p-Achse den Betrag Eins hat, folgt aus (4)

$$|F_k'(j\omega)| = \frac{V_R}{\omega T_2}. \tag{8}$$

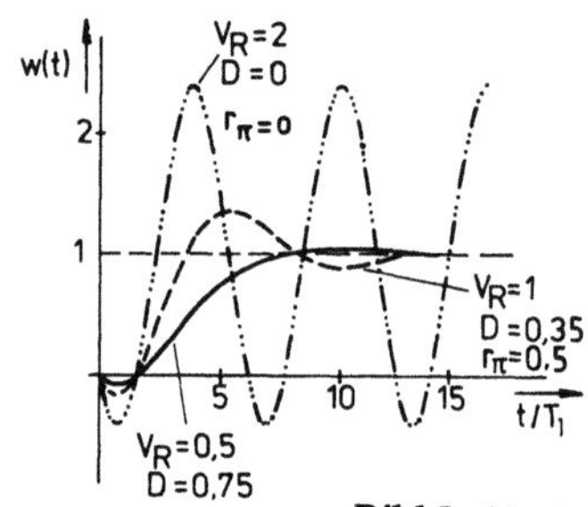

Bild L 13-4e

Bei vorgegebenem Betragsabstand (2) muß somit gelten

$$r_\pi = 1 - |F_k'(j\omega_\pi)| = 1 - \frac{V_R}{\omega_\pi T_2} = 1 - V_R T_1/T_2$$

oder

$$V_R = \frac{T_2}{T_1}(1 - r_\pi). \tag{9}$$

d) Dämpfungsfaktor

Die Übertragungsfunktion des geschlossenen Kreises ist mit (4)

$$F_g(p) = \frac{F_k'}{1 + F_k'} = \frac{V_R(-T_1 p + 1)}{T_2 p (T_1 p + 1) + V_R(-T_1 p + 1)}. \tag{10}$$

Ein Vergleich des Nennerpolynoms mit der Normalform eines schwingungsfähigen Systems,

$$\frac{T_1 T_2}{V_R} p^2 + \left(\frac{T_2}{V_R} - T_1\right) p + 1 = \left(\frac{p}{\omega_0}\right)^2 + 2D\frac{p}{\omega_0} + 1, \tag{11}$$

führt zu Ausdrücken für die Eigenfrequenz und Dämpfung in Abhängigkeit vom Betragsabstand,

$$\omega_0 = \frac{1}{T_1}\sqrt{1 - r_\pi}, \tag{12}$$

$$D = \frac{r_\pi}{2\sqrt{1 - r_\pi}}. \tag{13}$$

Bild L 13-4e zeigt Sprungantworten des geschlossenen Regelkreises für verschiedene Werte des Betragsabstandes. Mit zunehmendem Betragsabstand steigt der Dämpfungsfaktor an.

Lösung zu Aufgabe 13-5: Regelung ohne Anstiegsfehler

Vorüberlegung:

Bei Verwendung eines proportional wirkenden Reglers (P, PD) zeigt die Sprungantwort des geschlossenen Kreises eine bleibende Regelabweichung; da der Anstiegsfehler dem Integral der Regelabweichung (Regelfläche) entspricht, kann der stationäre Wert des Anstiegsfehlers nicht Null werden. Nur ein integrierender Regler (I, PI, PID) macht die stationäre Regelabweichung zu Null und schafft damit eine Voraussetzung für das Verschwinden des Anstiegsfehlers.

a) Anstiegsfehler der Regelstrecke

Der Anstiegsfehler (Abs. 4.4.1) ist definiert als

$$u(t) = w(\infty)\, r(t) - v(t). \qquad (1)$$

Mit $w(\infty) = F(0)$ und

$$L(r(t)) = R(p) = \frac{1}{1 s p^2} \qquad (2)$$

gilt im Bildbereich

$$U(p) = [F(0) - F(p)]\,\frac{1}{1 s p^2}\;. \qquad (3)$$

Nach dem Endwertsatz der Laplace-Transformation,

$$x(\infty) = \lim_{t \to \infty} x(t) = \lim_{p \to 0} p\, X(p), \qquad (4)$$

folgt aus (3)

$$u(\infty) = \lim_{p \to 0} \frac{F(0) - F(p)}{1 s\, p}\;. \qquad (5)$$

Für das PT_2-Glied mit

$$F_S(p) = \frac{V_S}{(T_1 p + 1)(T_2 p + 1)}$$

ergibt sich ein endlicher Wert des Anstiegsfehlers

$$u_s(\infty) = V_S\,\frac{T_1 + T_2}{1 s}\;. \qquad (6)$$

Die Sprung- und Anstiegsantwort des PT_2-Gliedes sind in Bild L 13-5a gezeichnet.

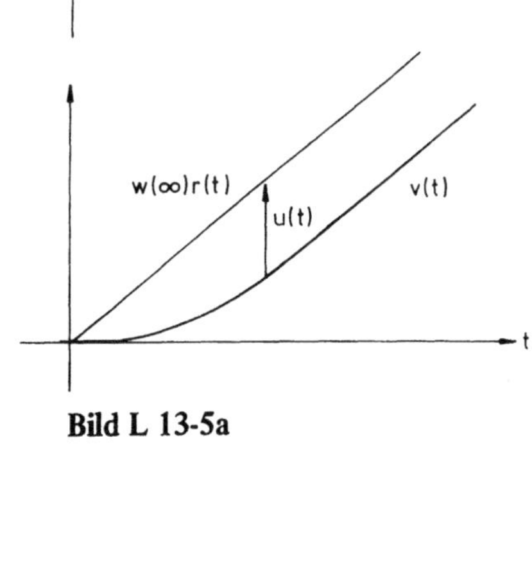

Bild L 13-5a

b) Bedingung für Verschwinden des Anstiegsfehlers

Mit einem integrierenden Regler hat die Kreis-Übertragungsfunktion die allgemeine Form

$$F_k = F_R F_S = \frac{b_m p^m + \ldots b_1 p + 1}{a_n\, p^n \;+ \ldots a_1 p}\;, \quad m < n; \tag{7}$$

daraus folgt die Übertragungsfunktion des geschlossenen Kreises

$$F_g = \frac{F_k}{1 + F_k} = \frac{b_m p^m + \ldots b_1 p + 1}{a_n p^n + \ldots (a_m + b_m)\, p^m + \ldots + (a_1 + b_1)\, p + 1}\,. \tag{8}$$

Die Anwendung von (5) auf diesen Fall ergibt

$$F_g(0) - F_g(p) = \frac{a_n p^n + \ldots + a_m p^m + \ldots a_1 p}{a_n p^n + \ldots + (a_m + b_m)\, p^m + \ldots + 1}\,; \tag{9}$$

der stationäre Anstiegsfehler ist somit gemäß (5)

$$u_g(\infty) = \frac{a_1}{1 s}\,. \tag{10}$$

Die Bedingung eines verschwindenden Anstiegsfehlers führt also auf die Forderung $a_1 = 0$, d. h. der Regler muß mindestens einen doppelten Integrator enthalten. Zur Stabilisierung des Regelkreises sind dann zusätzliche Vorhalte erforderlich.

c) Wahl eines geeigneten Reglers

Als einfach zu verwirklichender Regler mit ausreichender Stabilitätsreserve kommt ein doppelter PI-Regler,

$$F_R(p) = V_R \frac{T_{i1} p + 1}{T_{i1} p} \frac{T_{i2} p + 1}{T_{i2} p}\,, \tag{11}$$

in Betracht; damit wird die Kreis-Übertragungsfunktion

$$F_k = V_R V_S \frac{T_{i1} p + 1}{T_{i1} p} \frac{T_{i2} p + 1}{T_{i2} p} \frac{1}{(T_1 p + 1)(T_2 p + 1)}\,. \tag{12}$$

Bild L 13-5b zeigt eine Prinzipdarstellung des Bode-Diagramms.

d) Festlegung der Reglerparameter

Eine wesentliche Vereinfachung ist durch die Wahl $T_{i1} = T_1$ möglich; sie führt auf eine reduzierte Übertragungsfunktion

$$F_k = \frac{V_R V_S}{T_1 T_{i2} p^2} \frac{T_{i2} p + 1}{T_2 p + 1}\,, \tag{13}$$

die mit dem Verfahren des „symmetrischen Optimums" weiterbearbeitet werden kann (Abs. 13.3.2 des Lehrbuches).

Die Abkürzung

$$T_{i2} = a^2 T_2 \tag{14}$$

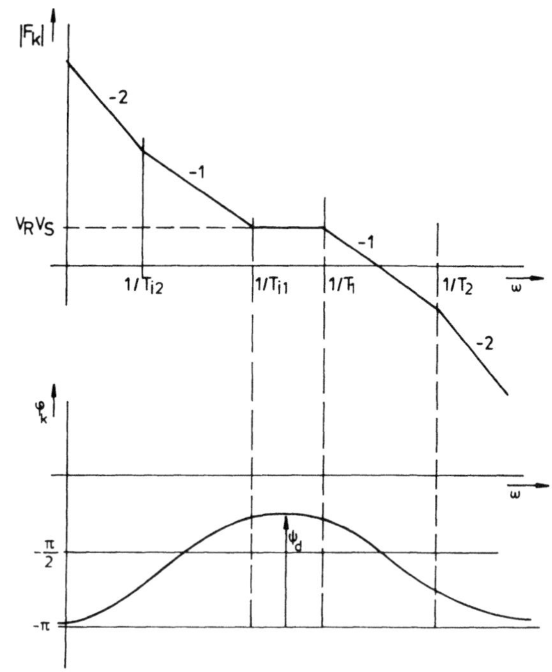

Bild L 13-5b

ergibt

$$F_k = \frac{V_R V_S}{a^2 T_1 T_2 p^2} \frac{a^2 T_2 p + 1}{T_2 p + 1} . \tag{15}$$

Der Faktor a ist durch die angestrebte Dämpfung bestimmt,

$$a = 1 + 2D. \tag{16}$$

Wählt man die Durchtrittsfrequenz am Ort des Phasenmaximums,

$$\left| F_k \left(j \frac{1}{a T_2} \right) \right| = 1, \tag{17}$$

so folgt nach einer Zwischenrechnung

$$V_R = \frac{1}{a} \frac{T_1}{T_2} \frac{1}{V_S} . \tag{18}$$

Daraus folgt mit (15) die Übertragungsfunktion des geschlossenen Kreises

$$F_g = \frac{a (a T_2 p) + 1}{(a T_2 p)^3 + a (a T_2 p)^2 + a (a T_2 p) + 1} . \tag{19}$$

Das Verschwinden des stationären Anstiegsfehlers äußert sich in gleichen Koeffizienten der linearen Glieder in Zähler und Nenner.

e) Anstiegsantwort und Regelfläche

In Bild L 13-5c sind Sprungantwort und Anstiegsantwort des geschlossenen Kreises aufgetragen.

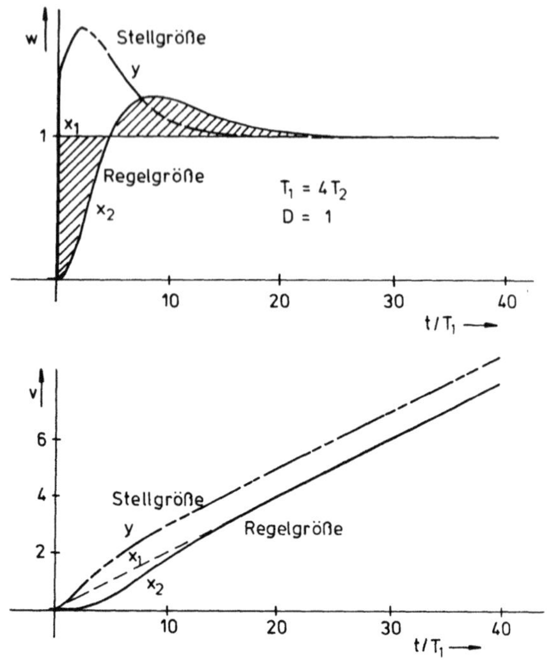

Bild L 13-5c

Die Definition der Regelfläche

$$\frac{1}{1\,s}\int_0^t [w(\infty)\, s(\tau) - w(\tau)]\, d\tau = w(\infty)\, r(t) - v(t) \equiv u(t) \tag{20}$$

läßt die Identität mit dem Anstiegsfehler (1) erkennen.

Die Forderung nach Verschwinden des Anstiegsfehlers führt somit zwangsläufig auf eine Sprungantwort mit starkem Überschwingen, obwohl gute Dämpfung vorausgesetzt ist.

Lösung zu Aufgabe 14-1: Abstandsregelung

a) Normierung der Modellgleichungen

Aus (1) folgt

$$\frac{x_0}{v_0}\frac{d}{dt}\left(\frac{x_2}{x_0}\right) = T_1 \frac{d}{dt}\left(\frac{x_2}{x_0}\right) = \frac{v_1}{v_0} - \frac{v_2}{v_0}, \tag{4}$$

mit

$$T_1 = \frac{x_0}{v_0} = \frac{100\text{ m}}{33{,}3\text{ m/s}} = 3\text{ s}.$$

Entsprechend lautet (2)

$$T_2 \frac{d}{dt}\left(\frac{f_a}{f_0}\right) + \frac{f_a}{f_0} = y, \tag{5}$$

mit

$$T_2 = 0{,}5\text{ s}.$$

Aus (3) erhält man

$$T_3 \frac{d}{dt}\left(\frac{v_2}{v_0}\right) + \frac{v_2}{v_0} = \underbrace{\frac{f_0}{k_R v_0}}_{=1} \frac{f_a}{f_0} = \frac{f_a}{f_0}, \tag{6}$$

wobei

$$T_3 = \frac{M_2}{k_R} \approx 28\,s.$$

Mit den transformierten Größen

$$L\left(\frac{x_2}{x_0}\right) = X_2(p), \qquad L\left(\frac{v_2}{v_0}\right) = V_2(p), \text{ usw.}$$

gelten folgende Teil-Übertragungsfunktionen

$$\frac{X_2}{V_3} = \frac{X_2}{V_1 - V_2} = \frac{1}{T_1 p}, \tag{7}$$

$$\frac{F_a}{Y} = \frac{1}{T_2 p + 1}, \tag{8}$$

$$\frac{V_2}{F_a} = \frac{1}{T_3 p + 1}. \tag{9}$$

Daraus folgt das normierte Blockschaltbild L 14-1c.

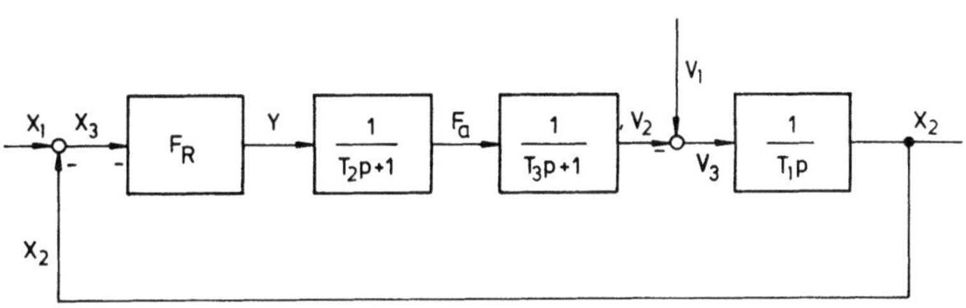

Bild L 14-1c

b) Wahl des Reglers

Die Strecken-Übertragungsfunktion lautet

$$\frac{X_2}{Y} = F_S(p) = \frac{-1}{(T_2 p + 1)(T_3 p + 1) T_1 p}. \tag{10}$$

Wegen $T_3 \gg T_2, T_1$ läßt sich die Übertragungsfunktion in dem für die Stabilitätsbetrachtungen interessierenden Frequenzbereich durch ein zweifach integrierendes System annähern,

$$F_S(p) \approx \frac{-1}{T_1 T_3 p^2 (T_2 p + 1)}. \tag{11}$$

Da im Interesse der stationären Genauigkeit der Regelung ein integrierender Regler vorzusehen ist, enthält die entstehende Kreis-Übertragungsfunktion insgesamt drei Integratoren, so daß zur Stabilisierung eine zusätzliche Phasenvoreilung $> \pi/2$ notwendig wird; dies ist bei Verwendung eines PID-Reglers mit der Übertragungsfunktion

$$F_R(p) = V_R \frac{T_i p + 1}{T_i p} \frac{T_v p + 1}{T_v' p + 1}, \quad T_v' \ll T_v, \tag{12}$$

möglich, der als Kettenschaltung eines PI- und eines PD(T)-Gliedes gedeutet werden kann.

Die Kreis-Übertragungsfunktion lautet damit nach Umstellung

$$F_k(p) = \frac{X_2}{X_3} \approx \frac{V_R}{T_i T_1 T_3 p^3} \frac{T_i p + 1}{T_2 p + 1} \frac{T_v p + 1}{T_v' p + 1}. \tag{13}$$

c) Bestimmung der Reglerparameter

Die Festlegung der freien Parameter V_R, T_i, T_v, T_v' soll so erfolgen, daß ein bestimmter Phasenabstand eingehalten wird. Optimale Dämpfungsbedingungen sind zu erwarten, wenn die Durchtrittsfrequenz ω_d mit einem Phasenmaximum zusammenfällt, ähnlich, wie dies beim „symmetrischen Optimum" (Abs. 13.3.2 des Lehrbuches) der Fall ist. Wie in Abs. 14.3.2 gezeigt, liegt ein ausgeprägtes Phasenmaximum vor, wenn die Mittenfrequenzen der beiden PDT-Anteile zusammenfallen und gleichzeitig die Durchtrittsfrequenz darstellen,

$$\omega_d = \frac{1}{\sqrt{T_i T_2}} = \frac{1}{\sqrt{T_v T_v'}}. \tag{14}$$

Dabei ist $T_i > T_2$ vorausgesetzt.

Mit den Abkürzungen

$$T_i = a^2 T_2, \quad T_v = b^2 T_v' \tag{15}$$

gilt dann

$$\omega_d = \frac{1}{a T_2} = \frac{1}{b T_v'}. \tag{16}$$

Bei der Durchtrittsfrequenz ω_d lautet die Phasenbedingung

$$\psi_d = \varphi_k(\omega_d) + \pi = -\frac{\pi}{2} + \arctan \frac{1}{2}\left(a - \frac{1}{a}\right) + \arctan \frac{1}{2}\left(b - \frac{1}{b}\right) = \frac{\pi}{4} \tag{17}$$

oder

$$\arctan \frac{1}{2}\left(a - \frac{1}{a}\right) + \arctan \frac{1}{2}\left(b - \frac{1}{b}\right) = \frac{3\pi}{4}.$$

Da der Faktor b, d. h. die Spreizung des PDT-Gliedes, wegen des sonst bei hohen Frequenzen eintretenden übermäßigen Verstärkungsanstiegs nicht beliebig groß gewählt werden kann, liegt es nahe, den erforderlichen Phasenvorhalt gleich aufzuteilen, d. h. $a = b$ zu wählen. Die Auswertung von (17) führt auf

$$a = b \approx 5;$$

bei gleicher Mittenfrequenz folgt

$T'_v = T_2 = 0{,}5\,s$

$T_i = T_v = 25\,T_2 = 12{,}5\,s.$

Die Reglerverstärkung wird aus der Bedingung $|F_k(j\omega_d)| = 1$ bestimmt. Nach einer Zwischenrechnung findet man

$$V_R = \frac{1}{a^3}\,\frac{T_1 T_3}{T_2^2} = 2{,}7.$$

In Bild L 14-1d ist das resultierende Bode-Diagramm der Kreis-Übertragungsfunktion für diese Wahl der Parameter aufgetragen; es zeigt insbesondere das ausgeprägte Phasenmaximum in der Nähe der Durchtrittsfrequenz ω_d, wie es für das Verfahren des symmetrischen Optimums charakteristisch ist.

d) Regelvorgänge

In Bild L 14-1e sind die zeitlichen Verläufe v_1, v_2, x_2 und y für einen Verzögerungsvorgang des Vorderfahrzeugs dargestellt. Die Parameter des Reglers wurden dabei gemäß c) gewählt. Die Einschwingvorgänge sind bei dieser Einstellung noch gut gedämpft.

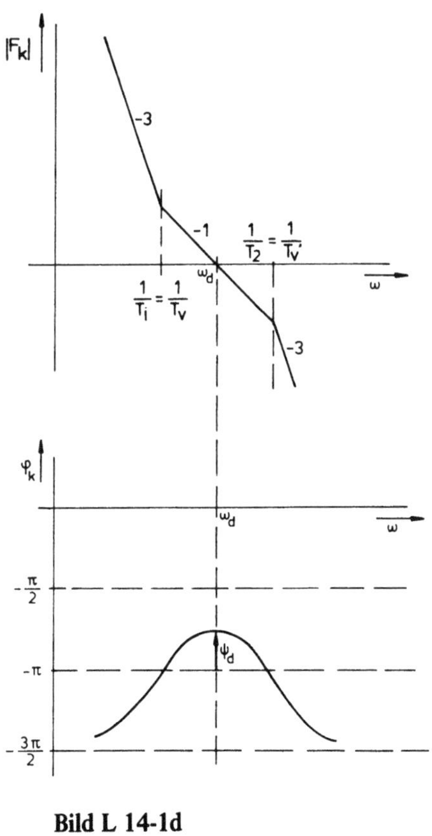

Bild L 14-1d

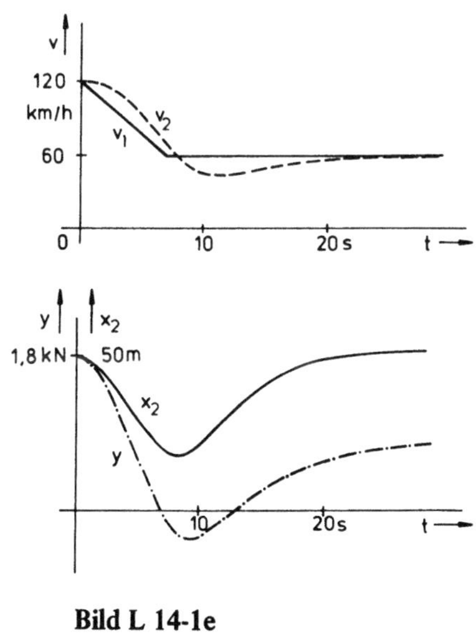

Bild L 14-1e

Obwohl in Bild L 14-1e das Vorderfahrzeug mit der Verzögerung

$$\frac{\Delta v_1}{\Delta t} = \frac{-60\ \text{km/h}}{7\ \text{s}} = \frac{-16{,}7\ \text{m/s}}{7\ \text{s}} = -2{,}4\ \text{m/s}^2$$

abbremst, verringert sich der Fahrzeugabstand nur bis auf 17,5 m. (Bei einem Sollabstand $x_1 < 32{,}5$ m könnte somit auch der Fahrtregler einen Auffahrunfall nicht verhindern.)

e) Mensch als Regler

Bei Einsatz des Menschen als Fahrtregler müßten für die Nachbildung des Regelkreises weitere Einzelheiten berücksichtigt werden, z. B.

- Laufzeiteffekte (Schrecksekunde u. ä.)
- Größere Verzögerungszeiten
- Ungenauigkeit der Entfernungsschätzung
- Das Regelverhalten des Menschen müßte durch einen nichtlinearen Regler höherer Ordnung nachgebildet werden, dessen Parameter stark variieren können.

Für einen praktischen Einsatz müßte aber auch der Fahrtregler in verschiedener Hinsicht ergänzt und verbessert werden, z. B.:

- Der Abstandssollwert x_1 muß geschwindigkeitsabhängig sein, um dichtes Auffahren an Haltepunkten zu ermöglichen.
- Nichtlinearitäten der Regelstrecke wie Begrenzung der Antriebskraft (Leistungsgrenze des Motors, maximale Verzögerung der Bremse, Blockieren der Räder bei verschiedenen Straßenzuständen, nichtlineare Widerstandskräfte usw.) müssen beim Entwurf des Reglers beachtet werden.
- Bei Vorliegen einer dreifachen Integration sind die Möglichkeiten einer einschleifigen Regelung weitgehend erschöpft. Es wäre deshalb günstiger, für das Folgefahrzeug eine zweischleifige Kaskadenregelung (Abs. 17.3) mit einer inneren Geschwindigkeits- und einer äußeren Abstands-Regelung zu verwenden.

Lösung zu Aufgabe 15-1: Temperaturregelung

a) Ersatzzeitkonstante

Nach Abspaltung der größten Verzögerung soll für den restlichen Teil der Übertragungsstrecke eine Ersatzzeitkonstante definiert werden. Wegen $T_2 > T_1, T_3$ folgt als Näherung

$$F_S = \frac{V_1 V_2 V_3 e^{-T_L p}}{(T_1 p + 1)(T_2 p + 1)(T_3 p + 1)} \approx \frac{V_1 V_2 V_3}{(T_2 p + 1)(T_e p + 1)}. \tag{1}$$

Durch Reihenentwicklung der Exponentialfunktion für kleine Werte von p und anschließenden Koeffizientenvergleich erhält man als Ersatzzeitkonstante

$$T_e = T_1 + T_3 + T_L = 33{,}2\ \text{s}. \tag{2}$$

Das Ersatz-Verzögerungsglied hat die gleiche Regelfläche wie der entsprechende Teil der Regelstrecke.

Bild L 15-1b zeigt die Sprungantworten der Regelstrecke und ihres Ersatzmodells.

b) Auslegung des PI-Reglers

Bei Vorgabe eines PI-Reglers ergibt sich die Kreis-Übertragungsfunktion

$$F_k = F_R F_S \approx V_R \frac{T_i p + 1}{T_i p} \frac{V_1 V_2 V_3}{(T_2 p + 1)(T_e p + 1)}. \tag{3}$$

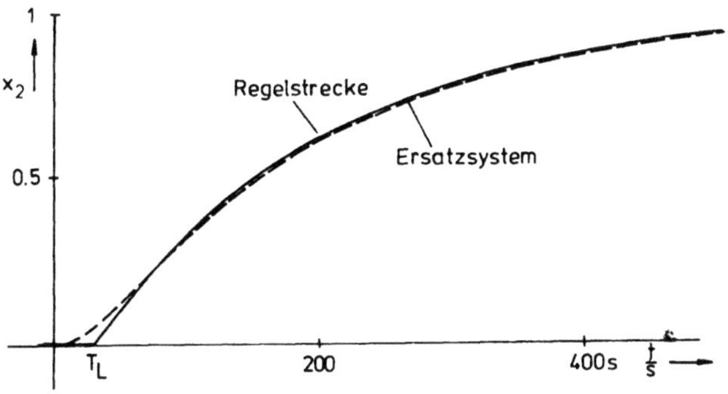

Bild L 15-1b

Da eine Ersatzzeitkonstante durch einen Vorhalt nicht aufgehoben werden kann und T_2 die größte Verzögerung darstellt, ist die Wahl $T_i = T_2$ die günstigste Lösung; damit vereinfacht sich F_k zu

$$F_k \approx \frac{1}{T_{ik}\,p(T_e p + 1)}, \qquad T_{ik} = \frac{T_2}{V_R V_1 V_2 V_3}. \tag{4}$$

Der Phasenabstand ψ_d ist bei der Durchtrittsfrequenz ω_d, d. h. beim Eintreten der $F_k(j\omega)$-Ortskurve in den Einheitskreis definiert,

$$\psi_d = \varphi_k(\omega_d) + \pi = -\frac{\pi}{2} - \arctan \omega_d T_e + \pi = \frac{\pi}{3}. \tag{5}$$

Daraus folgt

$$\omega_d T_e = \tan \frac{\pi}{6} = 1/\sqrt{3}$$

oder

$$\omega_d = \frac{1}{\sqrt{3} \cdot 33{,}2\,\mathrm{s}} \approx 1{,}74 \cdot 10^{-2}\,\frac{1}{\mathrm{s}}. \tag{6}$$

Die Reglerverstärkung wird aus der Betragsbedingung berechnet

$$|F_k(j\omega_d)| = \frac{1}{T_{ik}\,\omega_d \sqrt{1 + (\omega_d T_e)^2}} = \frac{3}{2}\frac{T_e}{T_{ik}} = 1, \tag{7}$$

oder

$$T_{ik} = \frac{3}{2} T_e \approx 50\,\mathrm{s}. \tag{8}$$

Einsetzen der dimensionsbehafteten Verstärkungsfaktoren führt auf die dimensionsbereinigte Streckenverstärkung

$$V_1 V_2 V_3 = 1.$$

Damit findet man mit (4, 8)

$$V_R = \frac{T_2}{T_{ik}} = \frac{2}{3}\frac{T_2}{T_e} = 3{,}6. \tag{9}$$

Aus (4) folgt die Übertragungsfunktion des geschlossenen Kreises

$$F_g = \frac{F_k}{1+F_k} = \frac{1}{T_{ik}\,T_e\,p^2 + T_{ik}\,p + 1} =$$

$$= \frac{1}{\frac{3}{2}(T_e\,p)^2 + \frac{3}{2}T_e\,p + 1}\,. \tag{10}$$

Koeffizientenvergleich mit der Normalform eines gedämpft schwingungsfähigen Verzögerungsgliedes liefert

$$\omega_0 = \sqrt{\frac{2}{3}}\,\frac{1}{T_e} \approx 2{,}5\cdot 10^{-2}\,\frac{1}{s}, \quad D = \frac{3}{4}\sqrt{\frac{2}{3}} = 0{,}61.$$

Die Periodendauer der gedämpften Schwingung beträgt

$$T_0 = \frac{2\pi}{\omega_0} \approx 255\,s.$$

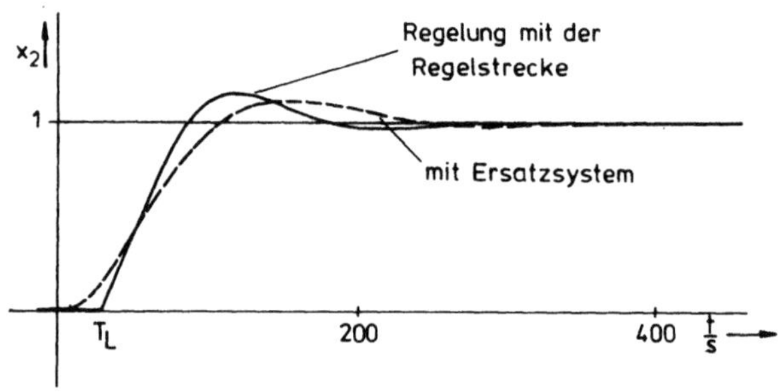

Bild L 15-1c

In Bild L 15-1c ist die Sprungantwort des Regelkreises aufgetragen. Zum Vergleich ist die Sprungantwort des Regelkreises mit dem Ersatzmodell der Regelstrecke – der die Parameterbestimmung zugrunde liegt – mit eingezeichnet. Die gute Übereinstimmung zeigt die Zulässigkeit der verwendeten Näherungen.

Lösung zu Aufgabe 16-1: Dickenregelung bei einem Walzwerk

a) Führungs-Übertragungsfunktion

Durch Zusammenfassung der beiden parallelgeschalteten Rückführzweige ergibt sich

$$F_g = \frac{X_2}{X_1} = \frac{F_R F_{S3} F_{S2} F_{S1}}{1 + F_R F_{S3}(F_{S2} F_{S1} + F_y)}, \quad Z = 0. \tag{1}$$

b) Ergänzende Rückführung

Setzt man gemäß dem in Abs. 16.3 des Lehrbuches erläuterten Prinzip

$$F_{S2} F_{S1} + F_y \overset{!}{=} F_{S1}\,,$$

also

$$F_y = (1 - F_{S2}) F_{S1} = \frac{1 - e^{-T_L p}}{T_1 p + 1}\,, \tag{2}$$

so folgt aus (1)

$$F_g = \frac{X_2}{X_1} = \frac{F_R F_{S3} F_{S1}}{1 + F_R F_{S3} F_{S1}} F_{S2}; \tag{3}$$

der die Laufzeit enthaltende Teil der Übertragungsstrecke, F_{S2}, ist dann im Nenner der Übertragungsfunktion F_g nicht enthalten, er beeinflußt die Stabilitäts- und Dämpfungsbedingungen des geschlossenen Kreises somit nicht mehr.

Bild L 16-1c zeigt das unter Berücksichtigung von (2) umgezeichnete Blockschaltbild.

c) Synthetischer Istwert

In Bild L 16-1d ist der Verlauf der Größen y_1, y_2 und x_4 bei sprungförmiger Änderung von y und mit z = 0 aufgetragen. Dabei ist angenommen, daß die Forderung (2) exakt erfüllt ist. Durch die genaue Anpassung der Rückführung an das Verhalten der Regelstrecke läßt sich somit der Einfluß der Laufzeit ausschalten.

Man bezeichnet die Wahl von F_y gemäß (2) als ergänzende Rückführung.

Da sich eine Änderung der Walzgeschwindigkeit auf die Laufzeit $T_L = h/v$ der Strecke auswirkt, treten bei einer festen Einstellung der Rückführung auf einen mittleren Wert T_{L0} Abweichungen auf, wie sie in Bild L 16-1e skizziert sind. Der bei Änderung der Walzgeschwindigkeit entstehende Fehler der Vorhersage ließe sich durch Anpassung der in der

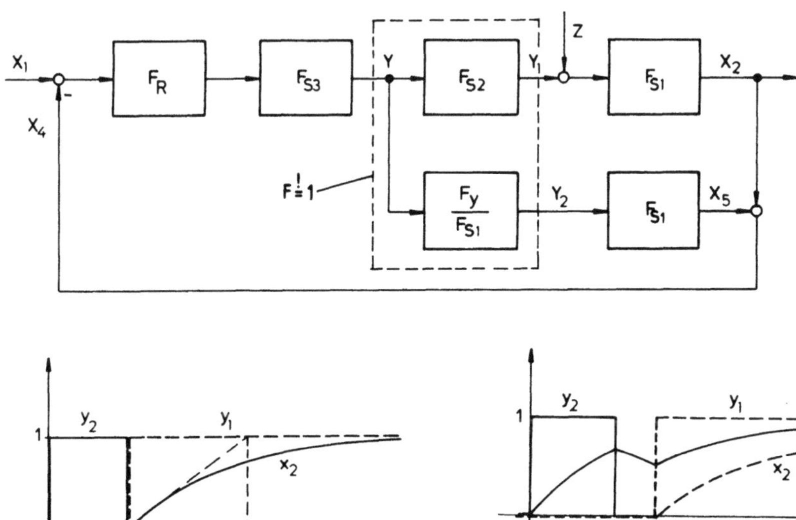

Bild L 16-1c

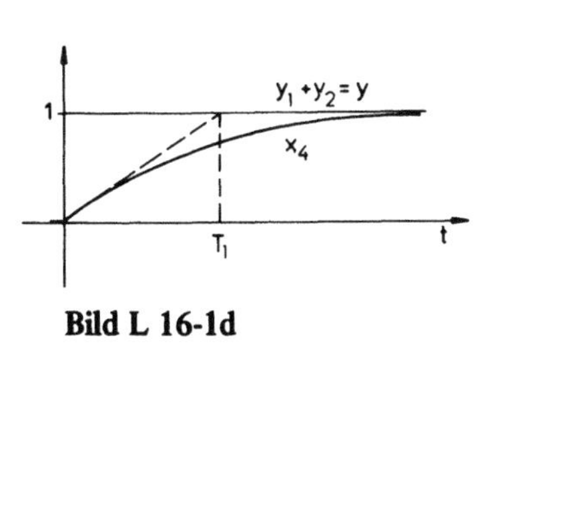

Bild L 16-1d

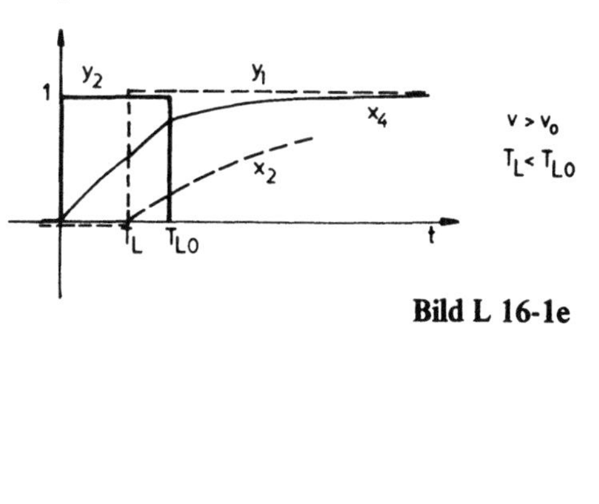

Bild L 16-1e

Rückführung enthaltenen Laufzeit an die veränderliche Laufzeit der Regelstrecke vermeiden, doch würde dies den Einsatz eines Rechengerätes erfordern.

d) Bestimmung der Reglerparameter

Bei genauer Anpassung der Rückführung an die Laufzeit der Strecke lautet die Kreis-Übertragungsfunktion unter Annahme eines PI-Reglers

$$F_k = V_R \frac{T_i p + 1}{T_i p} \frac{1}{(T_3 p + 1)(T_1 p + 1)} . \tag{4}$$

Da nur T_1 eine definierte Verzögerungszeitkonstante darstellt, ergibt sich $T_i = T_1$ als zweckmäßige Festlegung. Somit bleibt die Bestimmung eines I-Reglers in Verbindung mit der Ersatzzeitkonstanten T_3 übrig,

$$F_k = \frac{V_R}{T_1 p} \frac{1}{T_3 p + 1} . \tag{5}$$

Die Forderung $D = 1/\sqrt{2}$ führt auf

$$T_{ik} = \frac{T_1}{V_R} = 2 T_3$$

oder

$$V_R = \frac{T_1}{2 T_3} . \tag{6}$$

Bei fester Einstellung der Rückführung (T_{LO}) entsteht ein von der Walzgeschwindigkeit abhängiger Fehler, der sich über die entstehende Regelfläche abschätzen läßt.

Der Verlauf der Summengröße $y_1 + y_2$ weist bei sprungförmiger Änderung der Steuergröße y infolge von Fehlanpassung eine Regelfläche $u(\infty) = (T_L - T_{LO})/1\,S$ auf, die in der Ersatzzeitkonstanten der Regelstrecke zu berücksichtigen ist. Die mit $T_i = T_1$ vereinfachte Kreis-Übertragungsfunktion (5) lautet dann angenähert

$$F_k \approx \frac{V_R}{T_1 p} \frac{1}{(T_3 + T_L - T_{LO}) p + 1} . \tag{7}$$

Anhand der Werte für maximale und minimale Walzgeschwindigkeit ist zu überprüfen, ob eine konstante Einstellung der Rückführung möglich ist und welche dynamischen Vorteile gegenüber einer Regelung ohne Rückführung dann noch erreichbar sind.

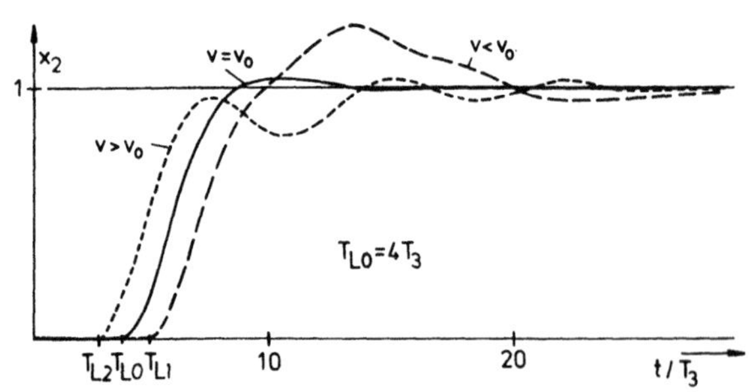

Bild L 16-1f

In Bild L 16-1f sind drei berechnete Sprungantworten mit fester Einstellung der Rückführung bei drei Werten der Walzgeschwindigkeit aufgetragen.

Der Einfluß einer konstanten Störgröße z wird in jedem Fall ausgeregelt, da die gewählte Rückführung keine Gleichsignale überträgt.

Lösung zu Aufgabe 17-1: Stabilität einer homogenen Kaskadenregelung

a) Umformung des Blockschaltbildes

In einem Blockschaltbild, das nur lineare und rückwirkungsfrei gekoppelte Funktionsblöcke enthält, darf die Reihenfolge von Blöcken vertauscht werden, ohne das Übertragungsverhalten zu ändern. Wendet man dieses Prinzip auf Bild 17-1a an und zeichnet auch das Stellglied als rückgekoppelten Integrator, so entsteht Bild L 17-1b, aus dem sich in einem weiteren Schritt durch Umzeichnung der Rückkopplungen Bild L 17-1c ergibt.

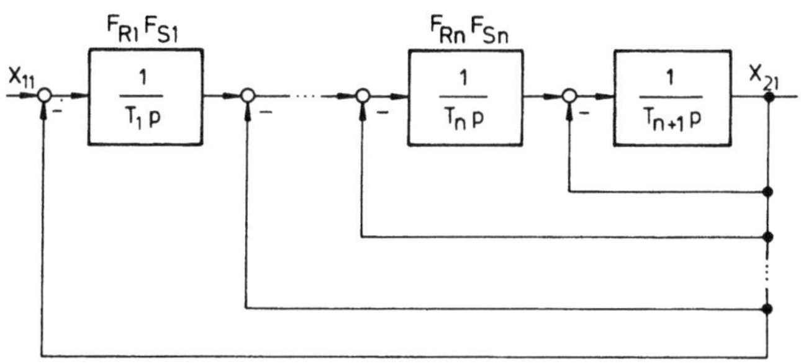

Bild L 17-1b

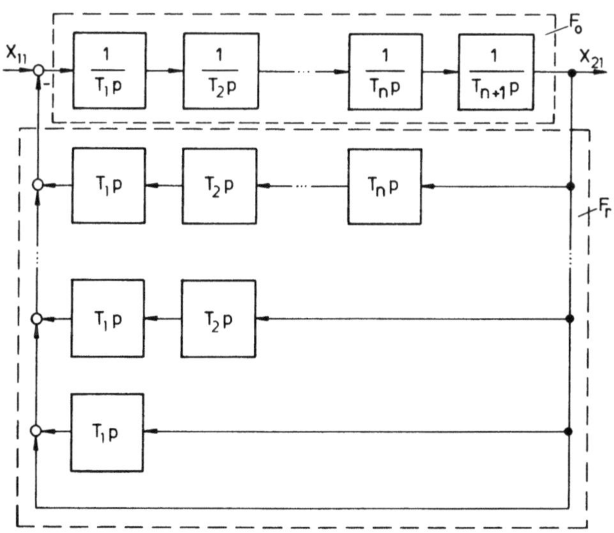

Bild L 17-1c

Die zugehörige Führungs-Übertragungsfunktion lautet

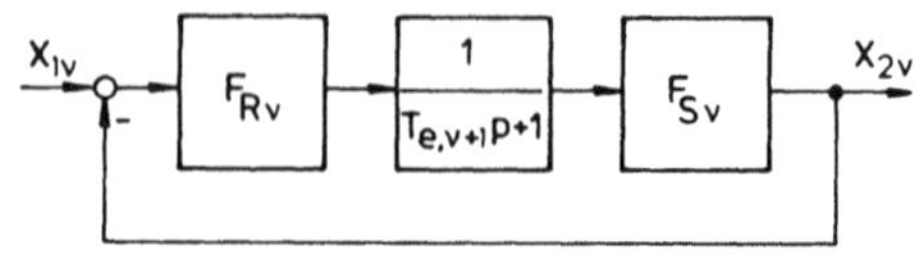

Bild L 17-1d

$$F_{g1}(p) = \frac{F_0}{1 + F_0 F_r} = \frac{\dfrac{1}{T_1 T_2 \ldots T_{n+1}\, p^{n+1}}}{1 + \dfrac{1 + T_1 p + T_1 T_2 p^2 + \ldots + T_1 T_2 \ldots T_n p^n}{T_1 T_2 \ldots T_{n+1} p^{n+1}}} =$$

$$= \frac{1}{1 + T_1 p + T_1 T_2 p^2 + \ldots + T_1 T_2 \ldots T_{n+1} p^{n+1}} = \frac{1}{N_1(p)}\,. \tag{4}$$

b) Ersatzmodell für eine Schleife

Wird in der Kaskadenregelung die $(\nu + 1)$. Schleife durch ihre Ersatzzeitkonstante $T_{e,\nu+1}$ ersetzt, so entsteht das in Bild L 17-1d gezeichnete Schema.

Bei Annahme eines angepaßten PI- oder PID-Reglers folgt als Kreis-Übertragungsfunktion

$$F_{k\nu} = F_{R\nu} F_{S\nu} \frac{1}{T_{e,\nu+1} p + 1} = \frac{1}{T_\nu p (T_{e,\nu+1} p + 1)}\,. \tag{5}$$

Die zugehörige Führungs-Übertragungsfunktion lautet

$$F_{g\nu} = \frac{X_{2\nu}}{X_{1\nu}} = \frac{1}{T_\nu T_{e,\nu+1} p^2 + T_\nu p + 1}\,. \tag{6}$$

Daraus erhält man durch Vergleich mit der Normalform eines schwingungsfähigen Systems

$$F_{g0} = \frac{1}{\left(\dfrac{p}{\omega_{0\nu}}\right) + 2 D_\nu \dfrac{p}{\omega_{0\nu}} + 1}\,, \tag{7}$$

Ausdrücke für Eigenfrequenz und „Ersatzdämpfung“,

$$\omega_{0\nu} = \frac{1}{\sqrt{T_\nu T_{e,\nu+1}}}\,, \qquad D_\nu = \frac{1}{2}\sqrt{\frac{T_\nu}{T_{e,\nu+1}}}\,; \tag{8}$$

bei vorgegebener Ersatzdämpfung ist die zu wählende Kreis-Integrierzeit

$$T_\nu = 4 D_\nu^2 T_{e,\nu+1}\,. \tag{9}$$

Für die Auslegung des nächsten Reglers wird die Übertragungsfunktion (6) wiederum durch ein PT_1-Glied mit gleicher Regelfläche approximiert,

$$F_{g\nu} \approx \frac{1}{T_{e,\nu} p + 1}\,, \tag{10}$$

wobei sich durch Koeffizientenvergleich

$$T_{e,\nu} = T_\nu \tag{11}$$

als Ersatzzeitkonstante ergibt. Aus (9, 11) folgt eine Rekursionsformel für die Ersatzzeitkonstanten,

$$T_{e,\nu} = 4\,D_\nu^2\,T_{e,\nu+1} = \alpha_\nu\,T_{e,\nu+1}; \tag{12}$$

die gleiche Beziehung gilt für die Kreis-Integrierzeitkonstanten,

$$T_\nu = \alpha_\nu\,T_{\nu+1}, \quad \alpha_\nu = 4\,D_\nu^2. \tag{13}$$

c) Charakteristisches Polynom

Bei gleicher vorgegebener Dämpfung, $D_\nu = D$ folgt mit $\alpha_\nu = \alpha$

$$T_\nu = \alpha\,T_{\nu+1}. \tag{14}$$

Setzt man (14) in (4) ein, so lautet das Nennerpolynom

$$N_1(p) = 1 + T_1 p + \frac{(T_1 p)^2}{\alpha} + \frac{(T_1 p)^3}{\alpha\alpha^2} + \ldots + \frac{(T_1 p)^{n+1}}{\alpha\alpha^2 \ldots \alpha^n}; \tag{15}$$

mit der Summenformel

$$\sum_{\mu=1}^{\nu-1} \mu = \frac{1}{2}\nu(\nu-1) \tag{16}$$

entsteht gerade der in (2) angegebene Ausdruck.

d) Stabilitätsgrenze

Die Regelung ist stabil, wenn alle Pole von F_{g1}, d. h. alle n + 1 Nullstellen von N_1, in der linken p-Halbebene liegen. Nach dem in Abs. 5.1.2 des Lehrbruchs erläuterten Ortskurvenkriterium läßt sich aus der Gesamtdrehung $\Delta\psi$ der Ortskurve $N_1(j\omega)$ für $0 \leqslant \omega < \infty$ die Anzahl i der instabilen Nullstellen bestimmen,

$$i = \frac{n+1}{2} - \frac{\Delta\psi}{\pi}. \tag{17}$$

Um Stabilität zu gewährleisten, muß i = 0 sein, d. h. die Phase der Ortskurve muß monoton den Bereich $0 < \psi < (n+1)\pi/2$ durchlaufen. Diese Bedingung wird anhand der Folge der Schnittpunkte der Ortskurve mit dem Achsenkreuz geprüft.

Mit $Tp = j\Omega$ erhält man aus (15)

$$\mathrm{Im}[N_1(j\Omega)] = \Omega\left[1 - \frac{\Omega^2}{\alpha^3} + \frac{\Omega^4}{\alpha^{10}} \ldots\right] = 0 \tag{18}$$

Lösung: $\Omega_0 = 0, \ \pm\Omega_2, \ \pm\Omega_4, \ldots$

$$\mathrm{Re}[N_1(j\Omega)] = 1 - \frac{\Omega^2}{\alpha} + \frac{\Omega^4}{\alpha^6} - \frac{\Omega^6}{\alpha^{15}} \ldots = 0 \tag{19}$$

Lösung: $\pm\Omega_1, \ \pm\Omega_3, \ \pm\Omega_5, \ldots$

Die Phasenbedingung ist erfüllt, wenn nur reelle Lösungen Ω_ν auftreten und die Folge so geordnet werden kann, daß die Nullstellen aus (18) und (19) abwechseln,

$$\Omega_0 = 0 < \Omega_1 < \Omega_2 < \Omega_3 \ \ldots .$$

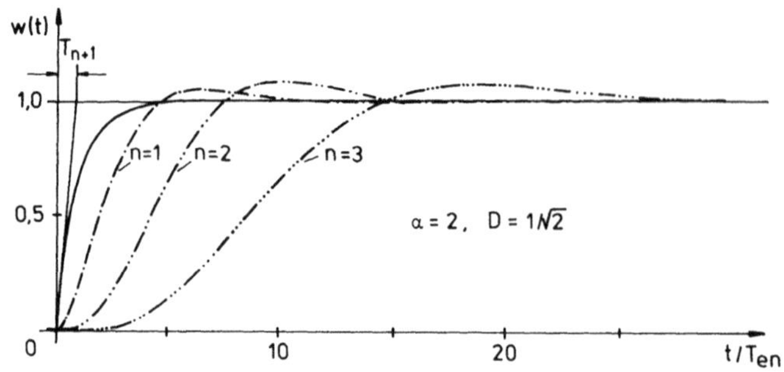

Bild L 17-1e

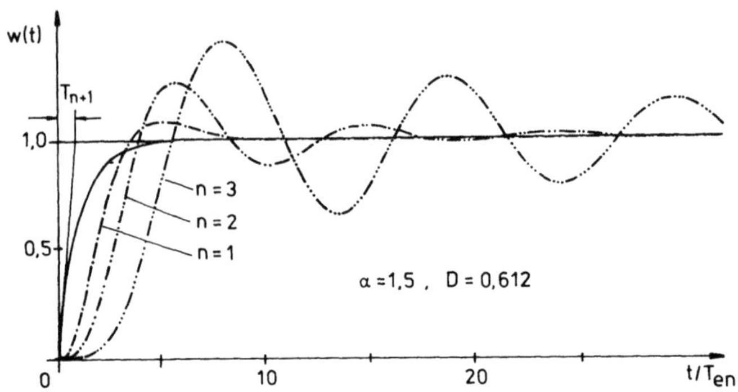

Bild L 17-1f

Die Rechnung liefert folgende Minimalwerte für $D_\nu = D$, die bei verschiedener Schleifenzahl anzunehmen sind, um Stabilität zu erreichen:

$n = 1$: $\alpha = 4\,D^2 > 0$, $D > 0$;

$n = 2$: $\alpha > 1$, $D > 0{,}5$;

$n = 3$: $\alpha > \sqrt{2}$, $D > 0{,}595$.

Die erforderliche „Ersatzdämpfung" D_{min} steigt also mit der Zahl der Regelschleifen an.

In Bild L 17-1e, f sind Sprungantworten von Kaskadenregelungen mit zunehmender Schleifenzahl aufgetragen. Dabei wurde bei der Wahl der Parameter jeweils konstantes α, d. h. konstante „Ersatzdämpfung" zugrunde gelegt.

Während sich für $\alpha = 2$, $D = 1/\sqrt{2}$ nur der Zeitmaßstab streckt, die Form der Kurven aber erhalten bleibt, ist für $\alpha = 1{,}5$, $D = 0{,}612$ bereits bei drei Schleifen die Stabilitätsgrenze fast erreicht.

Lösung zu Aufgabe 17-2: Gleichspannungs-Netzgerät mit Strombegrenzung

a) Differentialgleichungen und Blockschaltbild

Die Differentialgleichungen für die beiden Speichergrößen i_1 und u_2 lauten

$$L\,\frac{di_1}{dt} + R i_1 = u_1 - u_2, \tag{1}$$

$$C\,\frac{du_2}{dt} = i_1 - i_2. \tag{2}$$

Umrechnung in Spannungen ergibt

$$T_1 \frac{d(Ri_1)}{dt} + Ri_1 = u_1 - u_2, \quad \frac{L}{R} = T_1, \tag{3}$$

$$T_2 \frac{du_2}{dt} = Ri_1 - Ri_2, \qquad RC = T_2. \tag{4}$$

(3) ist die Gleichung eines verzögerten Proportionalgliedes, (4) die eines Integrators. Bild L 17-2b zeigt das zugehörige Blockschaltbild; das Übertragungsverhalten des Modulators ist dabei durch ein Verzögerungsglied beschrieben.

Bild L 17-2b

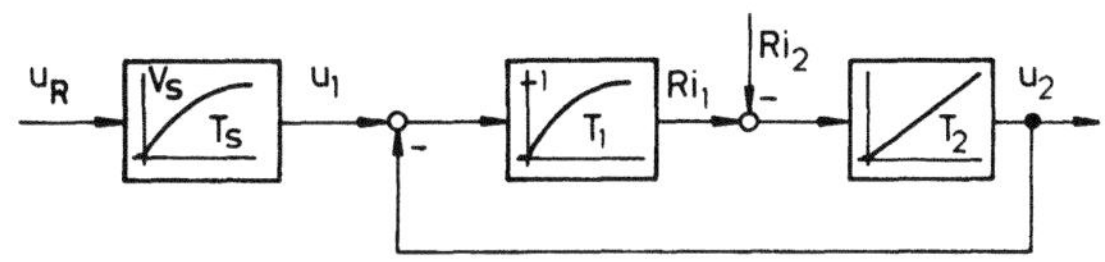

b) Umzeichnung des Blockschaltbildes

Bei der Umzeichnung des Blockschaltbildes mit dem Ziel einer kettenförmigen Struktur ist darauf zu achten, daß die interessierenden physikalischen Größen erhalten bleiben. Bild L 17-2c zeigt die entstehende gleichwertige Anordnung.

Die Störgröße Ri_2 greift dabei an zwei Stellen an; Stabilität und Dämpfung sind jedoch Systemeigenschaften (homogener Teil der Differentialgleichung), die durch den Angriffspunkt einer Störung nicht verändert werden.

Die Übertragungsfunktion des ersten Streckenteils lautet ($I_2 = 0$)

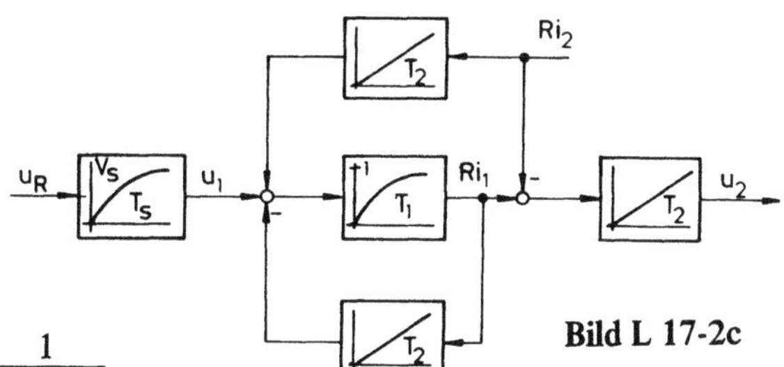

Bild L 17-2c

$$\frac{RI_1}{U_R}(p) = F_{S2}(p) = \frac{V_s}{T_s p + 1} \frac{\dfrac{1}{T_1 p + 1}}{1 + \dfrac{1}{(T_1 p + 1) T_2 p}} =$$

$$= \frac{V_s}{T_s p + 1} \frac{T_2 p}{T_1 T_2 p^2 + T_2 p + 1}. \tag{5}$$

Die Nullstelle bei $p = 0$ deutet auf differenzierendes Übertragungsverhalten hin, das im Leerlauf ($i_2 = 0$) durch den Glättungskondensator verursacht ist.

Die Pole der Übertragungsfunktion sind

$$p_1 = -\frac{1}{T_s}, \quad p_{2,3} = \frac{1}{2T_1} \left[-1 \pm \sqrt{1 - 4 \frac{T_1}{T_2}} \right] = -\frac{1}{T_a}, \quad -\frac{1}{T_b}. \tag{6}$$

Der Einfachheit halber sei aperiodische Dämpfung angenommen, $4\,T_1 < T_2$, d. h. $R > 2\sqrt{L/C}$.

Dies führt auf reelle Pole $p_2 > p_3$, d. h. $T_b < T_a$.

c) Stromregelkreis

Mit einem PI-Regler für den inneren Strom-Regelkreis ergibt sich als Kreis-Übertragungsfunktion

$$F_{k2} = F_{R2} F_{S2} = \frac{V_{R2} V_s T_2}{T_{i2}} \frac{T_{i2} p + 1}{(T_s p + 1)(T_a p + 1)(T_b p + 1)} . \tag{7}$$

Das durch den Kondensator bewirkte differenzierende Übertragungsverhalten hebt somit die Integralwirkung des PI-Reglers auf. Die stationäre Genauigkeit der Strombegrenzung bei Überlastung wird dadurch jedoch nicht berührt (vgl. Bild L 17-2f).

Gemäß Abs. 11.3.3 des Lehrbuches ist es am günstigsten, mit dem verfügbaren Vorhalt den mittleren Pol zu entfernen. Mit $T_s < T_b < T_a$ und $T_{i2} = T_b$ folgt dann als vereinfachte Kreis-Übertragungsfunktion

$$F_{k2} = \frac{V_{k2}}{(T_s p + 1)(T_a p + 1)} , \tag{8}$$

wobei

$$V_{k2} = \frac{V_{R2} V_s T_2}{T_b} \tag{9}$$

die Kreisverstärkung ist.

Daraus entsteht die Übertragungsfunktion des geschlossenen Stromregelkreises

$$F_{g2} = \frac{V_{k2}}{1 + V_{k2}} \frac{1}{\frac{T_s T_a}{1 + V_{k2}} p^2 + \frac{T_s + T_a}{1 + V_{k2}} p + 1} , \tag{10}$$

der durch Vergleich mit der Normalform Eigenfrequenz und Dämpfung zu entnehmen sind,

$$\omega_0 = \sqrt{\frac{1 + V_{k2}}{T_s T_a}} , \quad D = \frac{1}{2} \frac{1}{\sqrt{1 + V_{k2}}} \left(\sqrt{\frac{T_s}{T_a}} + \sqrt{\frac{T_a}{T_s}} \right). \tag{11}$$

Hieraus kann bei gegebenem Wert der Dämpfung die Kreisverstärkung V_{k2} und daraus die Reglerverstärkung V_{R2} berechnet werden. V_{k2} ist umso größer, je mehr sich T_s und T_a unterscheiden.

d) Spannungsregelkreis

Die näherungsweise Beschreibung des Übertragungsverhaltens des Stromregelkreises durch die Näherung

$$F_{g2} \approx \frac{V_{g2}}{T_{e2} p + 1} \tag{12}$$

führt durch Koeffizientenvergleich mit (10) auf

$$V_{g2} = \frac{V_{k2}}{1 + V_{k2}} , \quad T_{e2} = \frac{T_s + T_a}{1 + V_{k2}} . \tag{13}$$

Bild L 17-2d zeigt die Anordnung des überlagerten Spannungsregelkreises; dabei ist die Begrenzung des Strom-Sollwertes $i_{1\,soll}$ angedeutet.

Der Ansatz eines PI-Reglers führt hier auf eine Kreis-Übertragungsfunktion

$$F_{k1} = \frac{V_{R1} V_{g2}}{T_{i1} T_2 p^2} \frac{T_{i1} p + 1}{T_{e2} p + 1}, \tag{14}$$

bei der die freien Parameter V_{R1}, T_{i1} nach dem symmetrischen Optimum (Abs. 13.3.2 des Lehrbuches) bestimmt werden können.

Mit der Normierung

$$T_{i1} = a^2 T_{e2}, \quad a = 2D + 1 \tag{15}$$

folgt

$$V_{R1} = \frac{1}{a} \frac{1}{V_{g2}} \frac{T_2}{T_{e2}} \tag{16}$$

Bild L 17-2e zeigt das Blockschaltbild der vollständigen Regelung. Die nicht rückwirkungsfreie Struktur der elektrischen Schaltung hat einen Störeinfluß der äußeren Regelgröße u_2 auf den inneren Regelkreis zur Folge. Dieser Effekt wurde beim Reglerentwurf durch die Umformung des Blockschaltbildes berücksichtigt.

Mit der Annahme, daß der innere Regelkreis schneller arbeitet als der äußere, läßt sich dieser „Störeinfluß" manchmal auch ohne größeren Fehler vernachlässigen.

In Bild L 17-2f sind zuerst die Vorgänge beim Einschalten des Netzgerätes dargestellt. In der ersten Phase wird die Ausgangsspannung aufgebaut, wobei der Ladestrom durch den inneren Regelkreis konstant gehalten wird. Hat die Ausgangsspannung ihren Sollwert erreicht (t_1), löst sich der Stromregelkreis aus der Begrenzung, und beide Regelkreise schwingen auf ihren stationären Endwert ein. Bei t_2 setzt ein Kurzschluß die Ausgangsspannung auf Null. Durch den jetzt integrierend wirkenden Stromregelkreis wird der Kurzschlußstrom i_1 exakt auf den Maximalwert begrenzt.

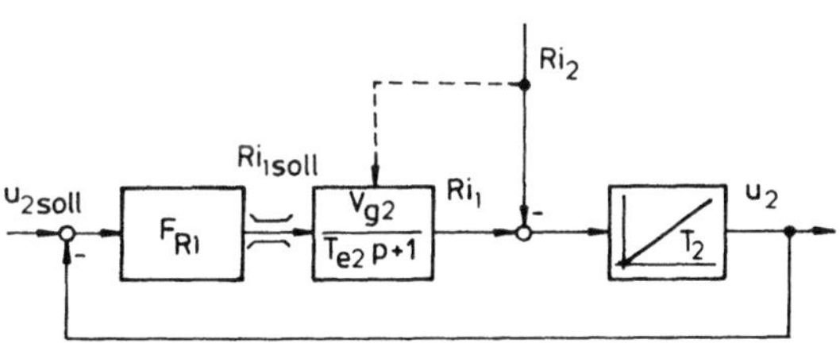

Bild L 17-2d

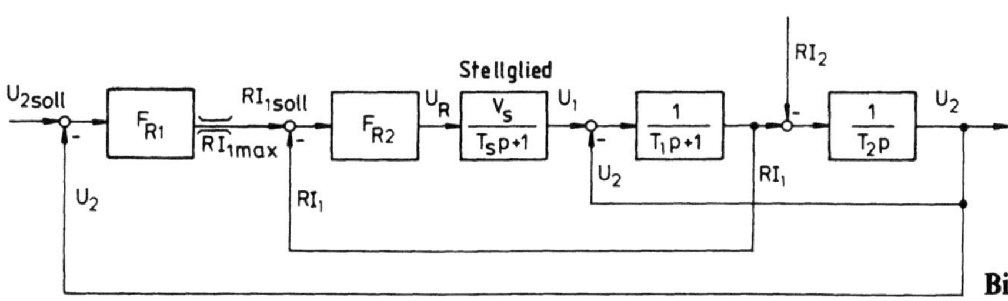

Bild L 17-2e

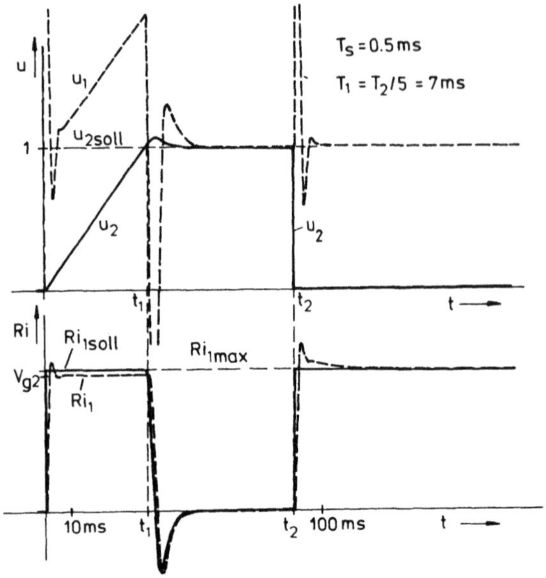

Bild L 17-2f

Die praktisch stets vorhandene Begrenzung der Speisespannung u_1 ist in Bild L 17-2f nicht berücksichtigt.

Lösung zu Aufgabe 18-1: Wasserstandsregelung bei einem Trommelkessel

a) Blockschaltbild

Bild L 18-1b zeigt das Blockschaltbild der Kaskadenregelung mit Störgrößenaufschaltung. Die dimensionslosen Ausgangsgrößen der Meßwandler entsprechen dabei den auf die jeweiligen Nennwerte bezogenen Meßgrößen, d. h. ihre Verstärkungsziffern sind Eins gesetzt. Die Integrierzeit des Dampferzeugers ergibt sich ebenfalls durch Normierung, z. B. gemäß $T_i = Ah_0/q_{w0}$.

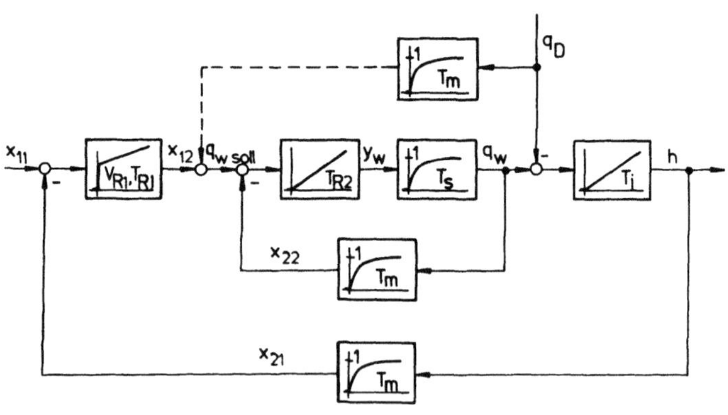

Bild L 18-1b

b) Durchflußregelung

Die Kreis-Übertragungsfunktion der inneren Regelschleife ist

$$F_{k2} = \frac{1}{T_{R2}p} \frac{1}{(T_s p + 1)(T_m p + 1)} \approx \frac{1}{T_{R2}p(T_{e2}p + 1)}, \quad T_{e2} = T_s + T_m .$$

Daraus folgt unter Berücksichtigung der Verzögerung des Meßgliedes die Übertragungsfunktion des geschlossenen inneren Regelkreises

$$F_{g2} = \frac{Q_w}{X_{12}} = \frac{T_m p + 1}{T_{R2} T_{e2} p^2 + T_{R2} p + 1} . \qquad (2)$$

Die Forderung $D = 1/\sqrt{2}$ führt auf

$$T_{R2} = 2\, T_{e2} = 2\,(T_s + T_m). \qquad (3)$$

Für die Festlegung des Reglers im äußeren Kreis läßt sich die Führungs-Übertragungsfunktion F_{g2} vereinfachen,

$$F_{g2} \approx \frac{1}{T_{ge}\, p + 1} , \qquad (4)$$

wobei die Ersatzzeitkonstante aus der Bedingung gleicher Regelfläche folgt,

$$T_{ge} = T_{R2} - T_m = 2\, T_s + T_m . \qquad (5)$$

c) Wasserstandsregelung

Mit (5) lautet die Kreis-Übertragungsfunktion der äußeren Schleife, ohne Berücksichtigung der Störgrößenaufschaltung,

$$F_{k1} = V_{R1} \frac{T_{R1} p + 1}{T_{R1} p} \frac{1}{T_i p (T_{ge} p + 1)(T_m p + 1)} \approx$$

$$\approx \frac{V_{R1}}{T_{R1} T_i p^2} \frac{T_{R1} p + 1}{T_{e1}\, p + 1} , \quad T_{e1} = T_{ge} + T_m = 2\,(T_s + T_m). \qquad (6)$$

Die Bestimmung der Reglerparameter kann mit dem „symmetrischen Optimum" erfolgen,

$$T_{R1} = a^2\, T_{e1} , \quad V_{R1} = \frac{1}{a} \frac{T_i}{T_{e1}} . \qquad (7)$$

Die Forderung nach aperiodischer Dämpfung führt mit $a = 3$ auf

$$T_{R1} = 9\, T_{e1} = 18\,(T_s + T_m),$$

$$V_{R1} = \frac{1}{3} \frac{T_i}{T_{e1}} = \frac{1}{6} \frac{T_i}{T_s + T_m} . \qquad (8)$$

d) Einfluß der Störgrößenaufschaltung

Die Berücksichtigung der Störgrößenaufschaltung erfolgt unter der Annahme, daß es sich beim Dampfstrom um eine unabhängige Störgröße handelt; dies erscheint begründet, da der Dampfstrom im wesentlichen durch die Stellung der Turbineneinlaßventile bestimmt ist, d. h. vom Drehzahlregler der Turbine gesteuert wird. Indirekte Abhängigkeiten über den Dampfdruck und die Dampftemperatur werden vernachlässigt.

Ohne Störgrößenaufschaltung lautet die Stör-Übertragungsfunktion gemäß Bild L 18-1b

$$F_{gzo}(p) = \frac{H}{Q_D} = -\frac{1}{T_i p} \frac{1}{1 + F_{k1}(p)} , \qquad (9)$$

wobei die Kreis-Übertragungsfunktion F_{k1} nach (6) gilt. Wegen des integrierenden Wasserstandsreglers hat $F_{gzo}(p)$ eine Nullstelle bei $p = 0$; damit verschwindet der Einfluß der Störgröße im stationären Zustand, $F_{gzo}(0) = 0$.

Bei Berücksichtigung der Störgrößenaufschaltung erhält man

$$F_{gz}(p) = \frac{H}{Q_D} = -\frac{1}{T_i p}\left(1 - \frac{F_{g2}}{T_m p + 1}\right)\frac{1}{1 + F_{k1}(p)} .$$

Daraus folgt mit (2)

$$F_{gz}(p) = -\frac{1}{T_i p}\,\frac{T_{R2}T_{e2}p^2 + T_{R2}p}{T_{R2}T_{e2}p^2 + T_{R2}p + 1}\,\frac{1}{1 + F_{k1}(p)} =$$

$$= -\frac{T_{R2}}{T_i}\,\frac{T_{e2}p + 1}{T_{R2}T_{e2}p^2 + T_{R2}p + 1}\,\frac{1}{1 + F_{k1}(p)} . \qquad (10)$$

Einsetzen von (6) läßt erkennen, daß $F_{gz}(p)$ bei $p = 0$ eine Doppel-Nullstelle aufweist. Der Einfluß des Dampfstromes ist gegenüber dem Fall ohne Störgrößenaufschaltung also weiter abgeschwächt.

Die Stabilität des gesamten Systems ist in beiden Fällen durch den Ausdruck $1/(1 + F_{k1})$ bestimmt; sie wird durch die Störgrößenaufschaltung somit nicht beeinflußt; in beiden Fällen ergibt sich jedoch eine unterschiedliche „Zusatzdynamik“, die durch die Vorfaktoren in (9, 10) bestimmt ist.

In Bild L 18-1c und L 18-1d sind berechnete Verläufe bei sprungförmiger Änderung der Dampfentnahme ohne und mit Störgrößenaufschaltung dargestellt; für die Streckenparameter wurden dabei realistische Annahmen getroffen. Die Bilder lassen deutlich den dynamischen Vorteil erkennen, der mit einer Störgrößenaufschaltung erreichbar ist.

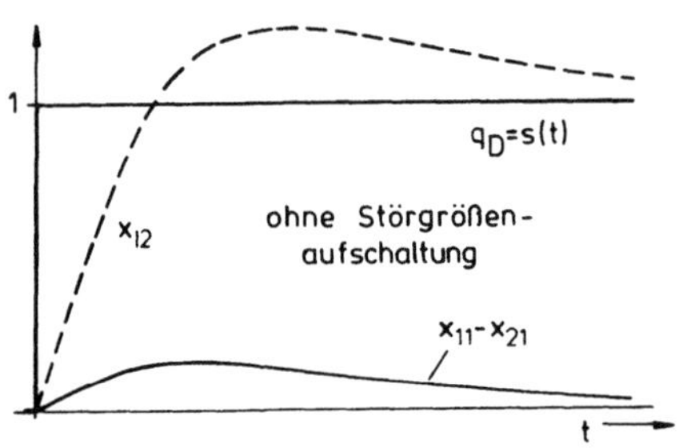

Bild L 18-1c

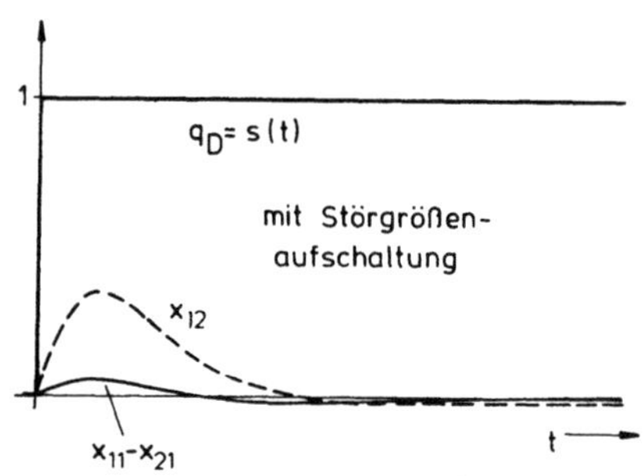

Bild L 18-1d

Lösung zu Aufgabe 19-1: Hochspannungs-Gleichstrom-Übertragung (HGÜ)

a) Gekoppelte Differentialgleichungen

Die Differentialgleichungen folgen aus Bild 19-1a.

$$L\frac{di}{dt} + (R + 2R_0)\,i = e_1 - e_2, \qquad (3)$$

$$u_2 = e_2 + R_0 i; \qquad (4)$$

daraus erhält man durch Elimination von i und Normierung

$$T\frac{d(Ri)}{dt} + Ri = \frac{R}{R + 2R_0}(e_1 - e_2), \tag{5}$$

$$T\frac{du_2}{dt} + u_2 = \frac{R_0}{R + 2R_0}\, e_1 + T\frac{de_2}{dt} + \frac{R + R_0}{R + 2R_0}\, e_2 \,. \tag{6}$$

Die Zeitkonstante ist $T = \frac{L}{R + 2R_0}$.

b) Mathematisches Modell

Die Transformation von (5, 6) in den Bildbereich liefert

$$RI(p) = \frac{V_1}{Tp + 1}E_1 - \frac{V_1}{Tp + 1}E_2, \tag{7}$$

$$U_2(p) = \frac{V_{21}}{Tp + 1}E_1 + \frac{Tp + V_{22}}{Tp + 1}E_2, \tag{8}$$

wobei

$$V_1 = \frac{R}{R + 2R_0}, \quad V_{21} = \frac{R_0}{R + 2R_0}, \quad V_{22} = \frac{R + R_0}{R + 2R_0}. \tag{9}$$

c) Blockschaltbild

Aufgrund von (5, 6) läßt sich das Blockschaltbild L 19-1b der Regelstrecke angeben.

Die Steuerung der beiden Spannungsquellen e_1, e_2 erfolgt dabei über innere Regelkreise (S_0) mit der normierten Verstärkung Eins und sehr kleiner Verzögerung T_0 (wenige ms).

Die Modellgleichungen lauten nun

$$RI(p) = S_0 S_{11} E_{1\,soll} + S_0 S_{12} E_{2\,soll}\,, \tag{10}$$

$$U_2(p) = S_0 S_{21} E_{1\,soll} + S_0 S_{22} E_{2\,soll}. \tag{11}$$

Die auf niedrigem Spannungs- und Leistungsniveau befindlichen Sollwerte $E_{1\,soll}$, $E_{2\,soll}$ stellen somit die eigentlichen Stellgrößen Y_1, Y_2 der Regelstrecke dar.

d) Entkopplung

Wird für eine entkoppelte Regelung gefordert, daß

$$RI(p) = S_0 S_{11} Y_{10}(p), \tag{12}$$

$$U_2(p) = S_0 S_{22} Y_{20}(p) \tag{13}$$

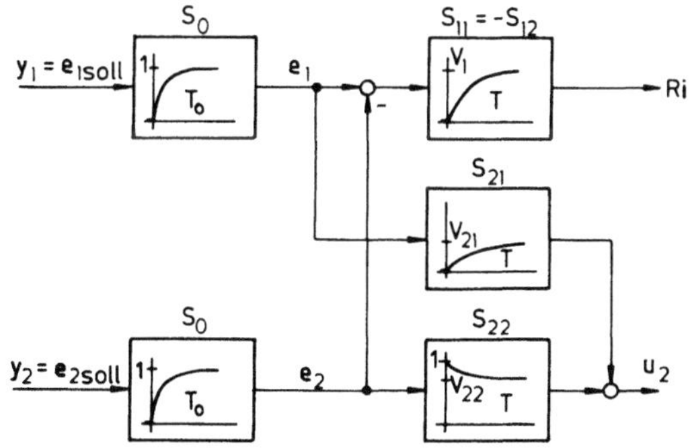

Bild L 19-1b

gilt, so folgt durch Vergleich mit (10, 11) unmittelbar

$$E_{1\,soll} = Y_1 = Y_{10} - \frac{S_{12}}{S_{11}} E_{2\,soll}, \tag{14}$$

$$E_{2\,soll} = Y_2 = Y_{20} - \frac{S_{21}}{S_{22}} E_{1\,soll}. \tag{15}$$

Die Spannungssollwerte müssen also durch Hinzufügung von Kopplungstermen aus den Stellgrößen der entkoppelten Strecke, Y_{10}, Y_{20}, gebildet werden. Die Übertragungsfunktionen der Entkopplungsglieder sind

$$K_{12}(p) = -\frac{S_{12}}{S_{11}} = 1, \tag{16}$$

$$K_{21}(p) = -\frac{S_{21}}{S_{22}} = -\frac{V_{21}}{Tp + V_{22}} = -\frac{R_0}{R + R_0} \, \frac{1}{\frac{L}{R + R_0} p + 1} . \tag{17}$$

Bild L 19-1c zeigt die für die Entkopplung erforderliche Signalverarbeitung, die auf niedrigem Spannungs- und Leistungsniveau vorgenommen wird. Damit resultiert eine erweiterte Regelstrecke gemäß (12, 13); Strom- und Spannungsregelung können nun unabhängig voneinander entworfen werden. Störgrößen, die innerhalb der in Bild L 19-1b gezeichneten Strecke angreifen, wirken sich allerdings auch weiterhin vorübergehend auf beide Regelgrößen aus.

Für die praktische Ausführung der Entkopplung ist die meist große Entfernung zwischen den beiden Stationen nachteilig, da dies einen großen technischen Aufwand für eine sichere Übertragung der Meßwerte erfordert. Aus diesem Grund wird bei Hochspannungs-Gleichstrom-Übertragungen gewöhnlich auf eine Entkopplung verzichtet. Die wie Störgrößen wirkenden Koppeleinflüsse in der Regelstrecke (Gl. 7, 8) lassen sich durch eine schnelle Regelung auch ohne besondere Aufschaltung unterdrücken.

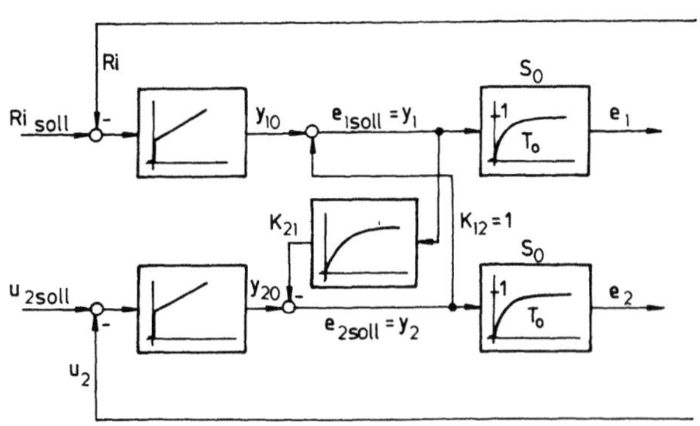

Bild L 19-1c

Lösung zu Aufgabe 19-2: Kursregelung

a) Gekoppelte Differentialgleichungen und Blockschaltbild

Die Bewegungsgleichungen des Schiffes folgen aus der Kräfte- bzw. Drehmoment-Bilanz

$$M\,\frac{dv}{dt} = f\cos\beta - k_{R1}\,v, \tag{1}$$

$$\theta\,\frac{d\omega}{dt} = f\,l\,\sin\beta - k_{R2}\,\omega, \tag{2}$$

$$\frac{d\alpha}{dt} = \omega. \tag{3}$$

Daraus erhält man mit den Normierungsgrößen

$$v_0 = \frac{f_0}{k_{R1}}, \qquad \omega_0 = \frac{l f_0}{k_{R2}},$$

die normierten Gleichungen

$$T_1\,\frac{dv/v_0}{dt} + \frac{v}{v_0} = \frac{f}{f_0}\cos\beta, \qquad T_1 = \frac{M v_0}{f_0}, \tag{4}$$

$$T_2\,\frac{d\omega/\omega_0}{dt} + \frac{\omega}{\omega_0} = \frac{f}{f_0}\sin\beta, \quad T_2 = \frac{\theta\,\omega_0}{l f_0}, \tag{5}$$

$$T_3\,\frac{d\alpha}{dt} = \frac{\omega}{\omega_0}, \qquad T_3 = \frac{1}{\omega_0}. \tag{6}$$

Hinzu kommen die Gleichungen für Vortriebskraft und Vortriebswinkel. Dabei wird angenommen, daß das Verhalten der inneren Regelkreise angenähert durch PT_1-Glieder beschrieben werden kann.

$$T_4\,\frac{df/f_0}{dt} + \frac{f}{f_0} = \frac{f_{soll}}{f_0}, \tag{7}$$

$$T_5\,\frac{d\beta}{dt} + \beta = \beta_{soll}. \tag{8}$$

Wegen der geringeren bewegten Massen sind die Zeitkonstanten T_4, T_5 erheblich kleiner als T_1, T_2.

Bild L 19-2b zeigt das Blockschaltbild der gekoppelten Regelstrecke.

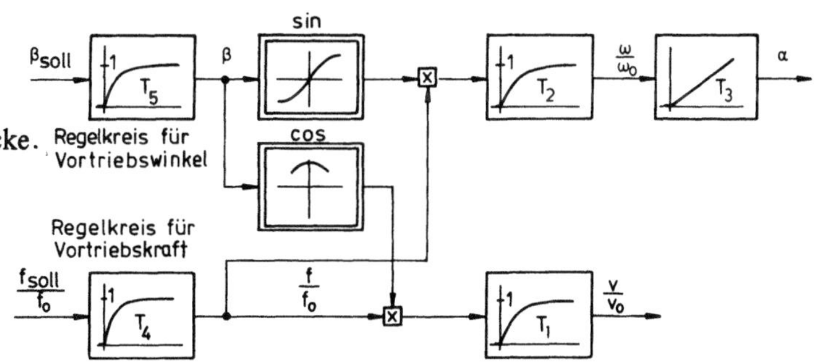

Bild L 19-2b

b) Entkopplung

Da die Struktur des Blockschaltbildes L 19-2b durch die technische Ausführung des zu steuernden Schiffes vorgegeben ist und nicht verändert werden kann, lassen sich Entkopplungsmaßnahmen nur auf der Sollwertseite der inneren Regelkreise durchführen. Eine wesentliche Vereinfachung ergibt sich dabei, wenn die Verzögerungszeitkonstanten T_4, T_5 näherungsweise vernachlässigt werden können. Es ist dann möglich, die nichtlinearen Kopplungen in der Regelstrecke durch inverse Kopplungen zwischen den Führungsgrößen aufzuheben; hierzu können entweder Meßwerte für β, f oder die entsprechenden Sollwerte herangezogen werden.

Bild L 19-2c zeigt die entkoppelte Regelstrecke mit den neuen Stellgrößen y_α und y_v. Die Regler für Geschwindigkeit und Winkellage können nun unabhängig voneinander entworfen werden. Bei der Regelung der Winkellage kann es zweckmäßig sein, nach Art der Kaskadenregelung einen Regelkreis für die Drehgeschwindigkeit zwischenzuschalten.

Sofern der Schwenkwinkel β des Propellers auf kleine Werte begrenzt ist, kann die Linearisierung mit den trigonometrischen Funktionen auch näherungsweise weggelassen werden.

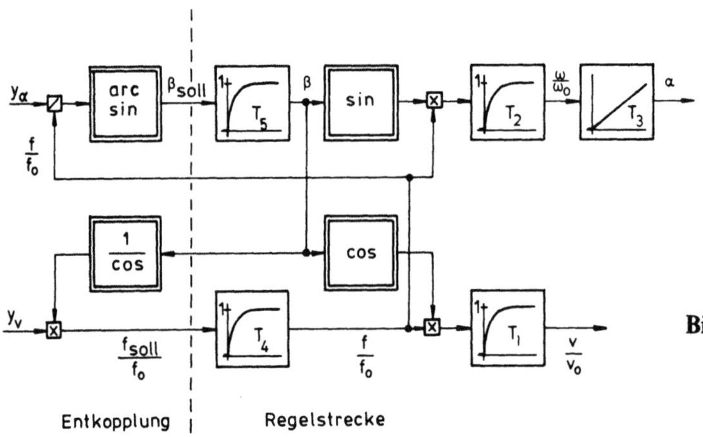

Bild L 19-2c

II Nichtlineare Regelvorgänge

Lösung zu Aufgabe 20-1: Stellglied mit zweiwertiger Kennlinie

a) Berechnung des Einschwingvorganges

Die Umschaltzeitpunkte werden wegen $x_3 = x_{30} = \text{const.}$ durch den Verlauf der Rückführgröße $x_4(t)$ bestimmt. Da $y(t)$ nur die beiden Werte 0, y_0 annehmen kann, ergibt sich für $x_4(t)$ eine Folge von Exponentialfunktionen.

Das Stellglied schaltet bei $t = 0$ unverzögert um; somit gilt mit der Anfangsbedingung $x_4(0) = 0$

$$x_4(t) = V_y y_0 (1 - e^{-t/T_y}). \qquad (1)$$

Der Abschaltzeitpunkt t_1 ist für

$$x_4(t_1) = x_{30} + \epsilon \tag{2}$$

erreicht. Einsetzen in (1) ergibt

$$t_1 = T_y \ln \frac{V_y y_0}{V_y y_0 - x_{30} - \epsilon} \,. \tag{3}$$

Im anschließenden Intervall ist $y = 0$; damit gilt für $t > t_1$

$$x_4(t) = (x_{30} + \epsilon)\, e^{-(t - t_1)/T_y}, \tag{4}$$

bis bei t_2 der neue Einschaltpunkt erreicht ist,

$$x_4(t_2) = (x_{30} + \epsilon)\, e^{-(t_2 - t_1)/T_y} = x_{30} - \epsilon. \tag{5}$$

Daraus folgt

$$t_2 - t_1 = T_y \ln \frac{x_{30} + \epsilon}{x_{30} - \epsilon} \equiv t_{aus}. \tag{6}$$

Vom Zeitpunkt t_1 an verläuft der Schwingungsvorgang periodisch; die Bedingung für den neuen Einschaltvorgang lautet

$$x_4(t_3) = x_{30} - \epsilon + [V_y y_0 - (x_{30} - \epsilon)]\,[1 - e^{-(t_3 - t_2)/T_y}] = x_{30} + \epsilon. \tag{7}$$

Daraus folgt die stationäre Einschaltzeit

$$t_3 - t_2 = T_y \ln \frac{V_y y_0 - x_{30} + \epsilon}{V_y y_0 - x_{30} - \epsilon} \equiv t_{ein} \,. \tag{8}$$

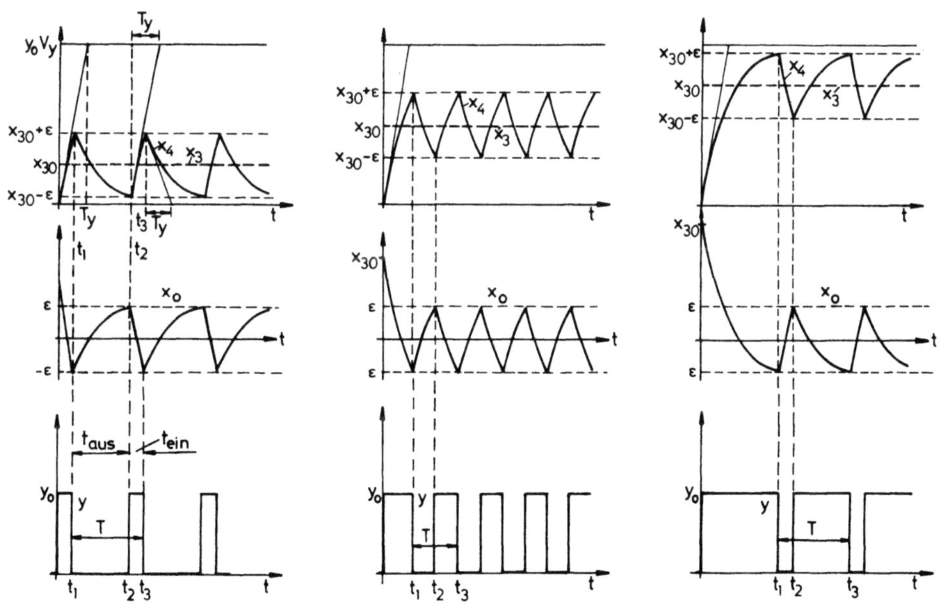

Bild L 20-1b

Die zugehörigen Verläufe sind in Bild L 20-1b für verschiedene Werte von x_{30} aufgetragen. Man erkennt, daß der erste Einschaltvorgang wegen der Anfangsbedingung $x_4(0) = 0$ etwas länger dauert als in den folgenden stationären Perioden. Man kann das erste verlängerte Einschaltintervall als einen nichtlinearen Vorhalt deuten. Der Amplitudenmaßstab ist in Bild L 20-1b stark verzerrt gezeichnet; bei einem praktisch ausgeführten Zweipunktregler liegt die Hysterese bei $\epsilon \approx 0{,}01$.

Wegen der Nichtlinearität der Schaltkennlinie hat die „Sprungantwort" einen von der Amplitude der Anregung x_{30} abhängigen Verlauf.

b) Stationäre Schaltschwingung

Periodendauer und Tastverhältnis der als Pulsbreitenmodulator wirkenden Schaltung folgen aus (6, 8)

$$f = \frac{1}{T} = \frac{1}{t_{ein} + t_{aus}} = \frac{1}{t_3 - t_1} = \frac{1}{T_y \ln\left[\dfrac{x_{30} + \epsilon}{x_{30} - \epsilon}\,\dfrac{V_y y_0 - x_{30} + \epsilon}{V_y y_0 - x_{30} - \epsilon}\right]}\,. \tag{9}$$

$$\frac{t_{ein}}{T} = \frac{t_{ein}}{t_{ein} + t_{aus}} = \frac{t_3 - t_2}{t_3 - t_1} =$$

$$= \frac{\ln\left[\dfrac{V_y y_0 - x_{30} + \epsilon}{V_y y_0 - x_{30} - \epsilon}\right]}{\ln\left[\dfrac{x_{30} + \epsilon}{x_{30} - \epsilon}\,\dfrac{V_y y_0 - x_{30} + \epsilon}{V_y y_0 - x_{30} - \epsilon}\right]}\,. \tag{10}$$

c) Stationäre Kennlinien

Die nichtlinearen Funktionen fT_y und t_{ein}/T mit dem Parameter $V_y y_0/\epsilon$ sind in Bild L 20-1c über der normierten Regelabweichung x_{30}/ϵ aufgetragen. Der Verlauf des Mittelwertes der Stellgröße,

$$\frac{\bar{y}}{y_0} = \frac{t_{ein}}{T}\left(\frac{x_{30}}{\epsilon}\right),$$

zeigt, daß das rückgekoppelte Schaltglied als Regler Proportionalverhalten aufweist und sich in der Mitte des Aussteuerbereichs weitgehend linear verhält; dort befindet sich auch das Maximum der Schaltfrequenz. Die Randbereiche, in denen die Verstärkerkennlinie nichtlinear wird und die Schaltfrequenz stark abnimmt, sollten im stationären Zustand gemieden werden.

Die mittlere Verstärkung des Zweipunktreglers ist

$$\frac{d\bar{y}}{dx_{30}} \approx V_m = \frac{y_0}{V_y y_0 - \epsilon} = \frac{1}{V_y - \epsilon/y_0} \approx \frac{1}{V_y}\,. \tag{11}$$

Die maximale Schaltfrequenz ergibt sich für $x_{30} = \frac{1}{2} V_y y_0$ aus einer Reihenentwicklung mit $\epsilon \ll V_y y_0$

$$f_0 \approx \frac{1}{8}\,\frac{V_y}{T_y}\,\frac{y_0}{\epsilon}\,. \tag{12}$$

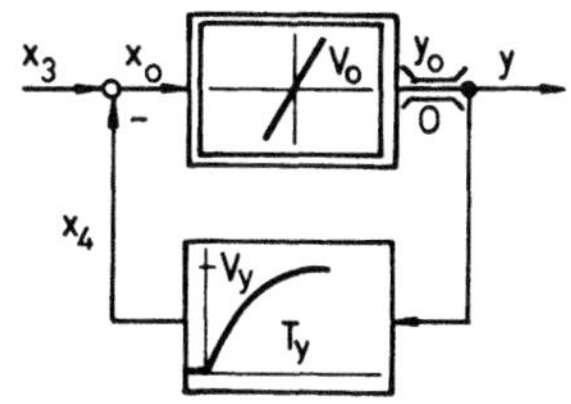

Bild L 20-1d

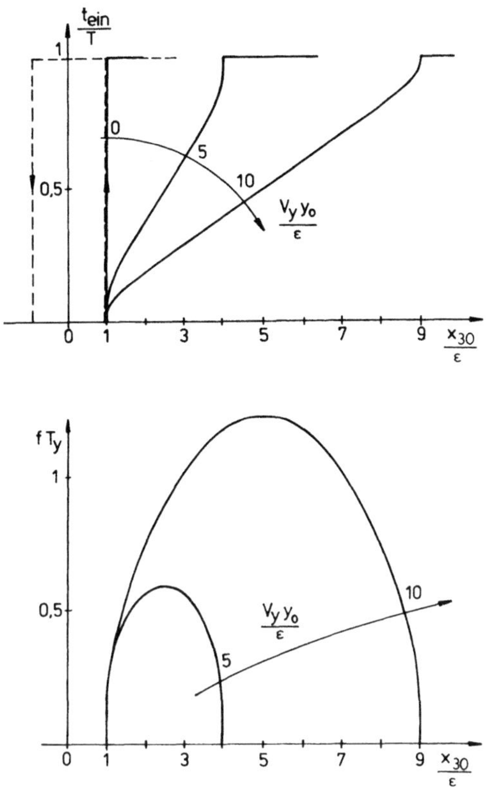

Bild L 20-1c

d) Lineares Ersatzmodell

Für $\epsilon \ll y_0$ läßt sich das Schaltglied mit proportionaler Rückführung (Bild 20-1a) angenähert durch die in Bild L 20-1d gezeichnete Ersatzschaltung beschreiben.

Vernachlässigt man die Begrenzung der Ausgangsgröße, $0 < y < y_0$, so gilt die Übertragungsfunktion

$$\frac{Y}{X_3} \approx \frac{V_0}{1 + V_0 F_y}$$

oder mit $V_0 \to \infty$

$$\frac{Y}{X_3} \approx \frac{1}{F_y} = \frac{1}{V_y} \quad (T_y p + 1).$$

Die verzögerte Gegenkopplung ergibt somit einen Vorhalt mit der Zeitkonstante T_y.

Da die Rückführverstärkung zur Einstellung der Reglerverstärkung und die Verzögerung T_y zur Festlegung der Schaltfrequenz benötigt werden, steht dieser Vorhalt für Kompensationszwecke i. a. nicht zur Verfügung. Hinzu kommt die geringe Größe von T_y, die eine regelungstechnische Nutzung als Vorhalt meist nicht sinnvoll erscheinen läßt.

Lösung zu Aufgabe 20-2: Zweipunktregler

a) Betrieb ohne Rückführung

Wegen des schaltenden Stellgliedes ist in jedem Fall eine im stationären Zustand (mit x_1 = const., z = const.) periodische Schaltschwingung zu erwarten. Die Regelgröße kann somit als Überlagerung zeitlich verschobener Sprungantworten der Regelstrecke mit abwechselndem Vorzeichen gedeutet werden. Ohne Rückführung, $F_y = 0$, wird die Stellgröße jeweils umgeschaltet, wenn die Regelabweichung den Hysteresebereich des Zweipunktgliedes verläßt, d. h. für $x_2 = x_1 \pm \epsilon$. In Bild L 20-2b ist in willkürlichem Maßstab der Anfang der Schaltschwingung skizziert; dabei ist angenommen, daß das System anfangs die Ruhe war und bei t = 0 eingeschaltet wird. $w_s(t)$ ist die stetig verlaufende Sprungantwort der Regelstrecke.

Man erkennt daraus, daß sich eine sehr niederfrequente Schaltschwingung einstellt, gleichgültig wie klein man die Hysteresebreite 2ϵ wählt. Die Regelabweichungen im stationären Zustand werden dadurch sehr groß, so daß von einer befriedigenden Regelung nicht gesprochen werden kann.

In Bild L 20-2c ist anhand eines Beispiels der berechnete Verlauf verschiedener Größen bei sprungförmiger Änderung der Führungsgröße und der Störgröße aufgetragen.

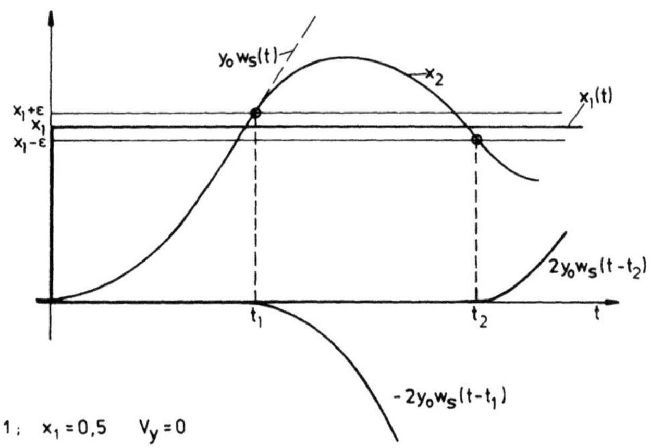

Bild L 20-2b

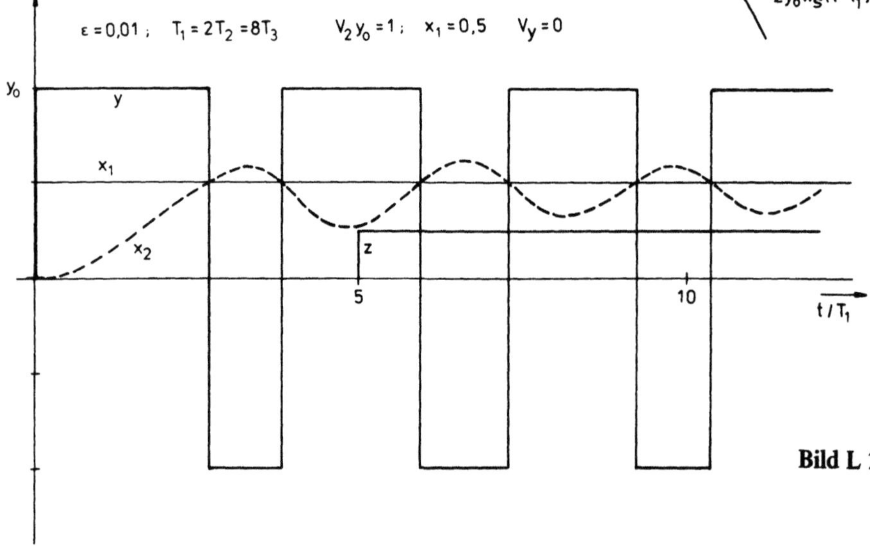

Bild L 20-2c

b) Zweipunktregler mit verzögerter P-Rückführung

Bei Verwendung eines verzögerten Proportionalgliedes in der Rückführung stellt sich, wie in Aufgabe 20-1 gezeigt, eine pulsbreitenmodulierte Schaltschwingung ein, deren Frequenz praktisch nur durch die Rückführparameter bestimmt ist. Wählt man die Schaltfrequenz genügend hoch, so werden die periodischen Schwankungen der Regelgröße am Ausgang der verzögernden Regelstrecke vernachlässigbar klein. Eine obere Frequenzgrenze ist meist durch das Schaltglied gegeben, z. B. als Folge der auftretenden Verluste oder wegen Verschleiß bei mechanischen Schaltern.

In Abs. 20.3.2 des Lehrbuchs ist ein Ausdruck (12a) für die mit einem symmetrischen Zweipunkt-Schaltglied bei $x_3 = 0$ auftretende Maximalfrequenz angegeben.

$$f_0 = \frac{1}{2T_y \ln \dfrac{V_y y_0 + \epsilon}{V_y y_0 - \epsilon}} . \tag{4}$$

Für $\epsilon \ll V_y y_0$ folgt daraus durch Reihenentwicklung

$$f_0 \approx \frac{1}{4} \frac{V_y}{T_y} \frac{y_0}{\epsilon} . \tag{5}$$

Die Festlegung von f_0 kann z. B. aufgrund einer Amplitudenabschätzung erfolgen, indem man den maximalen Grundschwingungsanteil am Ausgang der Regelstrecke vorschreibt,

$$\Delta \hat{x}_2 = \frac{4}{\pi} y_0 |F_S(j\omega_0)| < \Delta, \qquad \omega_0 = 2\pi f_0 . \tag{6}$$

$4y_0/\pi$ ist dabei die Grundschwingungsamplitude der Rechteckschwingung am Ausgang des Schaltgliedes im periodischen Zustand bei $x_3 = 0$.

In Abs. 20.3, Bild 20.23 des Lehrbuches, ist weiterhin gezeigt, daß sich im stationären Zustand, $x_3 = \text{const.}$, für den rückgekoppelten Regler ein proportionales Übertragungsverhalten mit angenähert konstanter Verstärkung ergibt,

$$\frac{\Delta \bar{y}}{\Delta x_3} \approx \frac{1}{V_y} . \tag{7}$$

Der in Bild 20-2a gezeichnete Regelkreis wird damit näherungsweise linearisiert; die Kreis-Übertragungsfunktion lautet mit (1)

$$F_k(p) \approx \frac{V_2}{V_y} \frac{1}{(T_1 p + 1)(T_2 p + 1)(T_3 p + 1)} . \tag{8}$$

Die Festlegung der Rückführverstärkung V_y kann nun z. B. mit Hilfe des Bode-Diagramms erfolgen. Sobald V_y bekannt ist, läßt sich aus (5, 6) die Zeitkonstante T_y bestimmen.

Hinsichtlich des Regelverhaltens sind die gleichen Ergebnisse wie bei Verwendung eines stetig arbeitenden Proportionalreglers zu erwarten: sofern die Zeitkonstanten der Strecke nicht zufällig besonders günstig abgestuft sind ($T_2, T_3 \ll T_1$), ist wegen der Forderung nach ausreichender Dämpfung nur ein kleiner Wert der Reglerverstärkung zulässig. Die Regelgenauigkeit ist damit in den meisten Fällen ungenügend (vgl. Abs. 10.3.2).

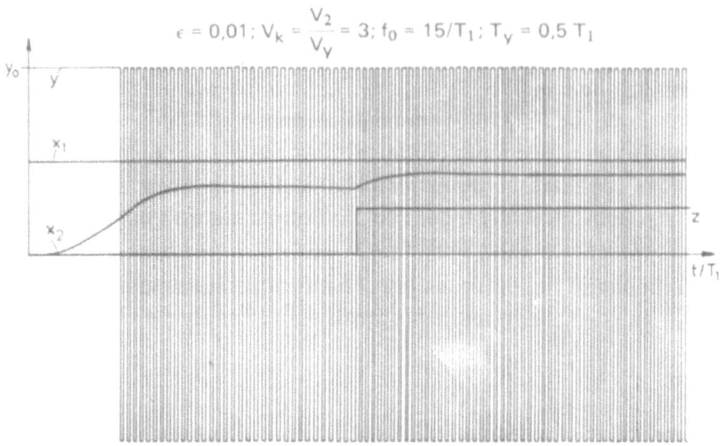

Bild L 20-2d

In Bild L 20-2d ist für die gleichen Zahlenwerte wie in Bild L 20-2c der berechnete Verlauf der interessierenden Größen aufgetragen. Die Dämpfung ist dabei etwa gemäß $D = 1/\sqrt{2}$ gewählt. Die im Vergleich zu Bild L 20-2c hochfrequente Schaltschwingung führt zu sehr kleinen der Regelgröße überlagerten Wechselkomponenten. Die große stationäre Regelabweichung ist durch die ungenügende Reglerverstärkung bedingt.

c) Zweipunktregler mit PI(D)-Verhalten

Verwendet man nun eine differenzierende Rückführung gemäß (3), so bleibt für $T_y \ll T_i$ auch hier der PT_1-Faktor maßgeblich für die Erzeugung der Schaltschwingung; bei der Schwingungsfrequenz ω_0 gilt ja

$$\frac{j\omega_0 T_i}{1 + j\omega_0 T_i} \approx 1.$$

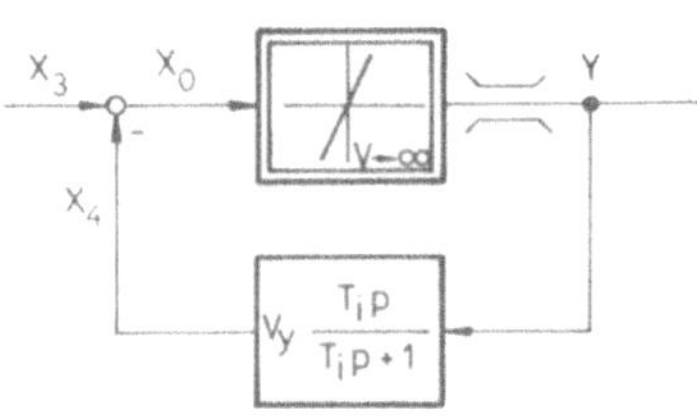

Bild L 20-2e

Die differenzierende Wirkung der Rückführung kommt erst bei tieferen Frequenzen zum Tragen, wie sie bei Regelvorgängen auftreten. Mit der in Bild L 20-1d erläuterten Modellvorstellung für $\epsilon \ll V_y y_0$ gilt dann näherungsweise das Ersatzschaltbild L 20-2e, bei dem der Schalter durch ein lineares Stellglied mit sehr hoher Verstärkung angenähert und die Verzögerung T_y in der Rückführung weggelassen ist.

Für den Regler folgt daraus bei Vernachlässigung der Begrenzung die Übertragungsfunktion

$$F_R(p) \approx \frac{\overline{Y}}{X_3} \approx \frac{1}{V_y} \frac{T_i p + 1}{T_i p}, \tag{9}$$

entsprechend einem PI-Regler.

Die restliche Festlegung der Parameter geschieht wie bei einem stetigen PI-Regler, z. B. durch Verschiebung des dem Ursprung nächstliegenden Streckenpols in den Ursprung, $T_i = T_1$.

Damit erhält man die vereinfachte Kreis-Übertragungsfunktion

$$F_k(p) \approx \frac{V_2}{V_y\, T_1\, p\,(T_2\, p + 1)\,(T_3\, p + 1)}, \tag{10}$$

aus der in bekannter Weise die Rückführverstärkung V_y bestimmt werden kann.

Einsetzen der vollständigen Rückführ-Übertragungsfunktion (3) in eine linearisierte Reglerschaltung gemäß Bild L 20-2e würde einen PID-Regler mit einem kleinen zusätzlichen Vorhalt (T_y) ergeben. Da mit der Zeitkonstante T_y die Schaltfrequenz eingestellt wird, ist es nicht zweckmäßig, anderweitig über diese Größe zu verfügen.

In Bild L 20-2f ist, wieder mit den gleichen Zahlenwerten, der berechnete Verlauf der verschiedenen Größen aufgetragen. Man erkennt, daß die stationären Regelabweichungen nun zu Null werden, wie dies für integrierende Regler charakteristisch ist.

Zum Vergleich ist in Bild L 20-2g der entsprechende Einschwingvorgang mit einem stetigen PID-Regler mit Begrenzung der Stellamplitude auf y_0 dargestellt. Man erkennt, daß der Verlauf der Regelgröße praktisch derselbe ist.

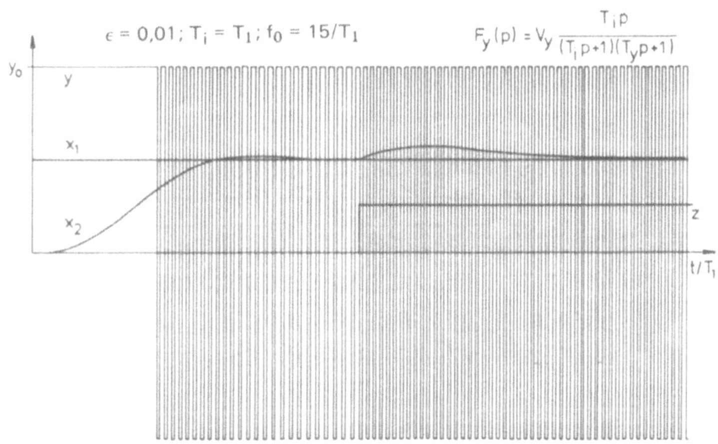

Bild L 20-2f

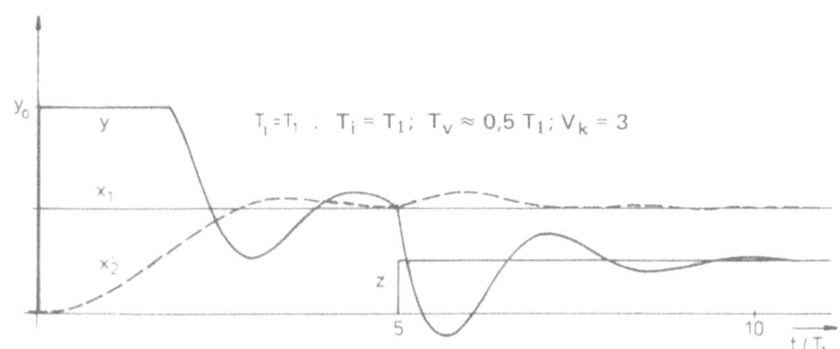

Bild L 20-2g

Lösung zu Aufgabe 21-1: Dreipunktschalter mit Rückführung und Integrator

a) Einschwingvorgang

Wegen der absatzweise konstanten Ausgangsgröße des Dreipunkt-Schaltgliedes setzt x_4 sich aus Stücken von Exponentialfunktionen zusammen, die den zugehörigen Endwerten $0, \pm V_y y_{10}$ zustreben. Die Umschaltzeitpunkte werden durch $x_0 = x_{30} - x_4$ bestimmt; bei $|x_0| \geqslant \epsilon_2$ wird ein-, bei $|x_0| \leqslant \epsilon_1$ ausgeschaltet. Bei einer sprungförmigen Änderung von x_3 stellt sich nach einem verlängerten Einschalttakt eine periodische Schaltschwingung mit einem von x_{30} abhängigen Taktverhältnis ein. Die Ausgangsgröße des Integrators ist ein Polygonzug mit den Steigungen $0, \pm y_{10}/T_1$. In Bild L 21-1b ist der Schaltvorgang in vergrößertem Maßstab aufgetragen.

Für $x_{30} < 0$ ergeben sich entsprechende Schaltvorgänge zwischen 0 und $-y_{10}$.

b) Schaltschwingung mit Pulsbreitenmodulation

Die stationären Größen lassen sich aus Bild L 21-1b ablesen. Für die Ausschaltdauer gilt die Bedingung

$$x_{30} - \epsilon_2 = (x_{30} - \epsilon_1)\, e^{-\frac{t_{aus}}{T_y}} \tag{2}$$

oder

$$t_{aus} = T_y \ln \frac{x_{30} - \epsilon_1}{x_{30} - \epsilon_2} = T_y \ln \left[1 + \frac{\epsilon_2 - \epsilon_1}{x_{30} - \epsilon_2}\right] . \tag{3}$$

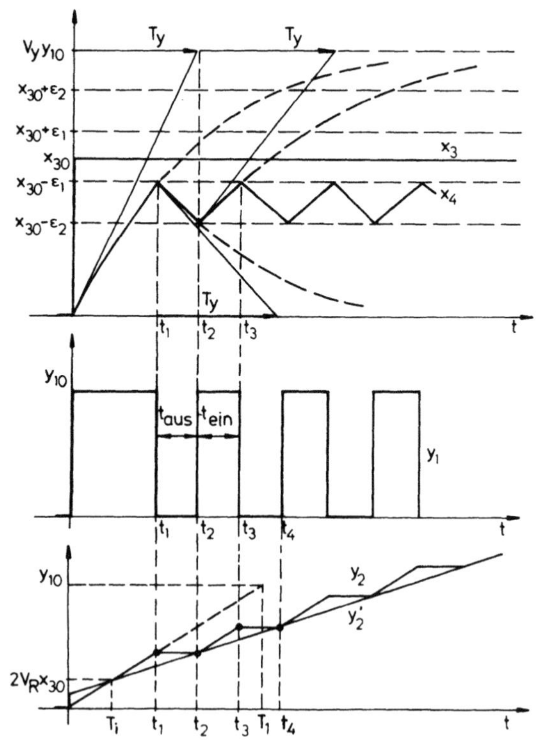

Bild L 21-1b

In entsprechender Weise erhält man für den Einschaltvorgang

$$x_{30} - \epsilon_1 = x_{30} - \epsilon_2 + [V_y y_{10} - (x_{30} - \epsilon_2)] \left(1 - e^{-\frac{t_{ein}}{T_y}}\right) \tag{4}$$

und daraus

$$t_{ein} = T_y \ln \frac{V_y y_{10} - x_{30} + \epsilon_2}{V_y y_{10} - x_{30} + \epsilon_1} = T_y \ln \left[1 + \frac{\epsilon_2 - \epsilon_1}{V_y y_{10} - x_{30} + \epsilon_1}\right]. \tag{5}$$

Man erkennt, daß die Hysterese des Schaltgliedes für die Ausbildung der Schwingung notwendig ist, denn für $\epsilon_2 - \epsilon_1 = 0$ wäre $t_{ein} = t_{aus} = 0$.
Die stationäre Schaltfrequenz für $x_{30} > 0$ folgt aus (3, 5)

$$f = \frac{1}{t_{ein} + t_{aus}} = \frac{1}{T_y} \left[\ln \frac{(V_y y_{10} - x_{30} + \epsilon_2)(x_{30} - \epsilon_1)}{(V_y y_{10} - x_{30} + \epsilon_1)(x_{30} - \epsilon_2)}\right]^{-1}. \tag{6}$$

Der grundsätzliche Verlauf dieser Funktion ist im Lehrbuch Abs. 21.2, Bild 21.5, aufgetragen. Die maximale Schaltfrequenz stellt sich in der Mitte des Aussteuerbereiches, d. h. für

$$x_{30} = \frac{1}{2}(V_y y_{10} + \epsilon_1 + \epsilon_2) \tag{7}$$

ein. Dort gilt

$$f_{max} = \frac{1}{2 t_{ein}} = \frac{1}{2 T_y} \left[\ln \frac{V_y y_{10} + (\epsilon_2 - \epsilon_1)}{V_y y_{10} - (\epsilon_2 - \epsilon_1)}\right]^{-1}. \tag{8}$$

Daraus folgt für

$$\epsilon_2 - \epsilon_1 \ll V_y y_{10}$$

durch Reihenentwicklung die Näherung

$$f_{max} \approx \frac{1}{4(\epsilon_2 - \epsilon_1)} \frac{V_y}{T_y} y_{10}. \tag{9}$$

Bei negativer Regelabweichung x_{30} ergibt sich der gleiche Verlauf der Schaltfrequenz; die Schwingung entsteht dann durch die links liegende Hystereseschleife des Schaltgliedes.
Der Mittelwert der Schaltgröße y_1 ist durch das Tastverhältnis bestimmt. Für $x_{30} > \epsilon_2$ gilt

$$\bar{y}_1(x_{30}) = y_{10} \frac{t_{ein}}{t_{ein} + t_{aus}}. \tag{10}$$

Der Verlauf dieser Funktion ist ebenfalls in Abs. 21.2, Bild 21.5, skizziert. Die mittlere Verstärkung des rückgekoppelten Dreipunktgliedes im stationären Zustand ist damit für $\epsilon_1 \ll V y_{10}$

$$\frac{d\bar{y}_1}{dx_{30}} \approx V_m = \frac{1}{V_y}. \tag{11}$$

In Verbindung mit dem anschließenden Integrator entsteht so näherungsweise die Übertragungsfunktion eines I-Reglers,

$$F_R = \frac{Y_2}{X_3} \approx \frac{1}{V_y T_1 p}. \tag{12}$$

c) Quasistetiger PI-Regler

Wie in Bild L 21-1b angedeutet, läßt der erste verlängerte Einschaltimpuls, der durch den Anfangszustand $x_4(0) = 0$ verursacht ist, sich auch als Vorhalt eines PI-Reglers deuten, dessen Parameter allerdings vom Betriebspunkt abhängen. Verlängert man die durch die Punkte $y_2(t_2)$, $y_2(t_4)$ gehende Gerade bis $t = 0$, so ist der entstehende Achsenabschnitt als $V_R x_{30}$ zu definieren. Die Integrierzeit folgt aus dem bekannten Verlauf der Sprungantwort eines PI-Reglers, die bei $t = T_i$ den Wert $2 V_R x_{30}$ erreicht.

Eine Vereinfachung ergibt sich entsprechend Aufgabe 20-1d für $\epsilon_1, \epsilon_2 \ll V_y y_0$, d. h. bei Vernachlässigung des Unempfindlichkeits- und Hysteresebereiches. In diesem Fall gilt angenähert

$$F_R(p) = \frac{Y_2}{X_3} \approx \frac{1}{F_y T_1 p} = \frac{1}{V_y} \frac{T_y p + 1}{T_1 p}. \tag{13}$$

Wie in Aufgabe 20-1d erläutert, kann der Vorhalt des entstehenden PI-Reglers regelungstechnisch möglicherweise nicht genutzt werden, da T_y durch die gewünschte Schaltfrequenz bereits festgelegt ist.

Lösung zu Aufgabe 21-2: Dreipunktregler mit Tiefpaßstrecke

a) Dreipunktregler ohne Rückführung, $F_y = 0$

Ausgehend vom Ruhezustand mit $x_1(0) = y_2(0) = x_2(0) = 0$ soll die Führungsgröße sprungförmig verändert werden, $x_1(t) = x_{10}\, s(t)$, so daß das Schaltglied anspricht und die Stellgröße $y_2(t)$ zeitlich linear ansteigt (Bild L 21-2b). Der Verlauf von x_2 wird durch die Anstiegsantwort der Regelstrecke bestimmt. Sobald x_2 den Abschaltwert erreicht hat,

$$x_2(t_1) = x_{10} - \epsilon_1, \tag{1}$$

hält das Stellglied den erreichten Wert konstant

$$y_2(t > t_1) = y_2(t_1). \tag{2}$$

Aperiodisches Verhalten liegt vor, wenn x_2 für $t \to \infty$ den entgegengesetzten Einschaltwert nicht mehr erreicht, d. h. wenn gilt

$$V_s y_2(t_1) < x_{10} + \epsilon_2. \tag{3}$$

Für die Berechnung soll angenommen werden, daß der Anstiegsfehler zur Zeit t_1 den stationären Endwert

$$u(\infty) = y_{10} V_s \frac{T_1 + T_2}{T_i} \tag{4}$$

erreicht hat. Somit gilt für $t = t_1$

$$V_s y_2(t_1) = x_{10} - \epsilon_1 + y_{10} V_s \frac{T_1 + T_2}{T_i}. \tag{5}$$

Bild L 21-2b

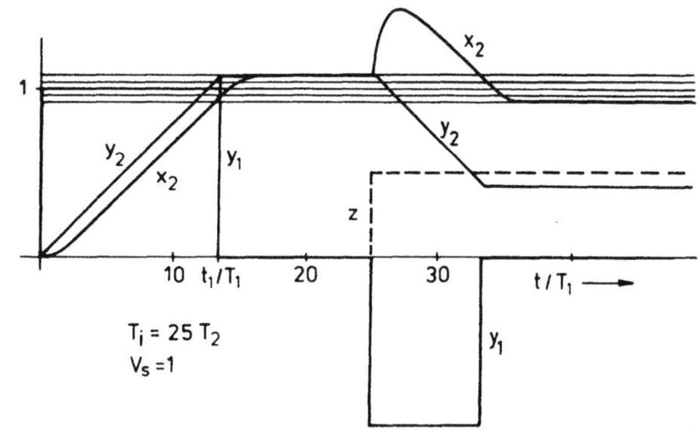

so daß mit (3) folgt

$$T_i > \frac{y_{10} V_s}{\epsilon_1 + \epsilon_2} (T_1 + T_2). \tag{6}$$

Mit der Normierung $y_{10} V_s = 1$ und der für eine Regelung realistischen Annahme $\epsilon_2 = 2\epsilon_1 = 0{,}02$ folgt $T_i > 30(T_1 + T_2) = 30\, T_e$; die Integrierzeit muß also mindestens das 30-fache der Strecken-Ersatzzeitkonstanten betragen. Dies würde zu sehr langsamen Regelvorgängen führen, wie sie in Bild L 21-2b im Prinzip dargestellt sind; dabei wurde der Deutlichkeit halber $\epsilon_2 = 2\epsilon_1 = 0{,}1$ gewählt. Auch die Ausregelung einer Störgröße z erfolgt für praktische Anforderungen zu langsam.

Mit einer Rückführung läßt sich das dynamische Verhalten des Regelkreises erheblich verbessern.

b) Quasistetiger PI-Regler

Bei Verwendung einer verzögerten Rückführung,

$$F_y(p) = \frac{V_y}{T_y p + 1}, \tag{7}$$

stellt sich gemäß Aufgabe 21-1 eine Schaltschwingung ein, deren Frequenz durch die Wahl der Rückführung bestimmt werden kann. Beschränkt man sich auf die Umhüllende $\bar{y}_2$ der Stellgröße und vernachlässigt die Unempfindlichkeit des Schaltgliedes, $\epsilon_1 \approx \epsilon_2 \approx 0$, so ergibt sich für den Regler samt Stellglied ein quasistetiges Verhalten, entsprechend der Übertragungsfunktion eines PI-Reglers,

$$\frac{Y_2}{X_3}(p) \approx \frac{1}{F_y} \frac{1}{T_i p} = \frac{T_y p + 1}{V_y} \frac{1}{T_i p} = \underbrace{\frac{1}{V_y} \frac{T_y}{T_i}}_{V_R} \frac{T_y p + 1}{T_y p} . \tag{8}$$

Daraus folgt die Kreis-Übertragungsfunktion des linearisierten Systems,

$$F_k = V_R V_S \frac{T_y p + 1}{T_y p} \frac{1}{(T_1 p + 1)(T_2 p + 1)}, \quad T_1 = 2T_2. \tag{9}$$

Verzichtet man auf eine Festlegung der Schaltfrequenz, so folgt mit $T_y = T_1$ die vereinfachte Form

$$F_k = V_R V_s \frac{1}{T_1 p (T_2 p + 1)} . \tag{10}$$

Der geforderte Dämpfungsfaktor $D = 1/\sqrt{2}$ ergibt sich für

$$T_{ik} = \frac{T_1}{V_R V_s} = 2T_2,$$

oder mit (8, 9)

$$V_y = \frac{T_1}{T_i} V_s. \tag{11}$$

In Bild L 21-2c sind die mit dieser Auslegung der Rückführung entstehenden Einschwingvorgänge bei sprungförmiger Änderung der Führungsgröße und der Störgröße dargestellt; der Deutlichkeit halber ist auch hier $\epsilon_2 = 2\epsilon_1 = 0{,}1$ angenommen. Die Vorgänge sind gegenüber Bild L 21-2b wesentlich beschleunigt; trotz der starken Vereinfachungen ist der für $D = 1/\sqrt{2}$ charakteristische Verlauf erkennbar.

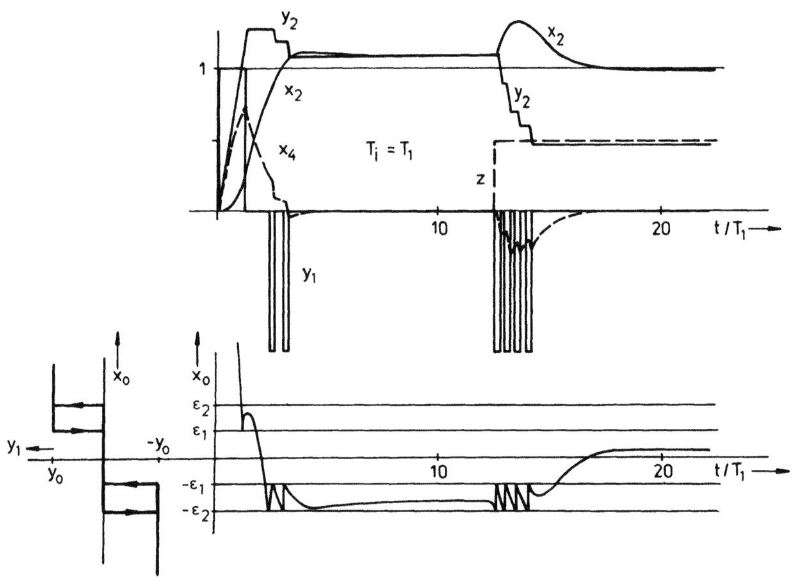

Bild L 21-2c

c) Ergänzende Rückführung (vgl. Aufgabe 16-1)

Bei dem Verfahren der ergänzenden Rückführung wird die Übertragungsfunktion F_y so gewählt, daß die synthetische Regelgröße $x_2 + x_4$ für $z = 0$ mit der unter Berücksichtigung der Streckenverstärkung V_s umgerechneten Stellgröße y_2 übereinstimmt,

$$\frac{X_2 + X_4}{Y_1} = F_y + \frac{1}{T_i p} F_s(p) \stackrel{!}{=} \frac{F_s(0)}{T_i p}. \tag{12}$$

Dadurch wird erreicht, daß der Anstiegsfehler, der zu einer verspäteten Abschaltung führen würde (Aufgabe 21-2a), durch das Rückführsignal x_4 kompensiert wird; damit entfallen das Überschwingen der Regelgröße und der Anlaß für weitere korrigierende Schaltvorgänge. Aus (12) folgt

$$F_y(p) = \frac{1}{T_i p}\left[F_s(0) - F_s(p)\right] = \underbrace{\frac{T_1 + T_2}{T_i} V_s}_{V_y} \frac{\overbrace{\frac{T_1 T_2}{T_1 + T_2}}^{T_3} p + 1}{(T_1 p + 1)(T_2 p + 1)} \; . \tag{13}$$

Bei genauer Einhaltung dieser Bedingung für die Rückführung schaltet das Dreipunktglied bereits bei t_1 ab, so daß x_2 asymptotisch dem Wert $V_s y_2(t_1) = x_{10} - \epsilon_1$ zustrebt.

Da im abgeschalteten Zustand $y_1 = 0$ gilt, hat die Rückführung keinen Einfluß auf die statische Genauigkeit der Regelung.

Die ergänzende Rückführung ist definitionsgemäß nur bei äußeren Anregungen (y_1) wirksam. Innere Anregungen, z. B. z(t), können zu mehrfachen Umschaltungen führen; das Einschwingverhalten ist jedoch auch hier gut gedämpft.

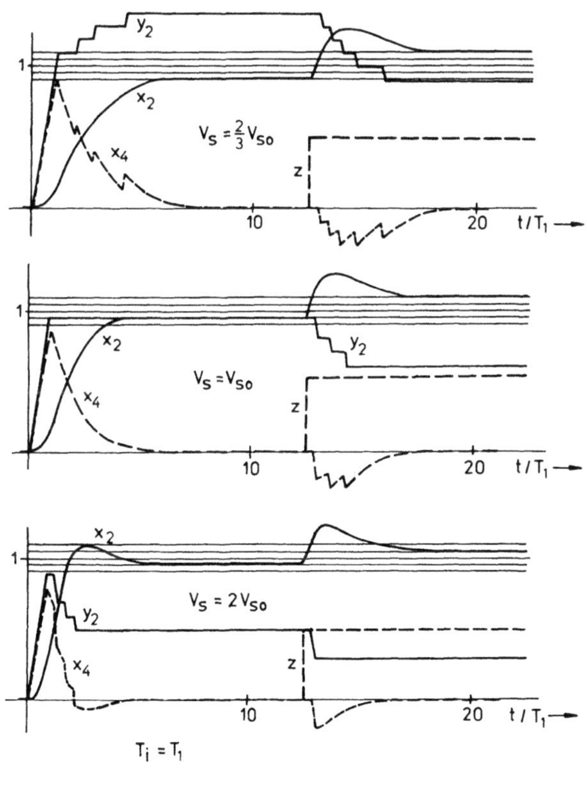

Bild L 21-2d

d) Änderung der Streckenparameter

Eine Abweichung der Streckenverstärkung vom Nennwert, für den die Rückführung ausgelegt ist, bedeutet einen fehlerhaften Abgleich und verursacht mehrfache Umschaltungen, d. h. einen gedämpft schwingenden Regelvorgang; bei großen Verstärkungsfehlern kann der Regelkreis auch instabil werden. Ähnliche Effekte treten bei dynamischen Fehlern, d. h. Abweichungen des für die Auslegung der Rückführung verwendeten Streckenmodells von der Wirklichkeit, auf. In Bild L 21-2d sind als Beispiel berechnete Einschwingvorgänge für $V_s = \frac{2}{3} V_{so}; V_{so}; 2V_{so}$ aufgetragen.

Lösung zu Aufgabe 22-1: Zustandsgrößen einer Übertragungsstrecke 3. Ordnung

a) Blockschaltbild, Stabilitätsbedingung

Die Definition stetiger Zustandsgrößen zur Beschreibung linearer Übertragungssysteme ist nicht eindeutig, da der Zustandsvektor beliebigen Transformationen unterworfen werden kann. Ein mit einer minimalen Zahl von Koeffizienten auskommendes sog. kanonisches System ist in Bild L 22-1a gezeichnet. Die Ausgangsgrößen der Integratoren sind (bei endlicher Eingangsgröße) stetig und stellen somit Zustandsgrößen dar; $u(t) = T_3\, x_3'$ kann bei unstetiger Steuergröße y unstetig verlaufen und ist deshalb keine Zustandsgröße.

Durch Zusammenfassung der Rückkoppelschleifen entsteht Bild L 22-1b.

Daraus folgt z. B.

$$\frac{X_1}{Y} = \frac{\dfrac{1}{\dfrac{a_3}{a_0}p^3}}{1 + \dfrac{1}{\dfrac{a_3}{a_0}p^3}\left[1 + \dfrac{a_1}{a_0}p + \dfrac{a_2}{a_0}p^2\right]} = \tag{3}$$

$$= \frac{a_0}{a_3 p^3 + a_2 p^2 + a_1 p + a_0};$$

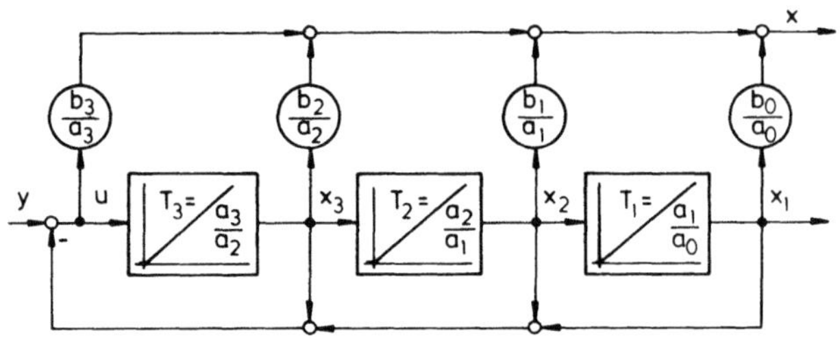

Bild L 22-1a

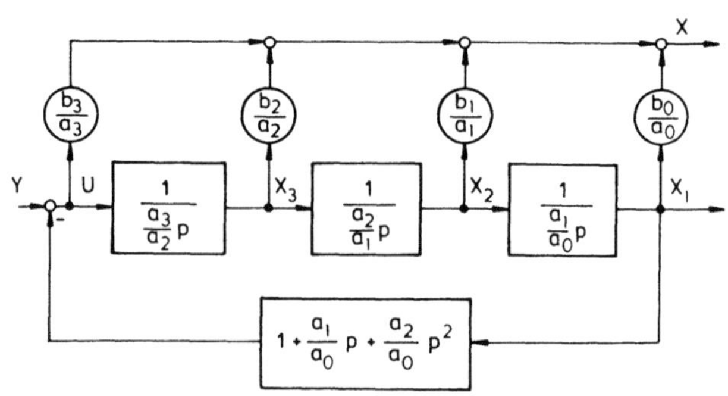

Bild L 22-1b

entsprechend gilt

$$\frac{X_2}{Y} = \frac{a_1 p}{a_3 p^3 + a_2 p^2 + a_1 p + a_0}, \text{ usw.}$$

Als Gesamt-Übertragungsfunktion erhält man somit

$$\frac{X}{Y} = F(p) = \frac{b_3 p^3 + b_2 p^2 + b_1 p + b_0}{a_3 p^3 + a_2 p^2 + a_1 p + a_0}; \tag{4}$$

dieser Ausdruck entsteht auch durch Transformation von Gl. (1) in den Bildbereich. Die Stabilitätsbedingung folgt aus der Lage der Pole p_ν, d. h. aus den Nullstellen des Nennerpolynoms,

$$N(p) = a_3 p^3 + a_2 p^2 + a_1 p + a_0 = 0. \tag{5}$$

Dies entspricht der charakteristischen Gleichung der homogenen Differentialgleichung. Gemäß Abs. 7.3 des Lehrbuches muß bei einem stabilen System gelten

$$a_0 a_3 < a_1 a_2. \tag{6}$$

b) Zustandsgleichungen

Aus Bild L 22-1a lassen sich die Zustandsgleichungen unmittelbar ablesen

$$T_1 \frac{dx_1}{dt} = x_2,$$
$$T_2 \frac{dx_2}{dt} = x_3, \tag{7}$$
$$T_3 \frac{dx_3}{dt} = u = y - x_1 - x_2 - x_3.$$

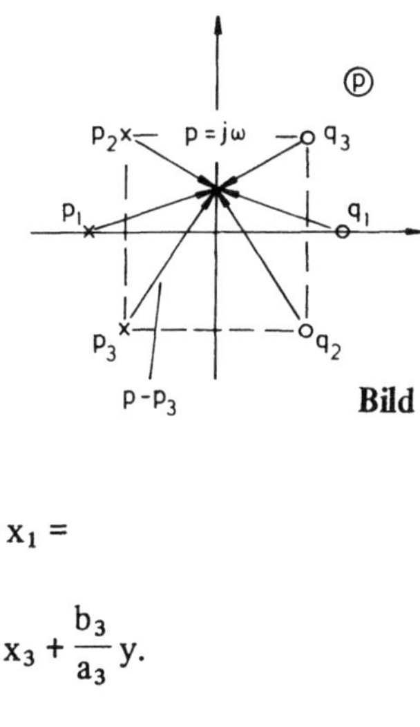

Bild L 22-1c

Ferner gilt

$$x = \frac{b_3}{a_3}(y - x_1 - x_2 - x_3) + \frac{b_2}{a_2} x_3 + \frac{b_1}{a_1} x_2 + \frac{b_0}{a_0} x_1 =$$

$$= \left(\frac{b_0}{a_0} - \frac{b_3}{a_3}\right) x_1 + \left(\frac{b_1}{a_1} - \frac{b_3}{a_3}\right) x_2 + \left(\frac{b_2}{a_2} - \frac{b_3}{a_3}\right) x_3 + \frac{b_3}{a_3} y. \tag{8}$$

c) Allpaßfunktion

Ein stabiler Allpaß ist dadurch gekennzeichnet, daß den Polen in der linken p-Halbebene symmetrisch liegende Nullstellen in der rechten p-Halbebene gegenüberstehen. Dadurch wird gerade die Allpaß-Bedingung,

$$|F(j\omega)| = 1 \quad \text{für} \quad 0 \leqslant \omega < \infty,$$

erfüllt. In Bild L 22-1c ist die Pol-Nullstellen-Verteilung eines Allpasses 3. Ordnung mit einem reellen Pol und einem komplexen Polpaar gezeichnet; für $D > 1$ ergeben sich drei reelle negative Pole und drei reelle positive Nullstellen.

Zerlegt man Zähler und Nenner der Übertragungsfunktion (4) in Linearfaktoren, so gilt

$$F(p) = \frac{b_3}{a_3} \frac{(p - q_1)(p - q_2)(p - q_3)}{(p - p_1)(p - p_2)(p - p_3)};$$

daraus folgt mit der Allpaß-Bedingung

$$q_1 = -p_1, q_2 = -p_2, q_3 = -p_3 \tag{9}$$

der Sonderfall

$$F(p) = \frac{b_3}{a_3} \frac{p^3 + (p_1 + p_2 + p_3)p^2 + (p_1 p_2 + p_1 p_3 + p_2 p_3)p + p_1 p_2 p_3}{p^3 - (p_1 + p_2 + p_3)p^2 + (p_1 p_2 + p_1 p_3 + p_2 p_3)p - p_1 p_2 p_3}. \tag{10}$$

Es ergeben sich also gerade die in (2) genannten Beziehungen für die Koeffizienten.

In Bild L 22-1d sind die Verläufe der verschiedenen Größen bei sprungförmiger Anregung aufgetragen. Dabei sind folgende Pole und Nullstellen zugrunde gelegt:

$$p_1 = -\sigma_0, \qquad p_{2,3} = \sigma_0(-1 \pm j)$$

$$q_1 = \sigma_0, \qquad q_{2,3} = \sigma_0(1 \pm j).$$

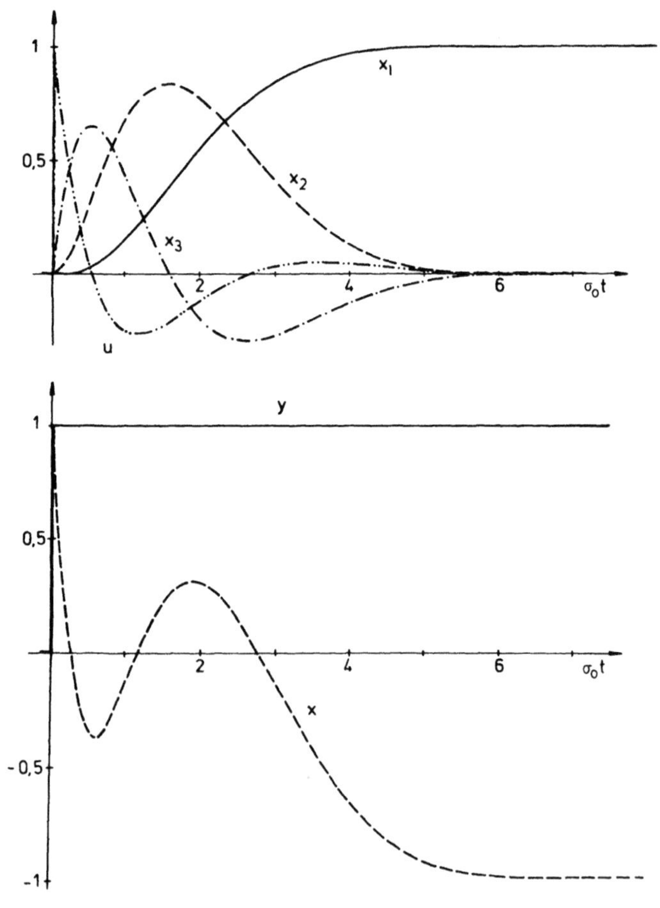

Bild L 22-1d

Lösung zu Aufgabe 23-1: Entwurf einer Zweipunktregelung in der Zustandsebene

a) Zustandsgleichungen und Blockschaltbild

Die Gleichungen des verlustfreien Schwingkreises lauten

$$L \frac{di_1}{dt} = u_1 - u_2, \tag{2}$$

$$C \frac{du_2}{dt} = i_1 - i_2. \tag{3}$$

Mit der Resonanzfrequenz

$$\omega_0 = \frac{1}{\sqrt{LC}}, \tag{4}$$

und dem Schwingungswiderstand

$$Z_0 = \omega_0 L = \frac{1}{\omega_0 C} = \sqrt{\frac{L}{C}} \tag{5}$$

erhalten die Gleichungen (2, 3) die normierte Form

$$\frac{1}{\omega_0} \frac{d(Z_0 i_1)}{dt} = u_1 - u_2, \tag{6}$$

$$\frac{1}{\omega_0} \frac{du_2}{dt} = Z_0 i_1 - Z_0 i_2. \tag{7}$$

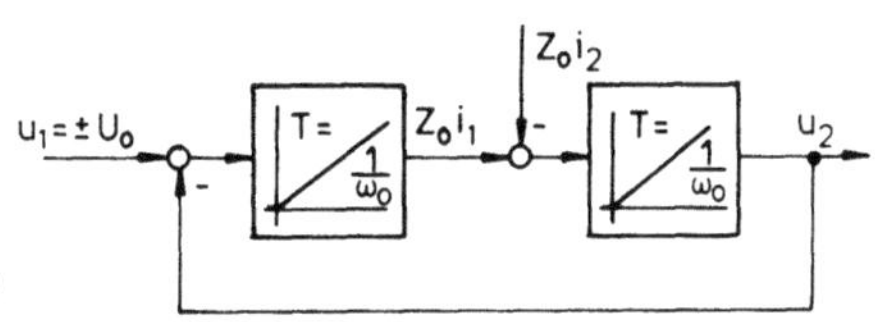

Bild L 23-1b

Bild L 23-1b zeigt die zugehörige graphische Darstellung.
Da u_2 und i_1 Energieeinhalte verkörpern, ist

$$\underline{x}(t) = \begin{bmatrix} u_2(t) \\ Z_0 i_1(t) \end{bmatrix} \tag{8}$$

die natürliche Wahl des Zustandsvektors, der im vorliegenden Fall wegen der Beschränkung auf zwei Komponenten auch als komplexe Größe geschrieben werden kann,

$$\underline{x}(t) = u_2(t) + j Z_0 i_1(t). \tag{9}$$

Die Zustandsgrößen erscheinen in Bild L 23-1b als Ausgangsgrößen von Integratoren.

b) Zustandskurven

Bei eingeprägtem Last-Gleichstrom, $i_2 = I_2$, und für den gegebenen Schaltzustand, $u_1 = U_0$, sind die Zustandsgleichungen

$$\frac{1}{\omega_0} \frac{d(Z_0 i_1)}{dt} = U_0 - u_2, \tag{10}$$

$$\frac{1}{\omega_0} \frac{du_2}{dt} = Z_0 i_1 - Z_0 I_2. \tag{11}$$

Durch Elimination folgt eine Differentialgleichung 2. Ordnung,

$$\frac{1}{\omega_0^2}\frac{d^2u_2}{dt^2} + u_2 = U_0, \tag{12}$$

mit einer ungedämpften Schwingung als allgemeiner Lösung,

$$u_2(t) = U_0 + R\cos(\omega_0 t - \varphi). \tag{13}$$

R, φ sind noch zu bestimmende Integrationskonstanten. Durch Einsetzen in (11) erhält man eine entsprechende Lösung für i_1,

$$Z_0 i_1(t) = Z_0 I_2 - R\sin(\omega_0 t - \varphi). \tag{14}$$

Die Spitze des Zustandsvektors $\underline{x}(t)$ beschreibt in der Zustandsebene somit einen Kreis mit dem Radius R um den Punkt $U_0 + jZ_0 I_2$,

$$\underline{x}(t) = U_0 + jZ_0 I_2 + R\,e^{-j(\omega_0 t - \varphi)}. \tag{15}$$

R, φ sind durch den Anfangszustand bestimmt,

$$\begin{aligned} u_2(0) &= U_0 + R\cos\varphi, \\ Z_0 i_1(0) &= Z_0 I_2 + R\sin\varphi. \end{aligned} \tag{16}$$

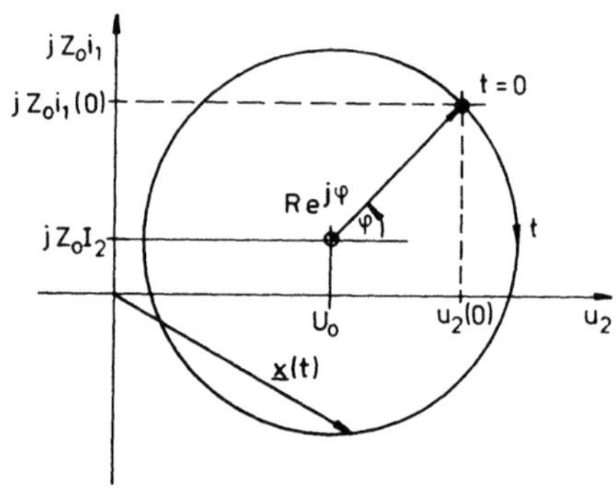

Bild L 23-1c

Daraus folgt

$$\begin{aligned} R &= \sqrt{(u_2(0) - U_0)^2 + (Z_0 i_1(0) - Z_0 I_2)^2}, \\ \varphi &= \arctan\frac{Z_0 i_1(0) - Z_0 I_2}{u_2(0) - U_0}. \end{aligned} \tag{17}$$

Bild L 23-1c zeigt die kreisförmige Zustandskurve, die mit ω_0 periodisch durchlaufen wird.

Die in Abs. 22.2.2 des Lehrbuches genannte Eigenschaft, daß die Zustandskurve die Abszissenachse senkrecht schneidet, trifft nur dann zu, wenn $Z_0 i_1$ die Ableitung von u_2 darstellt, d. h. für $I_2 = 0$.

c) Zweipunktregelung

Je nach dem Schaltzustand des Transistorverstärkers ist $u_1 = \pm U_0$; man erhält im geschlossenen Regelkreis als Zustandskurve somit abwechselnd Kreisbögen um die Punkte $\pm U_0 + jZ_0 I_2$; die Zustandskurve verläuft auch in den Schaltpunkten stetig.

Die Umschaltung geschieht bei $u_2 = u_{soll} \pm \Delta u$; die zugehörigen Schaltkurven sind in Bild L 23-1d eingetragen.

Die Kreisbögen werden, beginnend bei $t = 0$ mit $u_2 = i_1 = 0$, nacheinander durchlaufen, wobei sich hysteresebedingt eine aufklingende Schwingung, d. h. Instabilität, einstellt; die Regelung ist in dieser Form also unbrauchbar. Die im ersten Schaltintervall zu beobachtende negative Ladung des Kondensators ist eine Folge des sprungförmig einsetzenden Laststromes I_2.

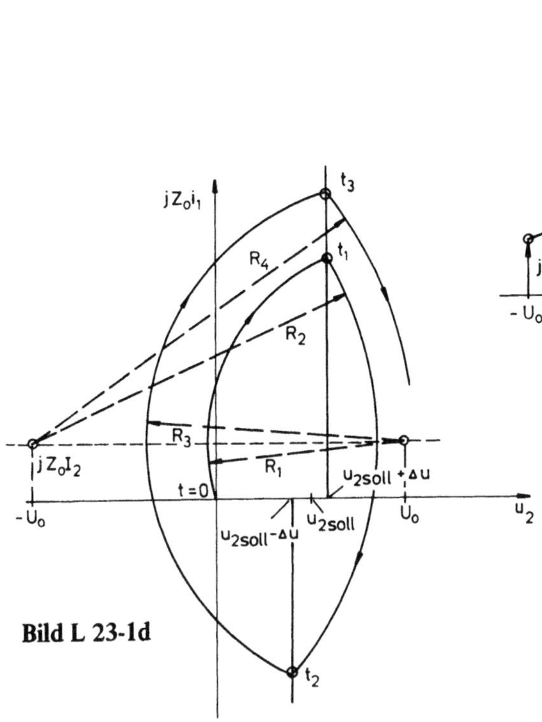

Bild L 23-1d

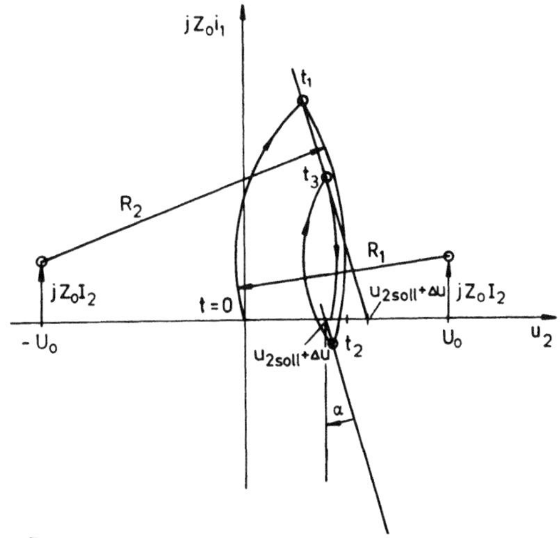

Bild L 23-1e

d) Spannungsregelung mit Stromaufschaltung

Mit der Stromaufschaltung (1) sind die Umschaltpunkte durch

$$u_{soll} - u_{ist} = u_{soll} - u_2 - V_y Z_0 i_1 = \pm \Delta u,$$

d. h.

$$u_2 = u_{soll} - V_y Z_0 i_1 \mp \Delta u \tag{18}$$

gegeben. Hierzu gehören die in Bild L 23-1e eingetragenen, um den Winkel $\alpha = \arctan V_y$ nach links geneigten Schaltgeraden.

Die hiermit konstruierten Zustandskurven zeigen deutliche Konvergenz in Richtung auf eine Grenzschwingung, deren Amplitude im wesentlichen durch die Parameter Δu, V_y und U_0 bestimmt wird und bei geeigneter Parameterwahl praktisch annehmbare Werte erreichen kann.

Die Stromaufschaltung verursacht allerdings eine lastabhängige Änderung der mittleren Spannung $\bar{u}_2$ durch Verschiebung des bei der Grenzschwingung durchlaufenen Kurvenbereichs; der Mittelwert der Spannung ändert sich bei Belastung etwa gemäß

$$\bar{u}_2 \approx u_{2\,soll} - V_y Z_0 I_2 . \tag{19}$$

Dieser Effekt könnte durch zusätzliche Maßnahmen behoben werden; am einfachsten wäre es, anstelle des Stromes i_1 den Ladestrom des Kondensators, dessen Mittelwert Null ist, für die Aufschaltung zu verwenden. Anstelle von (18) gilt dann als Schaltbedingung

$$u_2 = u_{soll} - V_y Z_0 (i_1 - I_2) \mp \Delta u. \tag{20}$$

Lösung zu Aufgabe 24-1: Zeitoptimale Lageregelung

a) Zustandskurven

Die Differentialgleichung der Strecke

$$T^2 \frac{d^2 x_2}{dt^2} = y(t) \tag{1}$$

hat mit der Normierung

$$\frac{t}{T} = \tau, \qquad \frac{dx_2}{d\tau} = \dot{x}_2, \qquad \frac{d^2 x_2}{d\tau^2} = \ddot{x}_2$$

die Form

$$\ddot{x}_2(\tau) = y(\tau)\,. \tag{2}$$

Für absatzweise konstante Anregung $y = y_1$ lautet die Lösung

$$\dot{x}_2(\tau) = y_1 \tau + C_1,$$

$$x_2(\tau) = \frac{1}{2} y_1 \tau^2 + C_1 \tau + C_2\,. \tag{3}$$

$\tau = 0$ soll dem Ende des Verstellvorganges entsprechen; somit gelten die Randbedingungen

$$\dot{x}_2(0) = 0, \qquad x_2(0) = x_{10},$$

aus denen

$$C_1 = 0, \qquad C_2 = x_{10}$$

folgt; Elimination von τ führt auf die Schaltkurve

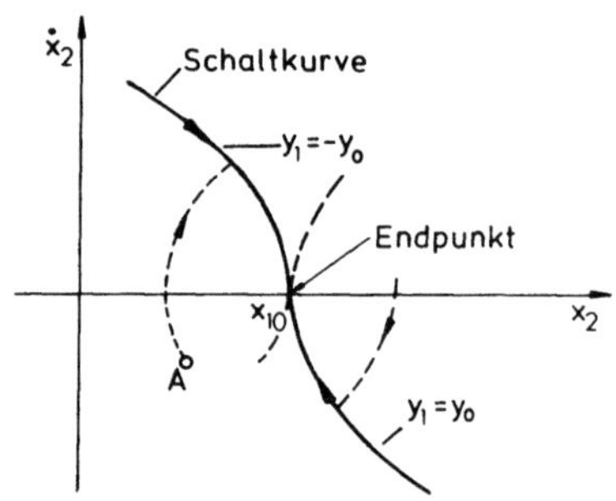

Bild L 24-1d

$$x_2(\tau) = \frac{1}{2y_1} \dot{x}_2^2(\tau) + x_{10}\,. \tag{4}$$

Bild L 24-1d zeigt die zugehörigen Zustandskurven in der $x_2, \dot{x}_2$ – Ebene, entsprechend den letzten Abschnitten von zeitoptimalen Einstellvorgängen. Dabei gilt für

$$\dot{x}_2 > 0, \qquad x_2 < x_{10}: \quad y_1 = -y_0,$$

$$\dot{x}_2 < 0, \qquad x_2 > x_{10}: \quad y_1 = y_0\,.$$

Bei Erreichen des Endpunktes muß die Steuergröße abgeschaltet werden.

b) Schaltkurve, nichtlineare Geschwindigkeitsregler

Das Prinzip der zeitoptimalen Verstellung erfordert, daß – ausgehend von einem beliebigen Anfangszustand A – die Schaltkurve (4) in kürzester Zeit angefahren wird. Dies bedeutet, daß für Anfangspunkte unter der Schaltkurve zunächst $y = y_0$ und oberhalb der Schaltkurve $y = -y_0$ gewählt wird. Bei Erreichen der Schaltkurve ist die Stellgröße umzukehren, um längs einer der in Bild L 24-1d gezeichneten Äste der Zustandskurve überschwingungsfrei den Endpunkt zu erreichen.

Die Anordnung in Bild 24-1a, b läßt sich so deuten, daß unter Verwendung eines Schaltgliedes, das die maximale verfügbare Stellamplitude ausnutzt, zunächst eine zeitoptimale $\dot{x}_2$-Regelung verwirklicht wird; außerdem erreicht man durch Vorgabe eines vom Lagefehler $x_{10} - x_2$ abhängigen Geschwindigkeitssollwertes gemäß (4)

$$\dot{x}_{2\,soll} = v_1 = \sqrt{2\, y_0\, |x_{10} - x_2|}\;\mathrm{sign}\,(x_{10} - x_2), \tag{5}$$

daß der Geschwindigkeitsregelkreis längs der gewünschten Trajektorie in den Endpunkt geführt wird.

Nach Abschluß des Regelvorganges stellt sich eine stationäre Grenzschwingung ein, deren Amplitude und Frequenz durch die Hysteresebreite des Schaltgliedes und die Zeitkonstanten der Regelstrecke bestimmt sind.

Bild L 24-1e zeigt berechnete zeitoptimale Einschwingvorgänge bei sprungförmiger Veränderung des Lagesollwertes x_1. Die Werte für Unempfindlichkeit und Hysterese sind dabei im Interesse der Deutlichkeit vergrößert angenommen.

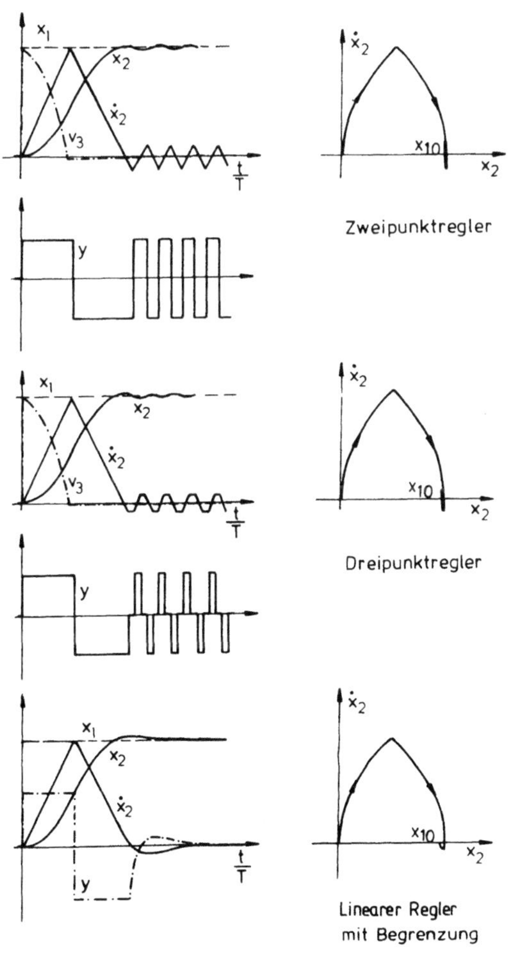

Bild L 24-1e

c) Lineare Regelung

Die in Bild 24-1c gezeichnete lineare Kaskadenregelung mit Stellgrößenbegrenzung läßt sich gemäß Bild L 24-1f umzeichnen. Der Abgriff von $\dot{x}_2$ aus der Regelstrecke ergibt eine Vorhaltwirkung, entsprechend einem idealen PD-Regler.

Solange die Stellgröße y den Begrenzungswert nicht erreicht, $|y| < y_0$, gilt die Übertragungsfunktion

$$\frac{X_2}{X_1}(p) = \frac{\frac{k_1 k_2}{(Tp)^2}}{1 + \left(1 + \frac{Tp}{k_1}\right)\frac{k_1 k_2}{(Tp)^2}} = \frac{1}{\frac{(Tp)^2}{k_1 k_2} + \frac{1}{k_1} Tp + 1}. \tag{6}$$

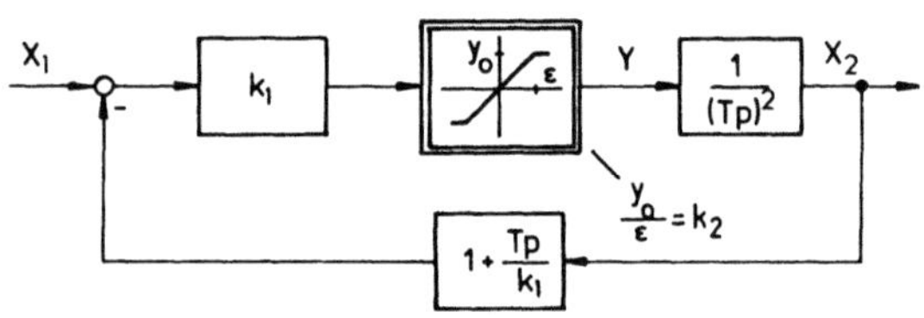

Bild L 24-1f

Durch Vergleich mit der Normalform einer Übertragungsfunktion 2. Ordnung findet man

$$\omega_0 = \frac{1}{T}\sqrt{k_1 k_2}, \qquad D = \frac{1}{2}\sqrt{\frac{k_2}{k_1}}. \tag{7}$$

Um einen der zeitoptimalen Verstellung ähnlichen Regelvorgang zu erhalten, werden aperiodische Dämpfung, $D = 1$, und eine vergleichbare mittlere Verstärkung im inneren Regelkreis angenommen,

$$k_2 = \frac{y_0}{\epsilon}, \quad k_1 = \frac{1}{4} k_2 = \frac{1}{4}\frac{y_0}{\epsilon}. \tag{8}$$

Der damit berechnete Einschwingvorgang ist in Bild L 24-1e aufgetragen; er unterscheidet sich nur wenig von den zeitoptimalen Vorgängen. Das einmalige Überschwingen ist durch die Anfangsbedingungen beim Eintritt des Reglers in den linearen Bereich bedingt; es stellt keinen Widerspruch zur Annahme aperiodischer Dämpfung dar. Der Wegfall der stationären Grenzschwingung ist sogar als Vorzug zu werten; allerdings könnte dieser Mangel der nichtlinearen Regler auch durch Stillsetzen der Regelung in der Nähe des Zielpunktes beseitigt werden.

In Bild L 24-1g sind die berechneten Einschwingvorgänge der drei Regelsysteme bei rampenförmiger Sollwertverstellung gezeichnet. Die Anstiegsgeschwindigkeit ist dabei so gewählt, daß der lineare Regler die Begrenzung nicht erreicht. Wie zu erwarten, ist ein stationärer Anstiegsfehler zu beobachten; außerdem ergibt sich beim Zweipunktregler während des Anstiegs eine pulsbreitenmodulierte Schwingung, die beim Dreipunktregler entfällt.

Man erkennt, daß die für sprungförmige Führungsgrößenänderung zeitoptimalen Systeme nach Bild 24-1a, b auch bei anderen Vorgaben brauchbare Regelergebnisse liefern.

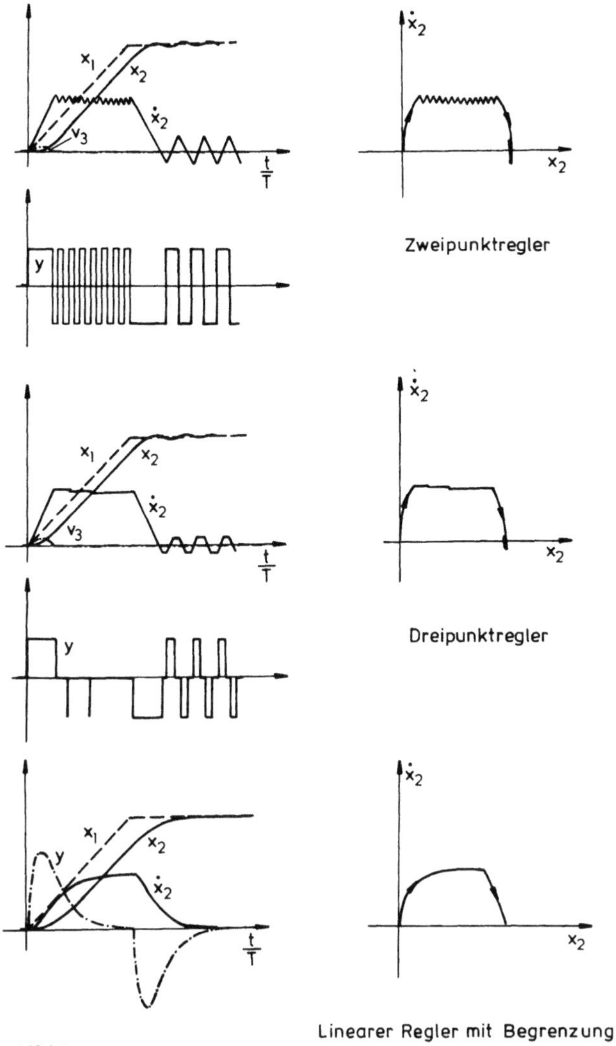

Bild L 24-1g

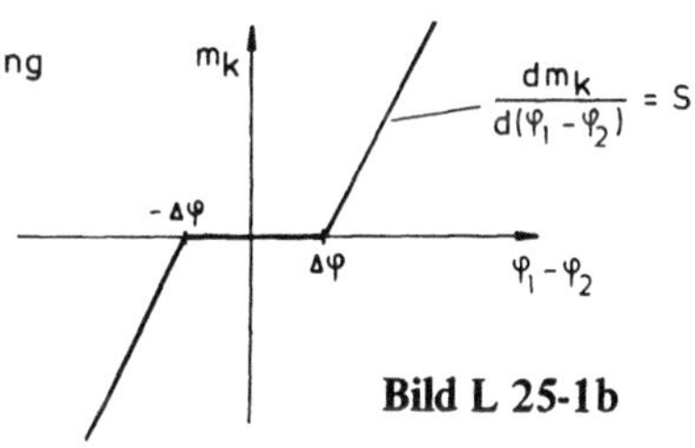

Bild L 25-1b

Lösung zu Aufgabe 25-1: Antrieb mit elastischer Welle und Kupplungslose

a) Kennlinie der mechanischen Übertragung

Die nichtlineare Kennlinie der Drehmomentübertragung ist durch die Winkellose $\pm \Delta\varphi$, entsprechend einem Unempfindlichkeitsbereich, und die Torsionssteifigkeit der Welle bestimmt (Bild L 25-1b).

b) Differentialgleichungen, Blockschaltbild der Regelstrecke

Bei Vernachlässigung der Massen von Welle und Kupplung gelten folgende Gleichungen

$$\theta_1 \frac{d\omega_1}{dt} = m_1 - k_R \omega_1 - m_k, \tag{1}$$

$$\theta_2 \frac{d\omega_2}{dt} = -m_2 - k_R \omega_2 + m_k, \tag{2}$$

$$\frac{d}{dt}(\varphi_1 - \varphi_2) = \omega_1 - \omega_2, \tag{3}$$

$$m_k = f(\varphi_1 - \varphi_2). \tag{4}$$

Mit den Normierungsgrößen

$$m_0 = k_R \omega_0, \quad \varphi_0$$

folgt

$$\underbrace{\frac{\theta_1 \omega_0}{m_0}}_{T_1} \frac{d}{dt}\left(\frac{\omega_1}{\omega_0}\right) + \frac{\omega_1}{\omega_0} = \frac{m_1}{m_0} - \frac{m_k}{m_0}, \tag{5}$$

$$\underbrace{\frac{\theta_2 \omega_0}{m_0}}_{T_2} \frac{d}{dt}\left(\frac{\omega_2}{\omega_0}\right) + \frac{\omega_2}{\omega_0} = -\frac{m_2}{m_0} + \frac{m_k}{m_0}, \tag{6}$$

$$\underbrace{\frac{\varphi_0}{\omega_0}}_{T_0} \frac{d}{dt}\left(\frac{\varphi_1 - \varphi_2}{\varphi_0}\right) = \frac{\omega_1}{\omega_0} - \frac{\omega_2}{\omega_0}, \tag{7}$$

$$\frac{m_k}{m_0} = f_1\left(\frac{\varphi_1 - \varphi_2}{\varphi_0}\right). \tag{8}$$

Die normierte Lose ist $\epsilon = \pm \Delta\varphi/\varphi_0$, die Steigung der normierten Kennlinie

$$d\left(\frac{m_k}{m_0}\right) \Big/ d\left(\frac{\varphi_1 - \varphi_2}{\varphi_0}\right) = \frac{S\varphi_0}{m_0}.$$

Die Gleichungen (5–8) werden durch Bild L 25-1c graphisch dargestellt.

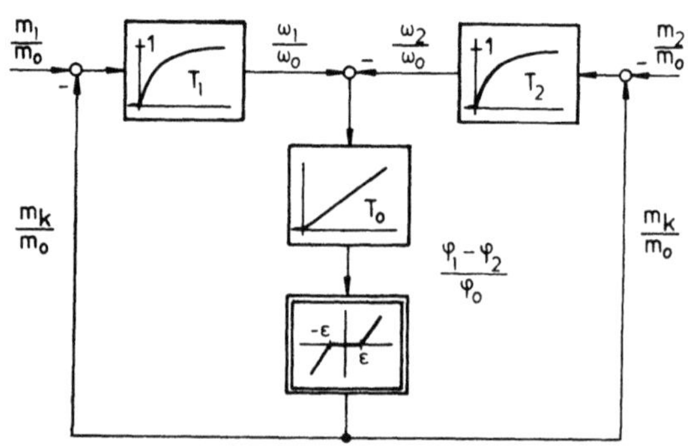

Bild L 25-1c

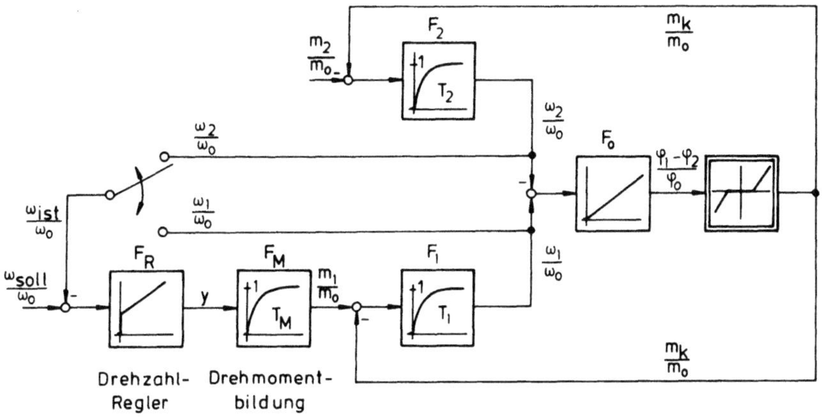

Bild L 25-1d

c) Drehzahlregelung

In Bild L 25-1d ist das Schema durch eine Drehzahlregelung ergänzt; dabei dient wahlweise ω_1/ω_0 oder ω_2/ω_0 als Istwert.

d) Umformung des Blockschaltbildes

Durch Zusammenfassung des linearen Teils entsteht Bild L 25-1e. Dabei treten an den Schnittstellen die normierten Größen

$$\frac{\varphi_1 - \varphi_2}{\varphi_0} = y_1, \quad \frac{m_k}{m_0} = y_2$$

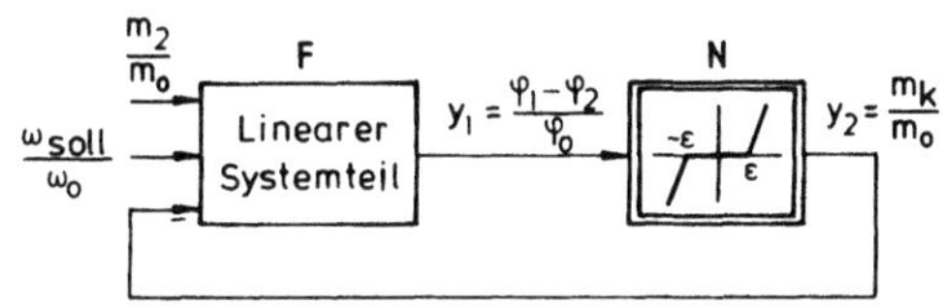

Bild L 25-1e

auf. Die Rückkopplung von y_2 ist entsprechend Abs. 25.1 (Bild 25.2) des Lehrbuches als Gegenkopplung definiert.

Die Anwendung der Beschreibungsfunktion zur Stabilitätsprüfung setzt voraus, daß die bei einer angenommenen y_1-Schwingung in y_2 enthaltenen Oberschwingungen durch den als Tiefpaß wirkenden linearen Systemteil gedämpft werden.

Um eine symmetrische Auslenkung des nichtlinearen Gliedes zu erreichen, wird $\omega_{soll} = m_2 = 0$ gesetzt, entsprechend dem Betrieb bei Stillstand ohne Last. Dies ist hinsichtlich der Stabilität der kritische Fall, da die Kupplung nicht einseitig vorgespannt ist und die Lose bei Drehmomentumkehr somit voll wirksam werden kann.

Als Frequenzgang des linearen Systemteils gilt gemäß Abs. 25.1

$$F(j\omega) = -\frac{\tilde{Y}_1}{\tilde{Y}_2}(j\omega). \tag{9}$$

Mit den in Bild L 25-1d angegebenen Übertragungsfunktionen erhält man

d1) für $\omega_{ist} = \omega_1$, Drehzahlgeber auf der Motorseite

$$F'(j\omega) = F_0 \left[F_2 + \frac{F_1}{1 + F_R F_M F_1}\right], \tag{10}$$

d2) für $\omega_{ist} = \omega_2$, Drehzahlgeber auf der Lastseite

$$F''(j\omega) = F_0\,[F_1 + F_2 + F_2 F_R F_M F_1]\,. \tag{11}$$

e) Beschreibungsfunktion

Die Berechnung der Beschreibungsfunktion, d. h. des Grundschwingungsfrequenzganges

$$N(\hat{y}_1) = \frac{\widetilde{Y}_{21}}{\widetilde{Y}_1}$$

erfolgt durch Annahme einer sinusförmigen Dauerschwingung $y_1 = \hat{y}_1 \sin \omega t = \hat{y}_1 \sin \tau$ am Eingang des nichtlinearen Gliedes; y_{21} ist die Grundschwingung der zugehörigen Ausgangsgröße (Bild L 25-1f).

Mit $\hat{y}_1 \sin \tau_1 = \epsilon$ ergibt die Fourieranalyse

$$N(\hat{y}_1) = \frac{\hat{y}_{21}}{\hat{y}_1} = \frac{1}{\hat{y}_1}\,\frac{4}{\pi}\int_{\tau_1}^{\pi/2} y_2 \sin \tau \, d\tau = \tag{12}$$

$$= \frac{1}{\hat{y}_1}\,\frac{4}{\pi}\int_{\tau_1}^{\pi/2} \frac{S\varphi_0}{m_0}\,(\hat{y}_1 \sin \tau - \epsilon) \sin \tau \, d\tau .$$

Nach einer Zwischenrechnung findet man

$$N(\hat{y}_1) = \frac{S\varphi_0}{m_0}\left[1 - \frac{2}{\pi}\arcsin\left(\frac{\epsilon}{\hat{y}_1}\right) - \frac{2}{\pi}\frac{\epsilon}{\hat{y}_1}\sqrt{1-\left(\frac{\epsilon}{\hat{y}_1}\right)^2}\,\right],\quad \hat{y}_1 > \epsilon . \tag{13}$$

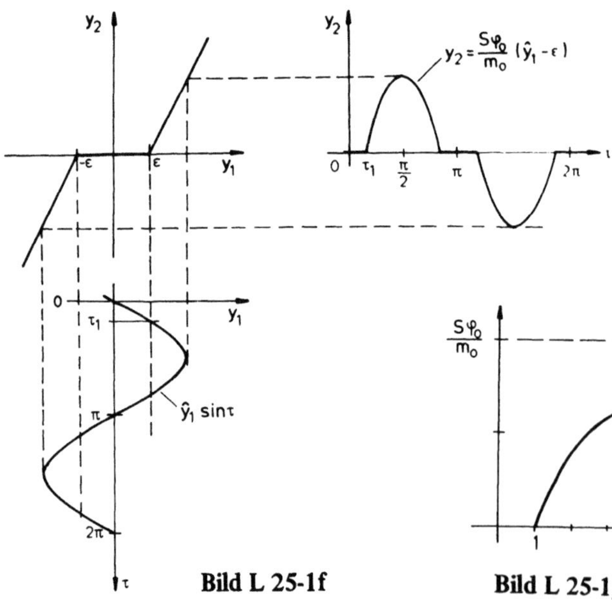

Bild L 25-1f

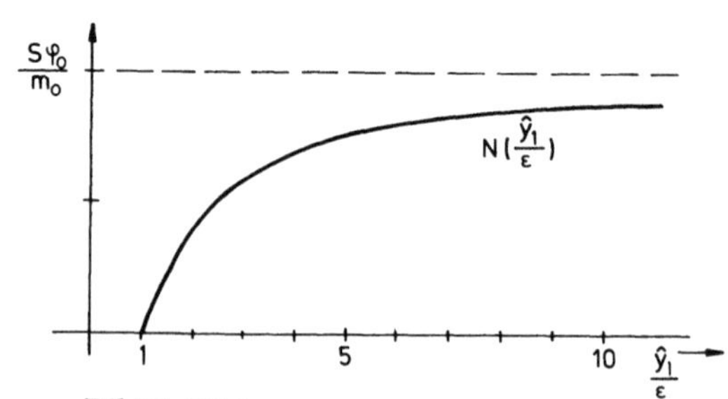

Bild L 25-1g

Die Grundschwingung y_{21} der Ausgangsgröße ist in Phase mit der angenommenen Eingangsschwingung y_1; die Beschreibungsfunktion ist somit reell, $\alpha = 0$. In Bild L 25-1g ist $N(\hat{y}_1)$ aufgetragen. Die Nichtlinearität wirkt sich erwartungsgemäß nur bei kleinen Schwingungsamplituden aus.

f) Stabilitätsprüfung

Die Ortskurve $-1/N(\hat{y}_1)$ liegt auf der negativen reellen Achse der komplexen Ebene. Der bei großen Schwingungsamplituden erreichte Endpunkt der Ortskurve befindet sich im Abstand $m_0/S\varphi_0$ vom Ursprung; dies entspricht dem Grenzfall einer losefreien Übertragung.

f1) Drehzahlgeber auf der Motorseite

Mit der Kreis-Übertragungsfunktion bei abgestimmtem Regler,

$$F_R F_M F_1 = F_{k1} = \frac{1}{T_i p(T_e p + 1)}, \tag{14}$$

und der Vereinfachung $F_1 = F_2$ erhält die Übertragungsfunktion des linearen Systemteils die Form

$$F' = F_0 F_1 \left(1 + \frac{1}{1 + F_{k1}}\right) = F_0 F_1 \frac{2 + F_{k1}}{1 + F_{k1}}. \tag{15}$$

Die Ortskurve des Bruches verläuft im 1. Quadranten von 1 nach 2 (Bild L 25-1h). Die im 3. Quadranten liegende Ortskurve von

$$F_0 F_1 = \frac{1}{T_0 p(T_1 p + 1)} \tag{16}$$

wird somit durch einen Vorhalt verformt, so daß die entstehende Ortskurve $F'(j\omega)$ sich vollständig im 3. Quadranten befindet. Da der Fahrstrahl $1/N + F'$ für beliebiges $\hat{y}_1$, ω die Nyquist-Bedingung erfüllt, ist Stabilität zu erwarten. Allerdings muß durch quantitative Untersuchung sichergestellt werden, daß die Einschwingvorgänge ausreichend gedämpft sind.

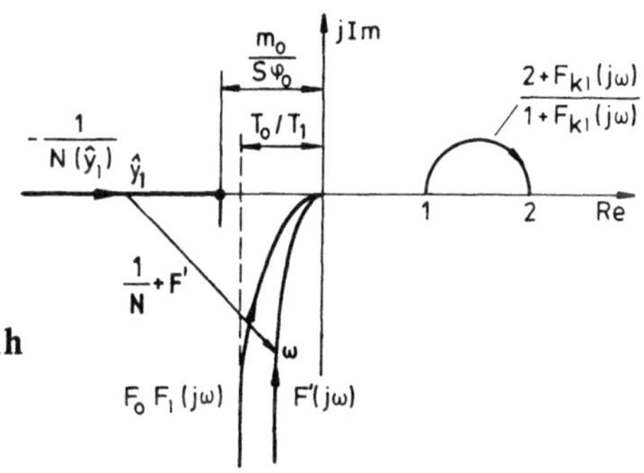

Bild L 25-1h

f2) Drehzahlgeber auf der Lastseite

Bei Annahme einer entsprechenden Kreis-Übertragungsfunktion

$$F_R F_M F_1 = F_{k2} \tag{17}$$

und mit $F_1 = F_2$ erhält die Übertragungsfunktion des linearen Systemteils die Form

$$F''(j\omega) = F_0 F_1 (2 + F_{k2}). \tag{18}$$

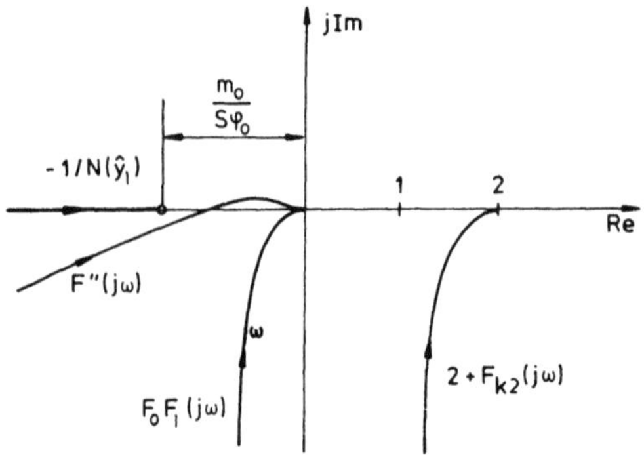

Bild L 25-1i

Die zugehörigen Ortskurven sind in Bild L 25-1i skizziert. Die Phasennacheilung von F_0F_1 wird nun durch den Klammerausdruck vergrößert, so daß ein Schnitt der negativen reellen Achse nicht auszuschließen ist. Damit ergibt sich aber auch die Möglichkeit eines Schnittpunktes mit der Ortskurve $-1/N$, was eine aufklingende Schwingung zur Folge hätte. Da die Grundschwingungsverstärkung des nichtlinearen Gliedes mit zunehmender Schwingungsamplitude ansteigt, wäre keine Grenzschwingung zu erwarten; vielmehr würde die Amplitude zunächst unbegrenzt ansteigen, bis an irgendeiner Stelle des Regelkreises Übersteuerung eintritt. Da der Endpunkt der Ortskurve $-1/N$ dem linearen Fall entspricht, lautet die Stabilitätsforderung für das nichtlineare System also, daß die Regelung bei Vernachlässigung der Lose stabil sein muß.

Der Anbau des Drehzahlgebers auf der Motorseite erscheint somit als die günstigere Lösung, was auch anschaulich verständlich ist.

Falls der Antrieb außerdem eine Lageregelung erhalten soll, ist es aus Genauigkeitsgründen wünschenswert, den Lagegeber auf der Lastseite anzubringen, um Getriebefehler auszugleichen. Im Interesse einer stabilen Regelung kann es dann notwendig sein, die Kupplungs- und Getriebelose durch eine mechanische oder elektrische Verspannung (mit zwei Motoren) zu beseitigen.

GPSR Compliance

The European Union's (EU) General Product Safety Regulation (GPSR) is a set of rules that requires consumer products to be safe and our obligations to ensure this.

If you have any concerns about our products, you can contact us on ProductSafety@springernature.com

In case Publisher is established outside the EU, the EU authorized representative is:

Springer Nature Customer Service Center GmbH
Europaplatz 3
69115 Heidelberg, Germany

Batch number: 10584556

Printed by Printforce, the Netherlands